U0341493

北京文化书系
京味文化丛书

北京人的饮食生活

中共北京市委宣传部
北京市社会科学界联合会   组织编写
万建中   姜文华   著

北京出版集团
北京出版社

图书在版编目（CIP）数据

北京人的饮食生活 / 中共北京市委宣传部，北京市社会科学界联合会组织编写；万建中，姜文华著. — 北京：北京出版社，2024.4

（北京文化书系. 京味文化丛书）

ISBN 978-7-200-18162-3

Ⅰ. ①北… Ⅱ. ①中… ②北… ③万… ④姜… Ⅲ. ①饮食—文化—北京 Ⅳ. ①TS971.202.1

中国国家版本图书馆CIP数据核字（2023）第150323号

北京文化书系　京味文化丛书

北京人的饮食生活

BEIJINGREN DE YINSHI SHENGHUO

中共北京市委宣传部
北京市社会科学界联合会　组织编写

万建中　姜文华　著

*

北 京 出 版 集 团
北 京 出 版 社　出版

（北京北三环中路6号）

邮政编码：100120

网　　址：www.bph.com.cn

北 京 出 版 集 团 总 发 行
新 华 书 店 经 销
北京建宏印刷有限公司印刷

*

787毫米×1092毫米　16开本　20.5印张　284千字
2024年4月第1版　2024年4月第1次印刷

ISBN 978-7-200-18162-3

定价：85.00元

如有印装质量问题，由本社负责调换

质量监督电话：010-58572393；发行部电话：010-58572371

"京味文化丛书"编委会

"北京文化书系"
序言

　　文化是一个国家、一个民族的灵魂。中华民族生生不息绵延发展、饱受挫折又不断浴火重生，都离不开中华文化的有力支撑。北京有着三千多年建城史、八百多年建都史，历史悠久、底蕴深厚，是中华文明源远流长的伟大见证。数千年风雨的洗礼，北京城市依旧辉煌；数千年历史的沉淀，北京文化历久弥新。研究北京文化、挖掘北京文化、传承北京文化、弘扬北京文化，让全市人民对博大精深的中华文化有高度的文化自信，从中华文化宝库中萃取精华、汲取能量，保持对文化理想、文化价值的高度信心，保持对文化生命力、创造力的高度信心，是历史交给我们的光荣职责，是新时代赋予我们的崇高使命。

　　党的十八大以来，以习近平同志为核心的党中央十分关心北京文化建设。习近平总书记作出重要指示，明确把全国文化中心建设作为首都城市战略定位之一，强调要抓实抓好文化中心建设，精心保护好历史文化金名片，提升文化软实力和国际影响力，凸显北京历史文化的整体价值，强化"首都风范、古都风韵、时代风貌"的城市特色。习近平总书记的重要论述和重要指示精神，深刻阐明了文化在首都的重要地位和作用，为建设全国文化中心、弘扬中华文化指明了方向。

　　2017年9月，党中央、国务院正式批复了《北京城市总体规划（2016年—2035年）》。新版北京城市总体规划明确了全国文化中心建设的时间表、路线图。这就是：到2035年成为彰显文化自信与多元包容魅力的世界文化名城；到2050年成为弘扬中华文明和引领时代潮流的世界文脉标志。这既需要修缮保护好故宫、长城、颐和园等享誉中外的名胜古迹，也需要传承利用好四合院、胡同、京腔京韵等具有老北京地域特色的文化遗产，还需要深入挖掘文物、遗迹、设施、景点、语言等背后蕴含的文化价值。

组织编撰"北京文化书系"，是贯彻落实中央关于全国文化中心建设决策部署的重要体现，是对北京文化进行深层次整理和内涵式挖掘的必然要求，恰逢其时、意义重大。在形式上，"北京文化书系"表现为"一个书系、四套丛书"，分别从古都、红色、京味和创新四个不同的角度全方位诠释北京文化这个内核。丛书共计47部。其中，"古都文化丛书"由20部书组成，着重系统梳理北京悠久灿烂的古都文脉，阐释古都文化的深刻内涵，整理皇城坛庙、历史街区等众多物质文化遗产，传承丰富的非物质文化遗产，彰显北京历史文化名城的独特韵味。"红色文化丛书"由12部书组成，主要以标志性的地理、人物、建筑、事件等为载体，提炼红色文化内涵，梳理北京波澜壮阔的革命历史，讲述京华大地的革命故事，阐释本地红色文化的历史内涵和政治意义，发扬无产阶级革命精神。"京味文化丛书"由10部书组成，内容涉及语言、戏剧、礼俗、工艺、节庆、服饰、饮食等百姓生活各个方面，以百姓生活为载体，从百姓日常生活习俗和衣食住行中提炼老北京文化的独特内涵，整理老北京文化的历史记忆，着重系统梳理具有地域特色的风土习俗文化。"创新文化丛书"由5部书组成，内容涉及科技、文化、教育、城市规划建设等领域，着重记述新中国成立以来特别是改革开放以来北京日新月异的社会变化，描写北京新时期科技创新和文化创新成就，展现北京人民勇于创新、开拓进取的时代风貌。

为加强对"北京文化书系"编撰工作的统筹协调，成立了以"北京文化书系"编委会为领导、四个子丛书编委会具体负责的运行架构。"北京文化书系"编委会由中共北京市委常委、宣传部部长莫高义同志和市人大常委会党组副书记、副主任杜飞进同志担任主任，市委宣传部分管日常工作的副部长赵卫东同志担任副主任，由相关文化领域权威专家担任顾问，相关单位主要领导担任编委会委员。原中共中央党史研究室副主任李忠杰、北京市社会科学院研究员阎崇年、北京师范大学教授刘铁梁、北京市社会科学院原副院长赵弘分别担任"红色文化""古都文化""京味文化""创新文化"丛书编委会主编。

在组织编撰出版过程中，我们始终坚持最高要求、最严标准，突出精品意识，把"非精品不出版"的理念贯穿在作者邀请、书稿创作、编辑出版各个方面各个环节，确保编撰成涵盖全面、内容权威的书系，体现首善标准、首都水准和首都贡献。

我们希望，"北京文化书系"能够为读者展示北京文化的根和魂，温润读者心灵，展现城市魅力，也希望能吸引更多北京文化的研究者、参与者、支持者，为共同推动全国文化中心建设贡献力量。

"北京文化书系"编委会

2021年12月

"京味文化丛书"
序言

京味文化，一般是指与北京城市的地域和历史相联系，由世世代代的北京居民大众所创造、传承，具有独特风范、韵味的生活文化传统。京味文化表现于北京人日常的生活环境中与行为的各个方面，比如街巷格局、民居建筑、衣食住行、劳作交易、礼仪交往、语言谈吐、娱乐情趣等，能够显露出北京人的集体性格，折射出北京这座城市的历史进程和发展轨迹。

京味文化的整体风貌受到北京的地理位置、自然环境和历史地位等条件的制约和影响。北京地处华北平原北端和燕山南麓，西东两侧有永定河和潮白河等，是农耕与游牧两种生产生活方式交会的地带，这里的风光、气候、资源、物产等都形成了京味文化地域性的底色和基调。

北京曾是古代中国最后几个朝代的国都，是当代中国的伟大首都，是中国最著名的教育与文化中心城市。因此，从古代的宫廷势力、贵族阶层、士人阶层到现代和当代的文化精英群体，都较多地介入了京城生活文化的建构，而且影响了一般市民的日常交往、休闲娱乐等行为模式。

北京居民大众在历史上与来自全国各地、各民族的人员有频密的交流，接受了各地区、各民族的一些生活习惯和文化形式，使得京味文化具有了比较明显的包容性特征。尤其是在北京的一些文化人、艺术家将各地区的文化、艺术精华加以荟萃，取得了一些具有文化中心城市地标式的创作成就——例如京戏这样的巅峰艺术。

近代以来，北京得风气之先，在与外来思想、文化的碰撞与交流中，现代的交通、邮政、教育、体育、医疗、卫生、报业、娱乐等领域的公共制度、市政设施和文化产业等相继进入北京市民的日常生活，京味文化中加入了许多工业文明的元素。与此同时，乡村的一些文艺表演、手工制作等也大量出现在北京城里，充实了京味文化中的乡土传统成分。

当今时代，北京成为凝聚国人和吸引全世界目光的现代化大都市，人们的生产生活方式发生了彻底性变革，京味文化传统由此而进入一个重新建构的过程。其中，城市建设中对老城风貌的保护、老北京人在各种媒体上讲述过往生活的故事等，都成为北京人自觉的文化行动，使得京味文化绵延不绝，历久弥新。

对于每一个北京人，包括在北京居住过一段岁月的人来说，京味文化都是伴随着生命历程，融入了身体记忆，具有强烈家乡感的文化。生活变化越快，人们越愿意交流和共享自己的北京故事，这是京味文化传统得以传承的根本动力。一些作家、艺术家所创作的京味文学和京味艺术，深刻影响了北京乃至全国人民对京味文化的关注与体悟，成为京味文化传统中不可缺少的组成部分。

我们相信，京味文化在向前发展的路上将保持其大众生活实践的本性，在北京全面发展的进程中发挥出加强城市记忆、凝聚城市精神和展现城市形象的重要而独特的功能。全面深入地整理、研究和弘扬京味文化，是摆在我们面前的一项迫切任务。"京味文化丛书"现在共有10部得以出版，分别是《文人笔下的北京》《绘画中的北京》《京味文学揽胜》《北京方言中的历史文化》《北京戏曲文化》《北京传统工艺》《北京礼俗文化》《北京节日文化》《北京服饰文化》《北京人的饮食生活》。这10部书，虽然还不能涵盖京味文化的所有内容，但是以一种整体书写的形式推出，对于京味文化的整理、记述和研究来说，应该具有一定工程性建设的意义。

"京味文化丛书"是在中共北京市委宣传部和北京市社会科学界联合会的有力领导和精心主持下完成的。有关负责同志在组织丛书编委会和作者队伍、召开会议、开展内部讨论、落实项目进行计划等方面都付出巨大心力。北京出版集团对本丛书的顺利编写提出了很多建议，许多专家学者都为本丛书的编写提供了宝贵的意见，特别是对书稿的修改和完善做出了无私奉献。我们希望"京味文化丛书"的出版能够在加强京味文化研究、促进城市文化建设上发挥出积极的作用，并由衷地期待能够得到专家和广大读者的批评、帮助。

刘铁梁

2021年9月

目　录

绪　论

　　北京饮食文化历史悠久，积淀深厚，是中国饮食文化的缩影。在饮食文化史上，人类用火具有划时代的意义。早在北京猿人、"新洞人"和"山顶洞人"时期，土著的"北京人"学会了用火制作熟食，开启了北京饮食文化的新篇章。经过近万年的发展，随着畜牧业和农业的兴起，北京远古居民告别了山涧崖洞，迁徙到平原上生活，出现了原始农业部落。此后的几千年中，北京人终于从茹毛饮血的原始饮食状态跨进文明饮食时代的门槛。

　　关于北京的建城历史，史学界比较一致的意见是从周武王克商，分封燕、蓟为标志，始于公元前1045年，至今已有3000多年。"周武王灭纣，封召公于北燕"，是为西周燕国之始。春秋战国时期，北京饮食的基本形态已经确立，即以谷物为主，以肉类为辅。秦汉时期，北京饮食文化的区域特质已经凸显，灶的出现，衍生出中国饮食文化中一些常见的烹饪方法。主、副食区分分明，形成谷物为主，辅以蔬菜，加上肉料的饮食结构，奠定了农耕民族素食为主导的饮食发展趋势；北京与北方游牧民族地区相连，为农业和牧业共存的地域，饮食文化中掺入了游牧民族的风味，从此，北京饮食便有了集游牧与农耕于一体的显著特点。北京自春秋战国以来一直是我国北方军事重镇。魏晋时期，北京地区呈多民族杂居的状态，大兴屯田、水利和农业，农业技术得到创新和发展，稻作生产得到延续和重视。北齐期间，"开督亢旧陂，设置屯田"，直到现在，房山区长沟一带与相邻的涿县"稻地八村"仍是一片老稻区。魏晋南北朝时期，饮食文化取得跨越式发展，饮食学作为一门学科被确定下来。

北京由北方军事重镇向政治、商业、文化城市转变，始于辽金时代。正是辽金时代确立了北京都城的地位，北京的饮食文化开始真正得到史学家们的关注，经过辽金两个朝代的民族融合，形成了独特的人口社会结构，为这个地区的饮食文化带来了不同于中原都城的特殊性。这一多民族杂居、融合的人口格局，北京饮食文化呈现出与其他大都市迥异的地方和民族特色。元朝是北京饮食文化飞速发展的时期，强大的蒙古王国将其游牧饮食文化带入大都，大大拓宽了北京饮食文化的延伸空间，将北京饮食文化推向一个新的高度。较之前代，元代宫廷饮食文化得到飞速发展，宫廷饮食礼仪演进得更加完备。明朝时期，随着都市经济结构逐渐完备，北京市井饮食已发展得相当成熟，特色风味已基本确立。饮食文化呈奢华态势，民间饮食文化日趋繁荣，老字号纷纷涌现。清代，北京饮食形成以山东、民族和宫廷3种风味组合而成的综合性菜系，饮食格局完全定型。烹饪规模不断扩大，烹调技艺水平不断提高，把封建社会的饮食文化推向巅峰。京杭大运河为主的漕运将各地的物资源源不断地输往北京，成为北京得以繁荣发展的生命线。清朝时期的北京饮食是北京古代饮食文化的集大成者，代表了整个封建社会时期的最高水平，在中国饮食文化体系中具有不可替代的地位。民国时期是北京饮食文化史上古代与现代区分的标志性时期。民国处于动荡年代，饮食领域受到西方观念和方式的冲击，西餐的出现促使饮食风俗的现代意识渐浓，饮食呈现出民族化与国际化并存的局面。

纵观中国饮食文化发展史，几次转折性的成就都出现在北京。随着朝代的更替和时代的变迁，北京饮食文化在与时俱进，显示出饮食的时代风貌。尤其是北京成为首都以来，各民族和各地区的饮食元素汇集于此，为北京饮食文化的繁荣提供了得天独厚的条件。有学者总结出北京饮食文化形成自身的风格特点有以下4个原因：

一、北京长期作为全国的政治中心。在辽、金、元、明、清5代的近千年间，北京是几十位封建皇帝生活起居和处理国家军政要务的地方，也是这5个朝代的朝廷所在地。政治中心地位使人口结构长期以来保持了移民城市的特质，北京饮食能够体现兼容四面八方而融为一体的发展优势。

二、北京为多民族聚居区。汉、契丹、女真、蒙古、满等多个民族是北京历史文化的创造者。由于历史和地理的原因，北京是汉族和北方渔猎、游牧民族交往融合的中心地之一。多民族聚居促使北京饮食文化呈现出多元的风味特色。

三、北京得到全国的经济和物质供给。因为北京是中国封建社会后期的首都，是封建帝王和朝廷所在地，所以北京得到全国各地的物资保障。在中央集权制的封建社会里，"普天之下，莫非王土"。大凡北京政治中心确立的时期，饮食文化总体上比较繁荣，这在很大程度上得益于"实京师"政策为之提供了必要的物质基础。

四、京杭大运河为主的漕运是北京的生命线，为北京历史文化发展创造了一个极为重要的条件。①北京饮食文化属于北方饮食文化圈，保持了北方饮食的基本特色，而运河则将南方的饮食文化源源不断输入北京，使得北京饮食文化在粗犷、大气的基础上又有了细腻和精致的一面。

总之，北京作为首善之区，为其饮食文化的发展提供了其他都市无可比拟的优越条件，在充分吸纳各种风味的基础上，北京饮食形成了自己风格独特、品位高端、层次分明、兼容并蓄、气象万千的显著特色。北京饮食在我国饮食文化格局中，有着不可替代的重要地位。在全国乃至世界各地均有广泛的影响，并享有盛誉，拥有吸纳和辐射全国乃至世界的"美食之都"的地位。北京饮食文化不断吸收国内外饮食文化精髓，形成了本地区特色鲜明的饮食文化，饮食文化愈加丰富，其魅力值得不断地被书写。

---

① 尹钧科：《认识古都北京历史文化特点必须把握住四个基本点》，《中国古都研究》（第十三辑），1995年。

第一章

北京饮食文化的渊源

北京的饮食文化有着悠久的历史，北京是饮食文化史最为漫长的地区之一。"北京人"掀开了北京饮食文化形成和发展的序幕，"山顶洞人"用火制作食，是中国饮食文化的真正开端。此后，历代都给北京饮食注入了新鲜血液，致使北京饮食一直在承前启后的轨道上不断发展。北京历来是东西南北的交通枢纽，由军事重镇逐渐过渡到政治中心、文化中心、国际交往中心、科技创新中心，北京饮食是这一转化过程中突出的文化表征。

第一节　少数民族饮食风味的输入

北京自古以来就是一个多民族聚居的地区。早在秦汉时期，北京就呈现多民族杂居的状态。北方乌桓、鲜卑、突厥等族纷纷迁入。西晋时，太行山地区已遍布杂胡，"群胡数万，周匝四山"[①]。魏晋南北朝时期，少数民族不断内迁，东北的契丹、奚，北部的鲜卑等民族由辽东经辽西、幽蓟、中山至襄国、邺城等地，这一地区成为汉、突厥、契丹、奚、高丽、回鹘、吐谷浑等各族人民生活和劳作的地方。北京同样处于内迁的区域之内。多民族聚居带来了大量的异域风味，其中北魏时，西北少数民族拓跋氏入主幽州后，将胡食及西北地区的饮食风味传入内地，北京地区饮食出现了胡汉交融的特点。这个时期，少数民族的食物制作方法不断影响中原饮食习惯。

隋唐时，饮食胡化。唐初东突厥瓦解后，唐朝便把突厥降众安置在"东自幽州，西至灵州"的朔方之地。幽州成为各民族内迁、杂居的城市。游牧民族给幽州带来了大量的牲畜及先进的饲养技术，极大地促进了幽州牲畜品种的改良，提高了这一地区牛马羊等牲畜的生产水平，使得幽州人的餐桌上肉类比重大大增加。可以想见，当时燕地的饮食已经相当胡化，其程度之深较其他都市甚。刘昫在《旧唐书》中评价说："彼幽州者，列九围之一，地方千里而遥，其民刚强，厥田沃壤。远则慕田光、荆卿之义，近则染禄山、思明之风。"而唐代高适也写下过"幽州多骑射，结发重横行"的诗句。现代著名学者陈寅恪称燕赵之地"胡化深而汉化浅"。总之，胡食成为人们普遍接受的风味。

自辽金开始，北京成为我国北方的政治和经济中心，城内居住着汉、女真、契丹、奚、渤海、回鹘、突厥、室韦等众多部族，北方各少数民族云集北京，使得北京人的饮食生活掺入了浓重的北方少数民

[①] ［唐］房玄龄等：《晋书》卷六十二《刘琨传》，中华书局1974年版，第1680页。

族风味。

趋同存异，是多民族杂居地区饮食文化的表征。"从民族成分看，这个地区以汉族为主，但也有不少的少数民族，其中，主要是契丹人，此外还有奚人、渤海人、室韦人、女真人等。……流动人口多。其中，很大一部分是士兵。宋人路振在《乘轺录》中记载：南京有渤海兵营，'屯幽州者数千人，并隶元帅府'。至于契丹军队则更多。"[1]"燕京境内的居民，大体有3个阶层。属于最上层的是皇帝、贵族、豪门和各种大官僚，中间是一般的文人、武士和官吏，最下层是广大劳动人民。其中，汉人多以手工、经商、技艺为业；少数民族大多是士兵。"[2]各民族居民分工不同，社会地位有所差异，按民族成分构成一个个相对稳定的职业群体，这些职业群体在饮食方面都承继了本民族的传统风味。北京在金朝成为首都后，开始并不断有外来人口迁入，金中都的人口最盛时超过100万人，城内居住着汉、女真、契丹、奚、渤海、回鹘、突厥、室韦等众多民族的居民。

经过辽金两个朝代的民族会聚，形成了独特的社会结构，为这个地区的饮食文化带来了不同于中原都城的特殊性。这一多民族杂居、融合的人口格局，致使辽金乃至后来的北京饮食文化呈现出与其他大都市迥异的地方和北方民族特色。

汉族饮食受少数民族的影响同样十分明显。譬如，当时汉人对于用以饮食的瓷器颜色的喜好，就来源于契丹民族的白色崇拜。北京地区出土的辽代瓷器主要是辽地瓷窑烧制，其中以白瓷居多，这与契丹人崇尚白色有关。汉族在与契丹、女真等民族的杂居交往中，受少数民族饮食文化的影响，饮食习惯也慢慢发生了变化，即改变了原来比较单一的主食粮谷的习惯，开始"食肉饮酪"。汉族和少数民族的饮食习俗有许多融合的现象出现。由辽政府所推行的风俗政策，"首先

---

[1] 曹子西主编：《北京通史》（第三卷），中国书店1994年版，第33页。

[2] 曹子西主编：《北京通史》（第三卷），中国书店1994年版，第331页。

是提倡和保持'国俗'，即契丹风俗"[1]，一些汉族士族的生活方式便向少数民族转化。汉族饮食文化融入契丹风俗最具有代表性的是韩氏家族。韩氏家族是辽代汉族人与少数民族融合的见证，也是契丹族人与汉族人文化相互包容的见证[2]。表现在饮食文化方面，少数民族的饮食渗入一些士大夫家庭，同时，汉族一些传统饮食也为燕京的少数民族所接受。胡化和汉化一并展开，互动关联。汉族接纳契丹、女真饮食文化，并非全盘照搬、完全"契丹化"和"女真化"，而是根据汉俗有所扬弃，使被吸纳的少数民族饮食文化发生了某些"流变"；反之，少数民族对汉族饮食文化的输入也是如此。这是各民族饮食文化"中和"的必然结果。辽金时代，少数民族的饮食文化被真正纳入北京饮食文化系统之中，成为北京饮食文化中的一个有机组成部分。北京饮食文化的辉煌，正是建立在辽金饮食文化基础上的，正所谓"一代食俗起于辽金"。自辽金之后，北京饮食多民族风味融合的趋势越来越明显。

元朝是统一的多民族国家，在燕京聚居的有汉、蒙古、藏、女真、契丹、回鹘等民族。各民族饮食习俗呈现出丰富多彩的局面。经契丹、女真等民族入主燕京的历史积淀，燕京饮食文化已经具有浓厚的民族风味。蒙古族将燕京定为大都以后，这里饮食文化的民族特色更加鲜明而斑斓。

元朝时，"羊肉"的输入，对北京饮食产生深远影响。在汉民族的意识中，最能代表"胡食"的莫过于羊肉食品。元朝宫廷宴飨最为隆重的是整羊宴，烤全羊是蒙古族著名的肉食品之一。元朝宫廷烤全羊的做法是把羊宰杀之后整理清洗干净，将整只羊入炉微火熏烤，出炉入炉反复多次，烤熟后，将金黄熟透的整羊放在大漆盘里，围以彩绸，置一木架上，由二人抬着进入餐厅，向来宾献礼。然后再抬回灶间，厨师手脚利落地将其解成大块，端上宴席，蘸着椒盐食用。可见

---

① 宋德金、史金波：《中国风俗通史·辽金西夏卷》，上海文艺出版社2001年版，"导言"第5页。

② 参见《辽史》卷七十四《韩知古传》。

元代"烤全羊"的技法已趋于成熟。"烤全羊""全羊席"虽然经过了后世的不断改良，但是元朝蒙古族以羊肉为主要肉食的饮食风尚，为后世的饮食走向奠定了基础。元代高丽编写的汉语教科书《朴通事谚解》和《老乞大谚解》[1]中记载了一些元代大都人的饮食生活，其中关于肉类记载多为羊肉，如举办宴会需要购"二十只好肥羊，休买母的，休要羯的"。即便是送生日礼物，也要"到羊市里""买一个羊腔子"[2]。"羊腔子"指的是经过加工去掉头和内脏之后的羊身子。由于羊肉需求量大，大都有专门买卖羊肉的"羊市"。富家子弟起床后，"先吃些醒酒汤，或是些点心，然后打饼熬羊肉，或白煮着羊腰节胸子"[3]。羊肉成为筵席和日常生活中必不可少的佳肴。在元代的大都城，不论是宫廷还是民间，用羊肉制成的肴馔数量远远大于猪肉肴馔。羊肉也是回族等民族喜食的食品原料。"胡食"中主食通常是羊肉加入其他配菜做成的，比如，至今依然流行的羊肉炒面片，《饮膳正要》中提到一种酸葱面片炒羊肉片，被称为"搠罗脱因"的"畏兀儿茶饭"，其做法为将白面和好，按成铜钱的样子，再以羊肉、羊舌、山药、蘑菇、胡萝卜、糟姜等作料"用好酽肉汤同下，炒葱、醋调和"[4]。还有一种"秃秃麻食"，意为"手撇面"。据《朴通事谚解》描述，其过程是"如水滑面；和圆小弹，剂冷水浸手掌，按作小薄饼儿，下锅蒸熟，以盘盛。用酥油炒片羊肉，加盐，炒至焦，以酸甜汤拌和，滋味所得。研蒜泥调酪，任便加减。使竹扦子食之"。这便是早期的"羊肉炒面片"的做法。

蒙古族饮食文化输入北京，使得北京饮食文化进一步在民族文化的碰撞与交融间相互影响和吸收。元代的北京，已很少有纯粹少数民

---

① 一般认为，"乞大"即契丹，"老乞大"即老契丹。

② 京城帝国大学法文部：《奎章阁丛书》第八《朴通事谚解》卷上，朝鲜印刷株式会社1944年版，第6、121页。

③ 京城帝国大学法文部：《奎章阁丛书》第九《老乞大谚解》卷上，朝鲜印刷株式会社1944年版，第224页。

④ ［元］忽思慧：《饮膳正要》卷一《聚珍异馔》，人民卫生出版社1986年版，第33页。

族的食品或不受少数民族影响的汉族食品。民族间的相互渗透影响了当时乃至后世的饮食文化。《饮膳正要》中所载的食品，绝大多数是多种民族风味的结合。譬如，鸡头粉馄饨的做法："羊肉，草果（五个），回回豆子（半升，捣碎去皮），上件一同熬成汤，滤净。用羊肉切做馅，下陈皮一钱，去白，生姜一钱，细切，五味和匀。次用鸡头粉二斤，豆粉一斤，做枕头馄饨。汤内下香粳米一升、熟回回豆子二合、生姜汁二合、木瓜汁一合，同炒，葱、盐匀调和。"①这是一种汉族与其他民族食品原料混合而成的宫廷肴馔，汇聚了多种少数民族的食材。

至今还十分流行的一些小吃、名点也起源于元代，最为有名的应该是烧卖，又作"烧麦""稍梅""烧梅"等。有关烧卖最早的史料记载，是在14世纪高丽出版的汉语教科书《朴通事谚解》上，指出元大都出售"素酸馅稍麦"。该书关于"稍麦"的注说是以麦面做成薄片包肉蒸熟，与汤食之，方言谓之"稍麦"。"麦"亦作"卖"。又云："皮薄肉实切碎肉，当顶撮细似线稍系，故曰稍麦。""以面做皮，以肉为馅，当顶做花蕊，方言谓之烧卖。"可以看出，这里的"稍麦"的制法与今日烧卖做法大体一致，只不过现在烧卖荤素馅都有，馅料更为丰富。

以面食为主食的各种烹饪方式不断发展。元代学者熊梦祥晚年隐居北京门头沟的斋堂，曾详细记载当时元大都平民的饮食状况。"都中经纪生活匠人等，每至晌午以蒸饼、烧饼、馓饼、软馓子饼之类为点心。早晚多便水饭。人家多用木匙，少使筋，仍以大乌盆木勺就地分坐而共食之。菜则生葱、韭蒜、酱、干盐之属。"②说明大都民间饮食仍是粗茶淡饭，而且早晚两餐皆食粥。面食是元大都市民的日常食品，用面粉制作成各种饼类。蒸、烧、炖等各种烹饪方式都有。这些都为以后北京小吃的发展奠定了基础。上述带有鲜明少数民族特色的

---

① ［元］忽思慧：《饮膳正要》，人民卫生出版社1986年版，第25页。

② ［元］熊梦祥：《析津志辑佚》，北京古籍出版社1983年版，第207～208页。

食品落户北京，成为人们的日常饮食。

这从一个侧面说明，输入北京的一些少数民族饮食文化已完全为汉族所接受，有的还占据了显耀地位。较之契丹和女真，蒙古族在饮食文化向南输出方面更加主动和强势，这种强势的重要特征就是开放性和兼容性。

有清一代，满族入关，主政中原，北京饮食发生了第四次民族文化大融合。满族社会生活对京师饮食产生一定影响，满族风味不断地输入北京。满族的传统饮食逐渐在北京流行起来。如萨其马、奶酪、饽饽等。萨其马，又称沙琪玛、赛利马，是清军入关后，带入北京的满洲饽饽之一。《燕京岁时记》中记载："萨其马乃满洲饽饽，以冰糖、奶油和白面为之，形如糯米，用不灰木烘炉烤熟，碎成方块，甜蜜可食。"萨其马用料为冰糖、奶油和面粉，经过烤制后，切成方块，味道甜腻。萨其马本是满族人喜食的糕点，后流行于北京，制作技法越来越精细，成为深受大众喜爱的京式传统糕点之一。奶酪，又称醍醐、乳酪，魏晋时已有记载，是北方少数民族的食品，早期并未被汉族接受，元、明、清三代是皇家的御膳珍品。直至清代，奶酪成为皇室贵族的主要冷饮食品，而且流入民间市场。清代的《都门杂咏》中有一首竹枝词这样描述："闲向街头啖一瓯，琼浆满饮润枯喉。觉来下咽如脂滑，寒沁心脾爽似秋。"奶酪这种高级细点为京人所接受，从而成为京都流行的风味食点。北京最有名的奶酪店开业于清末，位于老东安市场，名叫丰盛公。最早的创始人为满族正黄旗人，据传，他是从清宫御膳厨师那里学来的清宫奶酪的制作技法。奶酪是通过用牛奶加白糖煮开、凉凉、过滤、加江米酒、文火加热、发酵、置碗中半凝固等多道程序制成，有饥者甘食、渴者甘饮，内以养寿、外以养神的神奇功效。凝霜冻玉般的奶酪在京城独树一帜，至今还是百姓推崇的北京名小吃。

满洲饽饽，即满族对糕点的统称。饽饽用面粉、糖、油等原料精制而成。清道光二十八年（1848年）所立《马神庙糖饼行行规碑》中规定，满洲饽饽是"国家供享神祇、祭祀、宗庙及内廷殿试、外藩筵宴，又如佛前供素，乃旗民僧道所必用。喜筵桌张，凡冠婚丧祭而不可无，其用大矣"。满洲饽饽由清统治者推广，成为北京逢年过节、婚丧嫁娶、祭祖敬神、亲友往来等常用的糕点。饽饽品种甚多，有细馅饽饽、硬面饽饽、寿意饽饽、片儿饽饽，以及大八件、小八件、自来红、自来白等。

满族人大多喜食黏食，自满族入主北京，黏食风味在北京颇为盛行。黏食风味小吃原料多由江米①制成。艾窝窝，是清真风味的一道黏食小吃。它是用煮烂的江米放凉后，包上豆沙或芝麻馅，团成圆球，再蘸上一层熟大米面制成，通常是现包现卖，多在春季销售。清人有诗："白黏江米入蒸锅，什锦馅儿粉面搓。浑似汤圆不待煮，清真唤作艾窝窝。"艾窝窝现在依然是北京百姓喜食的一道清真小点。其他有代表性的满族风味饮食，如"白煮肉"，砂锅居老字号传承至今，其招牌菜"砂锅白肉"，就是源于满族以全猪祭神、祭祖的礼制。清朝是中国最后一个封建王朝，满族风味对近代北京饮食发展产生了深远影响。

除了满、蒙古等北方少数民族风味不断输入之外，还有一个重要的饮食风味——穆斯林清真饮食风味的输入，它构成北京饮食文化的重要分支。

"清真"一词，最早见于南朝刘义庆《世说新语》："有清真寡欲，万物不能移也。"原指人的纯净朴实，无尘污染，后来专指人的道德境界。明洪武元年（1368年），明太祖朱元璋为金陵礼拜寺题《百字赞》中有"教名清真"一语，清真专指伊斯兰教。"清净无染……清则净，真则不杂，净而不杂"，就是"清真"。反映在财帛和事物上，穆斯林主张取财于正道，不图不义之财，遵守伊斯兰教对食物的来源、性质、卫生等方面的严格规定②。

北京清真饮食的起源，是与伊斯兰教传入北京同步的。关于北京地区伊斯兰教传入的时间，学界说法有二：一是北宋至道年间或

① 江米即糯米，中国北方多称江米，南方称糯米。
② 马兴仁：《中国清真饮食文化浅谈》，《青海民族研究》社会科学版，1991年第4期。

辽统和十四年即996年说，二是所谓的元初说。元代，大量西域穆斯林进入中国并定居，北京最著名的回民居住区牛街，就是在那时候形成的。早在元中统四年（1263年），北京穆斯林人口已达15000人，占大都人口的1/10还多，穆斯林已成为元大都居民的重要组成部分。当时元大都"已有回回人约三千户，多为富商大贾、势要兼并之家"①。由于人口众多，伊斯兰饮食文化便得以迅速地扎根并发扬光大。其中回族是推进北京清真饮食发展的重要力量。13世纪前期，蒙古灭金，入主中原，建都北京以后，回回作为色目人的一支，在京为官者和经商者甚多，回回人在元朝的政治地位仅次于蒙古人，清真餐饮也在京城随之兴起。

穆斯林自从元代入住北京以来，至今北京穆斯林人口分布广泛，其中回族是推进北京清真饮食的重要力量。坊间流传着一种说法：回族手上两把刀，一把切肉的，一把切糕的。指的是回族商贩卖牛羊肉和切糕。回族多经营清真饮食，并将北京的清真饮食进一步推广和深化。清真饮食分为清真菜与清真小吃两部分。经过长期的积淀，北京清真饮食形成稳定、成熟的发展模式。直到清末民初，北京清真菜分为"东派"和"西派"两大流派。"东派"以同和轩、东来顺和通州小楼饭庄为代表，其特色是以北方乡土风味为主，炒菜多用重色芡汁，味浓厚重。"西派"以两益轩、西来顺为代表，精美、典雅，吸收南方菜系特点，以烧扒白芡淡汁为主，具有都市大菜风格。民国时期北京的清真菜肴已达500多个品种，清真风味小吃更是琳琅满目，让人目不暇接。在北京小吃中，清真小吃占了绝大部分，仅烧饼的花样就有几十种，并因物美价廉受到人们的青睐。多年来形成诸多老字号的食品品牌，如月盛斋的酱牛羊肉、大顺斋的糖火烧、馅饼周的馅饼、豆汁儿张的豆汁儿、羊头马的白水羊头、爆肚冯的爆肚、年糕王的切糕等②。清真饮食在中国饮食文化的形成和发展过程中，一直受

---

① 韩儒林主编：《元朝史》下册，人民出版社1986年版，第349页。

② 张宝申：《北京的清真饮食》，《北京档案》，2008年第3期。

阿拉伯、波斯等地传统伊斯兰文化的强烈影响。发达的阿拉伯—波斯医学及一些科学的健康理念，融入清真饮食文化中，在清真饮食中有很多产于西域的"香药"（既是调味品又是药品）。伊斯兰教传入中国后，大批阿拉伯、波斯商人到中国做生意，经营珠宝药材，由此带来了饮食调料中这些"香药"，如豆蔻、砂仁、丁香、胡椒、茴香、肉桂等，极大地丰富了中国清真饮食文化以养为本的内涵。这些香药在调味的同时，还兼有很强的保健作用，把香药引入肴馔，使得注重养生成为中国清真饮食文化的显著特征，它创造性地发展了"医食同源"的思想，是中国穆斯林对中华饮食文化的重大贡献。据文献资料记载，清乾隆四十年（1775年）在北京创建的"月盛斋"，是老字号酱肉店，到嘉庆年间，名声大震。它的特殊之处在于在酱羊肉中加有丁香、砂仁等亦香料亦药材的重要调味品，在保持原有美味之外，还增添了药物的健身效果，再加上选肉精细、调料适宜、火候得法，故而极受欢迎，成为京城声誉很高的清真食品特产，代代相传。其中香药入肴是清真饮食文化的一个重要特点，是中国与阿拉伯—波斯饮食文化交流的重要成果。

清真菜肴以牛羊肉为主，羊肉菜居多。穆斯林在清真饮食上趋吉避凶，尚好吉祥。羊象征温顺、吉祥、善良、美好，一直是清真烹饪的上等动物性原料。许慎在《说文解字》中释"美"曰："美，甘也。从羊从大，羊在六畜，主给膳也。美与善同义。臣铉等曰：羊大则美。"羊之大者肥美，是穆斯林选择食物原料经验的一个结晶，也是他们对"美味"认识的出发点。

北京的多民族饮食风格是在长期的历史过程中形成的。北京饮食文化积淀深厚，很重要的一方面是少数民族长期的饮食输入和融合。可以说，没有少数民族之间、少数民族和汉族之间的饮食文化交流、碰撞和保持各自相对的独立性，以及绵绵不断的融合，也不可能形成首善之区的饮食文化。

第二节 农耕与游牧的饮食交融

北京地处华北、东北和蒙古高原三大地理单元的交会地带，是中原农业经济与北方草原畜牧经济商品交换的集散地。特殊的地理位置使得北京饮食在漫长的发展过程中融合了北方游牧文化、中原麦作文化、南方稻作文化，实现了农耕与游牧的饮食交融。

早在建都之始，北京饮食就展示出两种经济形态结合的萌芽。北京"昌平县曾出土一件3000多年前的青铜四羊尊酒器。作为畜牧业代表的羊与农业产品的酒能结合在一起，绝不是偶然的。可以说这是两种经济交流结合的产物，也说明远在3000年前，北京人的饮食即兼有中原与北方游牧民族的特点"①。北京饮食文化最为显著的特点应该就是游牧和农耕两种不同经济生产方式的融合，这是一条北京饮食文化发展的主线，从3000多年前一直延续下来。秦汉时期，北京饮食文化的区域特质已经凸显，首先是灶的出现，衍生出中国饮食文化中一些常见的烹饪方法，而且烹饪讲究火候。《东周列国志》中在描述燕太子丹为让荆轲刺杀秦王而不惜一切代价时写道："太子丹有马日行千里，轲偶言马肝味美，须臾，庖人进肝，所杀即千里马也。"此菜，或煮或炒均须严格地掌握火候，而当时即能制作此菜，可见，北京菜烹饪技术在当时就已具有一定的水平。其次是主、副食区分分明，形成了谷物为主，辅以蔬菜，加上肉料的饮食结构，奠定了农耕民族以素食为主导的饮食发展趋势。再次是北京与北方游牧民族相连，为农业和牧业共存的地域，饮食文化中掺入了游牧民族的风味，以羊为美味和"以烹以炙"就是明证。最后是北京与周边地区贸易往来频繁，《史记·货殖列传》载："夫燕亦勃（海）、碣（石）之间一都会也。南通齐、赵，东北边胡……有鱼盐枣栗之饶。北邻乌桓、夫

---

① 鲁克才主编：《中华民族饮食风俗大观》"北京卷"，世界知识出版社1992年版，第1页。

余、东缩秽貊、朝鲜、真番之利。"商品交换必然使大量外地食物涌入北京，从此，北京饮食便有了集游牧与农耕于一体的显著特点。魏晋时期，北京地区呈多民族杂居的状态，北方乌桓、鲜卑、突厥等族纷纷迁入。在少数民族不断进入北京的同时，中原居民也迁徙北京。西晋末年，石勒起兵，河北人口四散流移，或避居青、齐，或过江南徙，或往依并州刘琨，或流落辽西段氏和辽东慕容廆。后来，流移并州的士众得不到刘琨的存抚，于是又流落幽州，归王浚，而王浚谋称尊，不理民事。这部分流民又往辽西、辽东，投奔段氏和慕容氏。慕容廆以冀州流民数万家侨置冀阳郡。后赵建武五年（339年）九月，后赵将费安破晋石城，"遂掠汉东，拥七千余户迁于幽、冀"。前燕建熙五年（364年），燕将李洪"拔许昌、汝南、陈郡，徙万余户于幽、冀二州"。中原民众的进驻，强化了北京人口的多民族和多地域的特性。从总体而言，北京的饮食文化有了长足发展，"魏晋南北朝时期饮食文化取得了跨越式的发展，饮食学成为一门学科被确定下来，这与当时的社会历史状况是分不开的，特别是与当时的人口流动是分不开的"[①]。

归纳起来，这一时期出现了一些影响深远的饮食文化事象。第一，饮食方式发生了根本性的转变。先秦两汉，中国人席地而坐，分别据案进食。魏晋南北朝时期，少数民族的坐卧用具进入中原。胡床是一种坐具，类似今天的折叠椅。《晋书·五行志上》："泰始之后，中国相尚用胡床貊槃，及为羌煮貊炙，贵人富室，必畜其器，吉享嘉会，皆以为先。"说明胡床貊槃，已经进入高层人家，而且成为时尚，这就极大地冲击了传统的跪坐饮食习惯。《梁书·侯景传》载："侯景常设胡床及筌蹄，著靴垂脚坐。"由于坐在胡床上可以两脚垂地，这就改变了以往的坐姿，大大增加了舒适程度，人们可以长时间饱享"羌煮貊炙"。随着胡床、椅子、高桌、凳等坐具相继问世，合

---

① 王静：《魏晋南北朝的移民与饮食文化交流》，《南宁职业技术学院学报》，2008年第4期，第5页。

食制（围桌而食）流行开来。随着桌椅的使用，人们围坐一桌进餐也就顺理成章了。同时，这一时期也是中国古代的两餐制和分餐制逐渐向现代的三餐制和合餐制过渡的一个重要时期。第二，面食进入北京人的饮食领域。"最早有面食记载的是《齐民要术》这本书，记载着'饼''面条''面'的资料，《齐民要术》是南北朝晚期的著作，相当于公元三百年（按，有误，应为公元五百余年），因此我相信面食是东汉时期以后由东亚经西域传入中国的。面食把米、麦的使用价值大大地提高了，因为中国古代主食的植物以黍、粟为主，因为有面食方式的输入，才开始先吃'烙饼'，也就是'胡饼'。"①除米外，北京人食麦较多。麦的一大吃法是用麦粉做饼，南北相同。有汤饼、煎饼、春饼、蒸饼、馄饨等品种。汤饼与今天的面片汤类似，做时要用一只手托着和好的面，另一只手往锅里撕片。由于片撕得很薄，"弱如春绵，白若秋绢"，煮开时"气勃郁以扬布，香飞散而远遍"。煎饼，北京人在人日（农历正月初七）做煎饼于庭中，名为"熏天"，以油煎或火烤而成。春饼是魏晋人在立春日吃的。蒸饼，也作笼饼，用笼蒸炊而食，开始是不发酵的，发酵的蒸饼，相当于今天的馒头。第三，饮食的游牧民族风味更加凸显。北方多以牛羊肉为食。中国古代有"六畜"之说：马、羊、牛、鸡、犬、豕。除马以外，余五畜加鱼，构成我国传统肉食的主要品种。北方游牧民族大量入居北京，推动了畜牧业的迅速发展。羊居六畜之首，成为时人最主要的肉食品种。北魏时，西北少数民族拓跋氏入主幽州后，将胡食及西北地区饮食的风味特色传入内地，北京地区饮食出现了胡汉交融的特点。这个时期，少数民族的食物制作方法也不断影响中原饮食习惯。羌煮貊炙，就是最典型的。羌煮就是西北诸羌的涮羊肉，貊炙则是东胡族的烤全羊。《释名》卷四"释饮食"中载："貊炙，全体炙之，各自以刀割，出于胡貊之为也。"肉类不易久贮，将之加工为干肉，即脯。陆机《洛阳记》载，洛阳以北三十里有干脯山，即因"于上暴肉"

---

① 张光直：《中国饮食史上的几次突破》，《民俗研究》，2000年第2期。

而得名。第四，外来人口尤其是中原人在北京定居，为北京饮食输入了大量的异地风味。较之前代，这一时期的饮食风味更为多样，品类更为丰富。"北京烤鸭"历史悠久，早在南北朝的《食珍录》中有"炙鸭"。据三国魏人张揖著的《广雅》记载，那时已有形如月牙、称为"馄饨"的食品，和现在的饺子形状类似。到南北朝时，馄饨"形如偃月，天下通食"。据推测，那时的饺子煮熟以后，不是捞出来单独吃，而是和汤一起盛在碗里混着吃，所以当时的人们把饺子叫"馄饨"。《齐民要术》中称为"浑屯"，《字苑》作"馄饨"。馄饨至今最少也有1500年的历史了。根据《齐民要术》的记载，人们还会做出各种各样的菜羹和肉羹。同时，在调味品方面，有甜酱、酱油、醋等。第五，饮食胡化。"唐太宗时，对突厥降众安置在'东自幽州，西至灵州'的朔方之地，突厥的原有部落几乎全部保存下来了。幽州遂成为聚合各民族内迁的一个重要的地方，幽州城成为民族杂居融合的城市。"[1]突厥、奚、契丹、靺鞨、室韦、新罗等数个民族构成了侨置番州，约占幽州汉番总数的1/3，而加上活跃于此地的少数民族，远远超过这个比例。唐朝廷在安置内迁胡族时，虽允其聚居，但不是举族而居，往往分割为若干个小聚落，与汉族交错杂居。唐陈鸿祖《东城老父传》说："今北胡与京师杂处，娶妻生子，长安中少年有胡心矣。"[2]有胡人子胤又从而萌发胡心，说明胡化程度相当高。此一点，幽州之地较之人文荟萃的长安，应不相上下。可以想见，当时燕地的饮食已经是普遍胡化了，可以说胡化程度较之其他都市为甚。少数民族对幽州饮食文化的影响肯定极为广泛而又深刻，胡食成为时人普遍接受的风味。

安史之乱之后，幽州由于在社会风尚包括饮食习俗上的巨变，被视为夷狄之地。史学家们在论及隋唐饮食文化的时代性时，无一例外都要提及胡食，胡食的流行也是唐朝社会的一个显著特点，胡食是书

---

① 劳允兴、常润华：《唐贞观时期幽州城的发展》，《北京社会科学》，1986年创刊号。
② 《唐代丛书》卷十二《东城老父传》，第12页。

写隋唐饮食文化的史学家们特别强调的。但是，当史学家们在阐述隋唐饮食胡化这一特点时，却一概将饮食胡化最为典型的幽州撇开。这只能说明隋唐期间的幽州饮食文化没有得到史学家应有的关注。

开元以后的长安，胡人开的酒店也较多，长安"贵人御馔，尽供胡食"①，并伴有花枝招展的胡姬相陪，李白等文人学士常入这些酒店，唐诗中有不少诗篇提到这些酒店和胡姬。酒家胡与胡姬成为唐代饮食文化的一个重要特征。元朝是北京饮食文化飞速发展的时期，强大的蒙古族统治者将其游牧饮食文化带入大都，大大拓宽了北京饮食文化的延展空间，将北京饮食文化推向一个新的时代高度。契丹、女真等民族入主燕京，导致燕京饮食文化具有浓厚的民族风味。蒙古族将燕京定为大都以后，这里饮食文化的民族特色更加鲜明而又斑斓。有元一代，燕京民族之众多，居民结构之复杂，是历代王朝所不能比拟的。除蒙古军队南下、大批蒙古人南迁给北京地区带来草原文化外，色目人的大量拥入也极大地影响了大都文化。色目人是元代对西域各族人的统称，也包括当时陆续来到中国的中亚人、西亚人和欧洲人。蒙元"大一统"的形成，不仅促成了蒙古民族的发展壮大，也推进了中华民族形成的历史进程，曾经建立实现中国北部统一王朝的契丹、女真民族，除居住在故地的女真人外，基本和汉族等其他民族融合了，实现局部统一的党项人在经过元朝之后也消失在历史长河中。伴随着这些民族的消失，一些民族，诸如汉族得到壮大，同时在民族融合中也诞生了一些新的民族，畏兀儿、回回即在宋辽金元时期的民族大融合中形成的。②还有在中国南北方世代居住繁衍的其他少数民族以及陆续从西域、中亚等地移居燕京的色目人。"到了元代，这里居民的成分构成变化最大，既有漠北草原的大批蒙古族民众南下，又有西域地区的大批色目人东移，还有江南地区的大批'南人'北上，皆会集到了大都地区。与前者不同的是，在辽金时期，北京地区

---

① 许嘉璐主编，分史册黄永年主编《二十四史·全译·第二册旧唐书》，北京日报报业集团同心出版社2012年版，第1534页。

② 李大龙：《浅议元朝的"四等人"政策》，《史学集刊》，2010年第2期。

只是少数民族割据政权的陪都和首都，而到了元代，这里开始变成全国的政治和文化中心。在这个时期，北京地区的风俗有一个共同的特点，就是少数民族的风俗影响极大，中原汉族民众往往贬称其为'胡俗'。到了明代，许多元代的风俗流传下来，胡服就是一例。'今圣旨中，时有制造只孙件数，亦起于元。时贵臣，凡奉内召宴饮，必服此入禁中，以表隆重。今但充卫士常服，亦不知其沿胜国胡俗也'。"①而"胡食"也是"胡俗"的重要方面。较之契丹和女真等民族，执政的蒙古族的游牧经济特点更为明显。他们吃的是牛羊肉、奶制品，喝的是马、牛、羊乳等，所以南宋使臣彭大雅在他的《黑鞑事略》中写道："蒙古人食肉而不粒。猎而得者，曰兔、曰鹿、曰野彘、曰黄鼠、曰顽羊、曰黄羊、曰野马、曰河源之鱼。"②加宾尼谈到蒙古人饮食时说：他们的食物包含一切能吃的东西，他们吃狗、狼、狐狸和马。③元代各民族的饮食习俗，同样都以熟食为主，但做法大不相同。蒙古牧民食物中，火燎者十之九，鼎烹者十二三④。富有特色的"胡食"，与燕京汉族烹调食俗大相径庭。蒙古族作为游牧民族，他们吃肉喝奶，没有主、副食之分。较之契丹和女真，蒙古族在饮食文化向南输出方面更加主动和强势，这种强势的重要表征就是开放性和兼容性。就经济方式而言，北方蒙古等游牧狩猎民族习俗影响了内地汉族农业经济。这些影响主要表现在北方游牧狩猎文化与内地农业文化之间的差异以及对立上。早在元朝建国时期，有些蒙古贵族就想将中原良田变为牧场，遭到耶律楚材及蒙古大汗的阻止。随着大量蒙古人、色目人的移居，北方狩猎习俗也传至内地，从而内地不少地区出现了狩猎民，以及大规模的围猎活动⑤。游牧生产方式向燕京农耕地区的渗透，

---

① 李宝臣主编：《北京风俗史》，人民出版社2008年版，第276～277页。

②④ ［清］王国维等：《蒙古史料校注四种·黑鞑事略笺证》，清华学校研究院刊本1926年版，第6页。

③ ［英］道森编，吕浦译、周良霄注：《出使蒙古记》，中国社会科学出版社1983年版，第17页。

⑤ 那木吉拉：《中国元代习俗史》，人民出版社1994年版，第264页。

改变了燕京原有的饮食结构，从根本上促成了两种完全不同的饮食风格的交合。这种交合不是简单的食品数量的增加，而是你中有我，我中有你。

这里举一个农耕与游牧民族的饮食风味融合的例子。当时元大都流行一种"聚八仙"的美味。元代佚名所著《居家必用事类全集》记载了"聚八仙"的制作方法："熟鸡为丝，衬肠焯过剪为线，如无熟羊肚针丝。熟虾肉熟羊肚胘细切，熟羊舌片切。生菜油盐揉糟，姜丝、熟笋丝、藕丝、香菜、芫荽蔌碟内。鲙醋浇。或芥辣或蒜酪皆可。"其中最复杂的是调料中还要套调料，"鲙醋浇"最为典型。鲙醋的原料："煨葱四茎、姜二两、榆仁酱半盏、椒末二钱，一处擂烂，入酸醋内加盐并糖。拌鲙用之。或减姜半两，加胡椒一钱。"可以看到，"聚八仙"包含了不同民族的食物原料，既有游牧民族喜好的羊肚、羊舌，又有江南农耕民族常吃的竹笋、莲藕，还有北方农耕民族常用的调料葱、姜、蒜、椒等。农耕与游牧民族的饮食风味融合在这款菜品中得到集中体现。

饮食一直处于"逾越"的状态，正是农耕与游牧两种生产方式的逾越和融合，才使得北京饮食风味融入了农耕与游牧的饮食风味，改变了北京地区的饮食结构，使得北京饮食文化有更多元、更长远的发展。

第三节　京菜以鲁菜为主

　　鲁菜位居八大菜系之首，长期以来以其独特的口味、精致的菜品、高超的技艺被世人称道。鲁菜味兼四海，厚重大气，对我国北方各大菜系产生深远影响。

　　鲁菜对北京菜影响极大。从明清一直到20世纪中叶，鲁菜在北京一直占据着霸主地位。其中以胶东派和济南派为代表。胶东地近大海，以烹调海鲜为特色。济南地当平陆，济南菜因此以陆产、河产、湖产为原料。胶东派和济南派在京相互融合交流，形成以爆、炒、炸、熘、蒸、烧等为主要技法，口味浓厚之中又见清鲜脆嫩的北京风味。[①]可以说，鲁菜是京菜的基础，对北京菜系的形成产生深远影响。山东地理位置优越，物产丰富，饮食历史悠久，而且山东是儒家的发源地，也是孔孟之乡，深厚的文化积淀以及天人合一的饮食追求在鲁菜中亦有体现。早在《论语》中就讲到"食饐而餲，鱼馁而肉败不食，色恶不食，臭恶不食，失饪不食，不时不食，割不正不食，不得其酱不食"。以及有"食不厌精，脍不厌细"这样脍炙人口的饮食名句，敦厚平和、大味必淡的至高境界。中国台湾学者张起钧先生评价过鲁菜："大方高贵而不小家子气，堂堂正正而不走偏锋，它是普遍的水准高，而不是一两样或偏颇之味来号召，这可以说是中国菜的典型了。"[②]

　　自古以来，山东就是名厨辈出的地方。山东厨师何时进京已无从考证。早在明朝，山东厨师在北京已形成了左右京师饮食风味的力量。明太监刘若愚在《酌中志》中记载，万历皇帝使人把海参、鲍鱼、鲨鱼鱼筋、肥鸡、猪蹄筋共烩一处，供其进膳。这正是胶东一带"烩海鲜"的做法。可见当时鲁菜已经进入了皇宫御膳。据说，明朝

---

　　①　唐夏：《北京饮食文化》，中国人民大学出版社2017年版，第6页。

　　②　张起钧：《烹调原理》，中国商业出版社1985年版，第104页。

宫中的御厨大多是山东人。清代初叶，山东风味的菜馆在京都占据了主导地位，在北京四处林立。不仅大饭店里山东人经营的鲁菜居多，就连一般菜馆，甚至是街头的小饭铺，也是如此。有人说："有清二百数十年间，山东人在北京经营肉铺已成根深蒂固之势。老北京脑子里似乎将'老山东儿'和肉铺融为一体，形成一个概念。"[①]这可以追溯到两三百年前，清代初叶到中叶的100多年间，在京的山东籍官员非常多，朝廷官员中山东人占了半壁江山，清初官至吏部左侍郎的孙承泽是胶东益都人，著名的刘罗锅是胶东诸城人。官至刑部尚书的王士祯是济南人，他的名句"金盘错落雪花飞，细缕银丝妙入微"，是对济南菜"历下银丝鲊"的盛赞。坊间流传着一句谚语：鲁菜的重点在胶东，重中之重在福山。福山是胶东菜的发源地，福山菜是胶东菜的代表，对鲁菜风味产生深远影响。长期以来，福山作为"烹饪之乡"，在继承、挖掘、发展、创新观念的驱动下，使胶东菜的风味流传国内外。过去胶东一带曾流传过这样一句话：东洋的女人西洋的楼，福山的大师傅压全球。在京的福山帮，精于制作海味，在北京已有四五百年的历史。从明朝到清末，乃至20世纪20年代前后，北京开大饭馆的大多是"福山帮"。北京老字号饭庄的八大楼中有6个是福山人开的。中华人民共和国成立初期，在北京，各大有名的"堂、楼、居、春"，从掌柜到伙计，十之七八是山东人；厨房里的大师傅，更是一片胶东口音，而这些"堂、楼、居、春"百分之八九十是福山人经营。据说丰泽园饭庄是当时北京最火的饭店，它的创办人栾学堂是福山浒口村人，对鲁菜了如指掌，他特意挑选了精于胶东菜和济南菜的厨师，使得"胶东""济南"两大山东风味既交汇融合又相得益彰，使鲜香淡雅的胶东菜和醇厚浓馥的济南菜各自彰显出特色和魅力。20世纪，胶东菜擅长爆、炸、扒、熘、蒸，突出本味，偏于清淡；济南菜以汤为百鲜之源，爆、炒、烧、炸，为其所长，在清、鲜、脆、嫩之外兼有浓厚风味。经过交融的山东菜，越来越适合北京

[①] 爱新觉罗·瀛生等：《京城旧俗》，北京燕山出版社1998年版，第116页。

人的口味。因此，丰泽园饭庄在当时北京的鲁菜饭馆中独树一帜，名噪一时。据《中国烹饪百科全书》记载，20世纪五六十年代，北京的山东风味名餐馆有30多家，但以丰泽园饭庄名气最大。该店建于1930年，几代名厨掌灶，所制菜品清鲜脆嫩，味道鲜美，卓尔不凡。尤以清汤、奶汤菜冠名全市，其葱烧海参做得弹牙、润滑，将海参特有的鲜香和葱香发挥得淋漓尽致。丰泽园有名的鲁菜有葱烧海参、烩乌鱼蛋、糟熘三白、通天鱼翅、酥炸鱼条、红扒熊掌、九转大肠、香酥鸡、糟鸭片、清烩虾仁、浮油虾片、炸丸子等。

图1-1　丰泽园的葱烧海参　　　　图1-2　丰泽园的九转大肠

新中国成立后，山东籍的厨师更加焕发青春活力，为祖国的烹饪事业不断做出贡献。北京全聚德烤鸭店的名厨蔡其厚是福山人，烤鸭技艺和烹饪经验非同一般，他曾多次受邀赴苏联、日本、美国等地传授技艺与讲学；民族饭店的鲁菜特级技师孙中英根据自己50年的烹调经验亲自指导主持《山东菜谱》的编写工作，对鲁菜的传播与发展发挥了很大作用。丰泽园饭店的技术总监、烹饪大师王义均，1983年获得"全国十佳厨师"的称号，他擅长烹制鲁菜，多次为国家领导人和外国来宾服务，周恩来总理曾叮嘱他把鲁菜烹饪技术传授给下一代。

总的来说，鲁菜在今日北京仍不失首席地位，当今北京的烹饪业中，山东籍的厨师在从业人员中占有很大的比重。鲁菜作为北京菜的基础，在不断创新发展的同时也为北京菜的发展注入新鲜活力。

第四节　崇尚西方饮食

西餐进入京城由来已久，明末清初，在宫廷、王府和权贵之家的筵饮上就可看到"西餐"的痕迹。康熙年间就有用西餐、洋厨接待外宾的记录。"盛京清宁宫所收藏的清代历朝满洲档案实录里就有记载：在康熙初年，光禄寺奏报添置西餐所用刀叉器皿，雇用洋厨接待外宾；平日无事，准其在外设肆营业。"①《红楼梦》第六十回描写18世纪早期的贾府生活时写道："芳官拿了一个五寸来高的小玻璃瓶来，迎亮照着，里面有小半瓶胭脂一般的汁子，还当是宝玉吃的西洋葡萄酒。"处于清王朝统治下的近代中国遭遇了代表近代工业文明的西方列强的坚船利炮的强烈挑战，以1842年鸦片战争失败签订城下之盟，国门被打开为标志，中国进入半殖民地半封建社会，北京近代饮食民俗也随之发生变化，北京城的"使馆区"等地出现了早期的西餐馆和咖啡馆。到了晚清，不仅市场上有西餐馆，甚至慈禧太后举行国宴招待外宾也用西餐。"吐司""色拉""沙司"等外国烹饪词汇进入中国，清宣统年间的《造洋饭书》比较详细地记载了西餐的烹饪技法。《清稗类钞》中写道："国人食西式之饭，曰西餐。"关于西餐的这一界定沿用至今。

老北京人把西餐称为"番菜"，把西餐厅称为"番菜馆"。北京最早的番菜馆是开业于光绪年间西直门外农事试验场（曾改名万牲园），也就是北京动物园里面的畅观楼。番菜中称俄式红菜汤为"罗宋汤"，清代初年，称俄罗斯为"罗刹"，"罗宋"是"罗刹"的音转，后来"罗宋汤"在北京家庭的饭桌上颇为普及。可以说从鸦片战争后，北京饮食文化对于西方饮食的态度从被动接受转为主动纳入。西餐在北京逐渐流行，北京开设的西餐馆数量越来越多。光绪二十六年（1900年），两个法国人创建了北京饭店，专营西餐。1903年创建

---

① 唐鲁孙：《唐鲁孙系列·天下味》，广西师范大学出版社2004年版，第52页。

的"得其利面包房"，专制英、法、俄、美式面包。1903年8月《大公报》记载："北京自庚子乱后，城外即有玉楼春洋饭店之设，后又有清华楼。近日大纱帽胡同又有海晏楼洋饭馆。"此外，西班牙人创办的三星饭店、德国人开设的宝昌饭店、希腊人开设的正昌饭店以及日本料理等，最初是供应在华的外国人，后来北京人逐渐适应而喜食。

民国时期，西式舞会、晚会、婚礼等成为时尚，也直接带旺了西餐业。在王府井大街南口外，建成了六国饭店，达官贵人、洋行买办等纷纷到六国饭店去跳舞、吃大餐（当时称吃西餐为"吃大餐"）。当时的六国饭店、德昌饭店、醉琼林都是享用正宗西餐的场所。西餐馆成为西方文明展示的窗口，受到上流社会的追捧，有诗云："不供匕箸用刀叉，世界维新到酒家。短窄衣衫呼崽子，咖啡一盏进新茶。"①另有"满清贵族群学时髦，相率奔走于六国饭店""向日请客，大都同丰堂、会贤堂，皆中式菜馆，今则必六国饭店、德昌饭店、长安饭店，皆西式大餐也"等描述，吃西餐成为当时上流社会赶时髦、拓展交际、显示身份的一种应酬方式。

北平市社会局曾对20世纪30年代初北平西餐馆的整体营业情况做了调研：

> 番菜馆为较新之营业，远不及中饭庄之普遍。除六国、北京、德国各大饭店及各团体附售西餐外，有中山公园之来今雨轩与中国饭庄、东四之中美食堂、廊房头条之撷英、陕西巷之鑫华、西单之大美与华美、司法部街之美华、东安市场之森隆、东单之福生、西单游艺商场之华美、崇内之正昌及绒线胡同之西吉庆等十余家而已。布置较为雅洁，而业务均不甚振，惟夏季生意较佳。每餐价目最高至一元三角，美

---

① 雷梦水、潘超、孙忠铨、钟山：《中华竹枝词》，第1册，北京古籍出版社1997年版，第220页。

华为最便宜，中餐只六角，晚餐只七角耳。①

中国台湾作家唐鲁孙在《天下味·北平的西餐馆》一文中回忆了民国初年到七七事变爆发前北京西餐馆的情况，资料翔实丰富，介绍了北京很多西餐店及口味特色。东交民巷太平红楼的简易西餐、德国医院的西餐醇香脂肥，崇文门大街的法国奶油蛋糕细润松软、滑而不腻，六国饭店擅长法意大菜，撷英食堂推出中国味西餐，府右街美华番菜馆的牛肉包口感鲜美，平汉食堂俄式大菜小吃花样多，王府井大街东华饭店洋金嵌宝的餐具极具特色，另外还有墨蝶林的蛤蜊鳕鱼、灯市口瀛寰饭店的法式红酒焗蜗牛、新华饭店的黑椒牛排等。西餐馆有30多家，法式、俄式，德国菜、美国烤鸡……各种西餐风味一应俱全。书中写到北京饭店西餐烤火鸡："北京饭店设备布置堂皇是人所共知的，就是刀叉器皿古雅高华，也叫别家饭店望尘莫及的。有一不识丁某大军阀在这里进馆时，还把银质镂金洗手水碗的水当作矿泉水，一饮而尽，并且还大叫再来一碗！圣诞大菜一定有烤火鸡，外国人对烤火鸡认为是道华贵的美食，其实这道火鸡肉又老又柴，洋人专拣白肉吃，取其有韧性耐嚼。中国人能欣赏烤火鸡的恐怕不太多吧？可是北京饭店的圣诞大菜里，烤火鸡肉嫩而滑，甘肥细润，令人有还想再吃一次的味觉。"②

虽然西餐渐受欢迎，但只是一些权贵军阀、先锋人物乐于尝试，北京平民化的饮食习俗中，口味是较为保守的。北京居民生活较为节俭，对于中下层群体来说，到餐馆就餐的机会都很少。对于西餐的追求只是少部分人的行为罢了。

当时很多西餐吸收了本地餐馆各种菜系的做法，而且逐渐迎合老北京的传统口味，有时名曰西餐，其实在口味上已与地道西餐相距甚远。亦中亦西、亦土亦洋，成为近代北京饮食风味中的新成

---

① 娄学熙：《北平市工商业概况》，北平市社会局1932年版，第375页。
② 唐鲁孙：《唐鲁孙系列·天下味》，广西师范大学出版社2004年版，第57页。

员。比如民国时期前门外廊房头条的撷英食堂，布置古典秀雅，如西式宫廷的官家小宴，菜品精细，把纯粹的英法大菜做成中国味。绒线胡同西吉庆西点面包店由烟台厨师改良的"水兵鸡蛋卷"，做法是摊好鸡蛋，卷上蛤蜊、肉酱、芹菜、青豆，大受欢迎，在此基础上又做出各种夹心鸡蛋卷，咸甜口味都有，荤素搭配各异，广受好评。

20世纪30年代以后，北京的西餐馆慢慢受到大众欢迎。马芷庠著的《老北京旅行指南》记载："西餐馆依然如故，而福生食堂，菜汤均简洁，颇合卫生要素。凡各饭馆均向食客代征百分之五筵席捐。咖啡馆生涯颇不寂寞，例如东安市场国强、大栅栏二妙堂、西单有光堂，西式糕点均佳。"①小说家张恨水先生也喜欢吃西餐，他说："西餐馆的汤不外鸡汤牛肉汤，一清早就先炖上了，中午不上座儿，到了晚餐肉类全部都融化渗透，入口酥融，这种汤还能不好喝吗？芝士焗鳜鱼也是慢工小火的产品，当然跟急就章的滋味，大异其味啦。"②

北京人的传统主食主要是面粉制品，偶尔也吃些米饭。西风东渐后，面包上市了，热狗、三明治出现了，于是在传统主食之外，又有了西洋式的主食，它对某些人群的吸引力，已经远远超过了传统主食。就这样，传统主食一统天下的局面被打破了。当时西化速度快、西化程度比较深的首推衣、食、住、行等生活习俗。这是因为一种文化对异质文化的吸收，往往始于那些可直观的表面的生活习尚层次。在饮食方面，上层社会豪奢，除传统的山珍海味、满汉全席外，请吃西餐大菜已成为买办、商人与洋人、客商交往应酬的手段。在以"洋"为时尚的民国时期，具有西方风味的食品渐受中国人的欢迎，如啤酒、香槟酒、奶茶、汽水、冰棒、冰激凌、面包、西点、蛋糕等皆被北京人接受。西餐的逐渐流行带动着西式糕点、咖啡、饮料、啤酒、罐头、饼干等西式食品的流行。1915年，由张

---

① 马芷庠：《老北京旅行指南》，吉林出版集团有限责任公司2008年版，第214页。
② 唐鲁孙：《唐鲁孙系列·天下味》，广西师范大学出版社2004年版，第71页。

廷阁、郝升堂集资创办的双合盛啤酒厂应运而生。一批经营西式糕点、啤酒、罐头之类的食品店顾客盈门，大受欢迎。一些专营咖啡、红茶、牛奶、奶酪、汽水、柠檬水、冰激凌的西式咖啡冷饮店也陆续开张。如前门外大栅栏的二妙堂咖啡冷食店，是民国时期京城开设较早的一家冷饮店，因地处戏院、影院附近，经常有戏剧界名伶和观众光顾，生意红火。

总之，民国时期，西菜及西式糖、烟、酒等饮食大量进入京城市场，并为很多人所嗜食。在当时还比较守旧俗的北京，"旧式馎馎铺，京钱四吊（合南钱四百文）一口蒲包，今则稻香村、谷香村饼干，非洋三四角，不能得一洋铁桶矣；昔日抽烟用木杆白铜锅，抽关东大叶，今则换用纸烟，且非三炮台、政府牌不御矣；昔日喝酒，公推柳泉居之黄酒，今则非三星白兰地啤酒不用矣"[①]。说明西式饮食已带动北京饮食习俗有较大变化，丰富了北京人的日常生活。

民国时舶来的饮食中除了西菜还有东洋菜。经营这种菜的菜馆，绝大部分由日本人开设，在口味上有别于中菜和西菜。这种菜的主要品种中有一种叫寿喜烧的菜品，即用肉类和各种蔬菜、豆腐放置火锅内，随煮随吃，相类于中国的暖锅；另一种菜叫作刺身（即生鱼片），即将一种不腥的鱼肉就着酱料、姜丝生吃。这种菜没有西菜的影响大。

其实，就中国人的嗜好来说，西菜、东洋菜并不比中菜好吃。崇尚西餐只是因为它代表了一种新鲜、时髦的风尚，也是一种身价的显示。西餐礼仪也被人们所崇尚，在《清稗类钞》中有西餐礼仪的诸多介绍："国人食西式之饭，曰西餐，一曰大餐，一曰番菜，一曰大菜。席具刀、叉、瓢三事，不设箸。光绪朝，都会商埠已有之。至宣统时，尤为盛行。席之陈设，男女主人必坐于席之两端，客坐两旁，以最近女主人之右手者为最上，最近女主人左手者次之，最近男主人右手者又次之，最近男主人左手者又次之，其在

---

① 胡朴安：《中华全国风俗志》下篇卷1 "京兆"，上海书店1986年影印版，第3页。

两旁之中间者则更次之。若仅有一主人，则最近主人之右手者为首座，最近主人之左手者为二座，自右而出，为三座、五座、七座、九座，自左而出，为四座、六座、八座、十座，其与主人相对居中者为末座。既入席，先进汤。及进酒，主人执杯起立（西俗先致颂词，而后主客碰杯起饮，我国颇少），客亦起执杯，相让而饮。于是继进肴，三肴、四肴、五肴、六肴均可，终之以点心或米饭，点心与饭抑或同用。饮食之时，左手按盆，右手取匙。用刀者，须以右手切之，以左手执叉，叉而食之。事毕，匙仰向于盆之右面，刀在右向内放，叉在右，俯向盆内。欲加牛油或糖酱于面包，可以刀取之。一品毕，以瓢或刀或叉置于盘，役人即知其此品食毕，可进他品，即取已用之瓢刀叉而易以洁者。食时，勿使食具相触作响，勿咀嚼有声，勿剔牙。"[1]

事实上，饮食风俗的"全盘西化"是不可能的，也不能全面取代北京的饮食传统，因为传统的饮食结构来自多年的文化积淀，绝非速成。这一点，胡适先生有较为清醒的认识："数量上的严格'全盘西化'是不容易成立的。文化只是人民生活的方式，处处都不能不受人民的经济状况和历史习惯的限制。这就是我从前说起的文化惰性。你尽管相信'西菜较合卫生'，但事实上绝不能期望人人都吃西菜，都改用刀叉。况且西洋文化确有不少的历史因袭的成分，我们不但理智上不愿采取，事实上也绝不会全盘采取。"[2]

北京崇尚西方饮食有一定的历史发展脉络和演变轨迹，西餐的引入对北京饮食文化产生了深远的影响。20世纪五六十年代，影响最大的西餐馆莫过于莫斯科餐厅，改革开放初期，在崇文门十字路口附近，北京第一家纯西餐馆——马克西姆西餐厅开张。之后，西方的餐饮企业纷纷落户北京。西餐的一些烹饪技法为传统中餐所用，丰富了中餐的口味和品种。在西餐的影响下，传统饮食由以味为重转向对色

---

① ［清］徐珂：《清稗类钞》，中华书局1984年版，第6232～6531页。

② 蔡尚思：《中国现代思想史资料简编》第1卷，浙江人民出版社1982年版，第166页。

和形亦高度重视。尤其重要的是，北京饮食文化中的营养观念、卫生观念得到极大强化，也开创了尊重妇女、女士优先的新风，改变了男女不同席的旧有做法。

20世纪80年代以来，由于改革开放和物质生活水平的提高，广大民众对于饮食有更加多样的需求，求新、求异、求变思想成为人们饮食的风向标。现代餐饮也呈现多样化趋势，西餐如潮水般涌入，成为引领北京现代饮食潮流的新风尚。欧美亚各地的代表性餐厅在北京遍地开花，世界美食汇集北京。各国餐厅先后入驻，从中式餐厅到西式的法国餐厅、意大利餐厅，乃至印度餐厅、希腊餐厅及各式快餐厅，再加上琳琅满目的各式咖啡厅、酒吧，可以说是应有尽有，无所不包。"马克西姆餐厅是一家豪华正宗法式大菜的名店，美尼姆斯餐厅则经营中档法国风味菜肴。此外，还有莫斯科餐厅的正宗俄式大菜、美国风味的加州烤肉、萨拉伯尔酒家的朝鲜风味、虹亭日本料理、西贡苑的越南菜、泰国餐厅、巴西烤肉苑、德国餐厅、得克萨斯扒房的美式与墨西哥风味、瑞士餐厅的北欧风味、硬石餐厅的美式'大菜'、亚的里亚意大利餐厅的意大利风味、澳马克亚姆的印度风味、芭蕉别墅的缅甸菜、八道江山大酒家和高丽酒家的韩国料理，以

图1-3 酒吧内餐饮（张羽辰拍摄）

及海棠花朝鲜料理，这些是几十个国家的美食代表。"①国际化的饮食氛围渐浓的趋势，令北京人的饮食口味不断翻新。从主动吸收到外来融入，北京崇尚西方饮食的风尚进入新阶段。

图1-4　位于南锣鼓巷的西餐店

---

① 邱华栋：《印象北京》，广西师范大学出版社2010年版，第79页。

第五节 饮食文化的成熟：出现老字号

北京历史积淀深厚，自古商贾云集，商业贸易异常繁华，旧日京城有口皆碑的老字号比比皆是。过去北京有句流行的顺口溜：头戴马聚源，脚踩内联升，身穿瑞蚨祥，腰缠四大恒（四大钱庄）。这是成功北京人的标配。北京的各行各业都有老字号。餐饮业涌现出的老字号更是不胜枚举。清人阮葵生《茶余客话》记载："明末市肆著名者，如勾栏胡同何关门家布、前门桥东陈内官家首饰、双塔寺李家冠帽、东江米巷党家鞋、大栅栏宋家靴、双塔寺赵家薏苡酒、顺承门大街刘家冷淘面、本司院刘崔家香、帝王庙街刁家丸药，而董文敏亦书刘必通硬尖水笔。凡此皆名著一时，起家巨万。又抄手胡同华家柴门小巷专煮猪头肉，日鬻千金。内而宫禁，外而勋戚，由王公逮优隶，白昼彻夜，购买不息。富比王侯皆此辈也。"这些店铺一直延续下来的就成为老字号。北京饮食文化成熟的标志之一便是餐饮老字号的出现。在北京老字号餐厅里，形成了老北京自成一体的风味及富有京城特色的烹饪技艺。有人说"看不到北京老字号就等于没有看到老北京的文化"。几百年来，风雨沉浮，老字号作为北京饮食文化的风向标，不断展现历史的厚度。

老字号饭庄初兴的最大因素在于其制作精湛，口味独特。明代，四面八方来京做官、经商和谋生的人，把山东"鲁菜"、江苏"淮扬菜"和广东"粤菜"等地方风味带进京城，以各自的特色立足北京，形成了京城饭庄"外帮菜"繁盛的局面。多年之后，它们便成为北京老字号。过去北京的老字号饭庄有"八大楼""八大居""四大顺"之说。所谓"八大楼"，是指在民国时期北京饮食业里以特色菜肴和突出风味而著名的8家较大的山东饭庄。这些以经营鲁菜为主的饭庄冠以"楼"字号以显其大。"八大楼"为东兴楼（萃华楼）[①]、泰丰楼、

---

① 萃华楼为1940年东兴楼停业期间，大厨出来创立的饭馆，可谓东兴楼的传承。

致美楼、鸿兴楼、正阳楼、庆云楼、新丰楼和春华楼。现在只有东兴楼、泰丰楼、致美楼还在经营。"八大居"指的是福兴居、万兴居、同兴居、东兴居（此四家又称"四大兴"）、万福居、广和居、同和居、砂锅居。居只办宴席，不办堂会，因此相对规模较小，是一般官员或进京赶考秀才落脚之地。当年的"八大居"如今仅存砂锅居、同和居。"四大顺"指的是北京的清真饭馆，分别是东来顺、南来顺、西来顺和又一顺。

北京许多老字号餐馆、食品店有美丽的传说，有的甚至和皇家有着密切的关系，被赋予浓厚的神秘色彩。《旧都文物略》中有云："北平为皇都，谊华素骄，一饮一食莫不精细考究。市贾逢迎，不惜尽力研求，遂使旧京饮食得成经谱。故挟烹调技者，能甲于各地也。"可以说北京的老字号均有自己的秘技及招牌菜。

北京烤鸭历史悠久，早在南北朝就有"炙鸭"的记载。而地道的"北京烤鸭"，则始于明代，前身是南京板鸭。据说朱元璋嗜鸭，御膳房怕皇帝吃腻了就发明了叉烧烤鸭和焖炉烤鸭的新技法。15世纪初，朱棣迁都北京，把烤鸭技术也带到北京。"焖炉烤鸭"是烤鸭子的正宗做法，其制作工艺独特，堪称北京烤鸭之祖。便宜坊烤鸭店创办于明永乐十四年（1416年），距今已有600多年的历史，地处菜市口米市胡同，由姓王的南方人创办，其牌匾为兵部员外郎杨继盛所书。当时这里只是一个小作坊，并无字号。店里买来活鸡活鸭，宰杀洗净，做些服务性的初加工，也做焖炉烤鸭和童子鸡等食品，给其他饭馆、

图1-5　永乐饭庄的北京烤鸭

饭庄或有钱人家送去。由于他们把生鸡鸭收拾得干干净净，烧鸭、童子鸡做得香酥可口，售价还便宜，很受顾客欢迎。天长日久，这些饭庄、饭馆和有钱大户，就称该作坊为"便宜坊"。便宜坊是所有餐饮老字号中历史最悠久的一家，名声远扬，至今不衰。清末，烤鸭成为馈赠、馔饮的佳品，以至于"亲戚寿日，必以烤鸭相馈送"。当时以礼票来提取烤鸭的方式风靡一时，老北京的送礼者手持有大红纸套的鸭票走亲访友，收礼者可随时持鸭票到烤鸭店取出刚出炉的热乎的烤鸭，成为当时流行的街景之一。

都一处以烧卖闻名遐迩，是北京有名的百年老字号之一，在北京人的心中，只有它的烧卖才是正宗的。都一处最初是由山西人王瑞福开办的"王记酒铺"，位于今前门大街36号，始建于清乾隆三年（1738年），早期经营煮小花生、炸豆腐、马莲肉、晾肉等小菜。都一处名声大噪与乾隆皇帝有关。相传，乾隆十七年（1752年）大年三十晚上，乾隆皇帝率人微服私访回京之时，四周的酒家饭馆都关张了，唯独"王记酒铺"还在营业。乾隆皇帝一行进入店中。王瑞福见来人谈吐不凡，好酒好菜招待客人。酒足饭饱之后，乾隆皇帝甚是满意，询问王瑞福店铺叫什么名字，王瑞福回道："小店还没有名字，我姓王，就叫作'王记酒铺'。"乾隆皇帝说道："除夕之夜还照常营业的酒家，在京都恐怕只有你们这一处，就叫'都一处'吧，京都只此一处，都到你这一处之意。"过了几日，宫中太监将乾隆皇帝御赐的"都一处"虎头匾送到店中，王瑞福才知道那日来的是乾隆皇帝，赶紧将乾隆皇帝坐过的椅子用黄绳围起来，以供观瞻。据说，该椅子周围常年不扫，形成了土埂，谓之"土龙"。清朝的《都门纪略·古迹》中载："土龙在柜前高一尺，长三丈，背如剑脊。"嘉庆年间，苏州才子慕名前来，写下"都一处土龙接堆柜台，传为财龙"。皇帝御赐"都一处"牌匾、"土龙"、"宝座"，对都一处的兴隆起了决定性作用。很多人慕名而来，都一处从此扬名京城，生意兴隆。同治年间，都一处增添了烧卖、炸三角等饮食。其烧卖不仅皮薄馅满，而且味道极好，口碑极佳，成了都一处的代表性食物。

烧卖口感细腻，外形精致，集老北京小吃的风雅于一体。现在，烧卖成了百姓日常生活的早点。都一处的烧卖仍然强调手工制作，除了和面与压面外其他全是纯手工。一个烧卖可以有30多个褶儿，从烫面、和面、走锤到蒸好上桌，需要经过六七位师傅的手，共14道工序，将烧卖工艺发挥到极致，而且还在不断地创新。现在都一处推出的19元一个的蟹黄烧卖很受欢迎，此外还有蟹肉、鲍鱼烧卖，还有用猪肉、虾仁、海参做馅料的三鲜馅烧卖，都受到食客的热捧。用店内的藏头诗来形容："都城老铺烧麦王，一块皇匾赐辉煌。处地临街多贵客，鲜香味美共来尝。"将都一处的优势描写得淋漓尽致。

图1-6 都一处（北京前门店）

都一处共有两块匾，虎头匾是乾隆御笔，长方形的匾额是1964年扩建时郭沫若题写的。都一处的老店是位于北京市前门大街的都一处烧卖馆（前门店），主要经营烧卖、米饭、鲁菜风味的正餐还有北京的小吃和烤鸭等，店里主要的特色美食有爆肚、炒肝、炸灌肠、葱烧海参、杏仁豆腐、豌豆黄、芥末墩儿、马莲肉、三鲜馅烧卖、炸三角、海鲜烧卖、饹馇盒、酱肉卷饼、老北京疙瘩汤、老北京麻豆腐、京味奶酪、招牌乾隆白菜、小什锦烧卖、五彩奥运烧卖、极品蟹黄烧卖、猪肉烧卖、素馅烧卖、羊肉烧卖、猪肉大葱烧卖、红豆粥、干炸小丸子等。都一处老字号随着时代不断地创新发展，现在除了前门老店之外，王府井、南锣鼓巷等地有都一处的分店，每天慕名而来的食客络绎不绝。

图1-7　都一处的炸三角、马莲肉

柳泉居也是一家北京著名的老字号，始建于明朝隆庆年间（约1568年），距今已有400多年的历史，饮誉京城。柳泉居初建时，店址在今护国寺街西口附近，是北京有名的黄酒馆。过去北京有首题为《柳泉居》的竹枝词："刘伶不比渴相如，豪饮惟求酒满壶。去去且寻谋一醉，城西道有柳泉居。"短短几句，道出了柳泉居酒的醇美和店的地理位置。当年北京的黄酒馆分为绍兴黄酒、北京黄酒、山东黄酒、山西黄酒4种，柳泉居卖的是北京黄酒。据史料记载，当年院内有一棵硕大的柳树，树下有一口泉眼井，井水清冽甘甜，店主正是用这泉水酿制黄酒，味道醇厚，酒香四溢，被食客称为"玉泉佳酿"。据说，柳泉居的牌匾出自明朝严嵩之手。严嵩小时候是个神童，19岁中举，25岁殿试中二甲进士，进入翰林院。世上被确认为严嵩所书的题额很多，例如朝阳门外大街建于明代的绿琉璃牌坊上的"永延帝祚"、北京老字号"六必居"等。严嵩曾任明朝内阁首辅，但是明穆宗继位后，严嵩失势，被罢官抄家，只给他留下一只银碗，让他乞讨为生。一天，饥渴交加的严嵩来到一家小酒馆门前要酒要饭，店主看到银饭碗，知道他是严嵩。正好小店缺个牌匾，严嵩又写得一手好字，于是用酒换来了严嵩的题字"柳泉居"。时隔不久，严嵩便饿死在街头，"柳泉居"竟成了绝笔。

柳泉居是鲁菜风味的餐饮老字号，菜肴融合了宫廷、山东、清真三大菜系的风味特色，精于扒、爆、炒、煨等烹饪技法。早在清代《陋闻曼志》中记载："故都酒店以'柳泉居'最著，所制色美而味醇，若至此酒店，更设有肴品如糟鱼、松花、醉蟹、肉干、蔬菜、下酒干鲜果品悉备。"在清代，柳泉居与三合居、仙露居并称为"京城名三居"。但到了20世纪30年代，

图1-8 柳泉居（北京西四店）

由于战争频繁、政局动荡，北京黄酒业由盛转衰，"京城名三居"仅剩下柳泉居一家了。1949年，柳泉居迁入新址——新街口南大街217号。柳泉居在发展中不断进行创新，现在柳泉居面食颇受欢迎。柳泉居的豆沙包被称誉为"京城顶级豆沙包"，面和得软，馅滤得细腻，豆沙绵软润滑，在京城有口皆碑，很多人在柳泉居豆沙包专卖店外排队购买豆沙包，可见其受欢迎程度。现在柳泉居豆沙包专卖店已发展到30余家，但仍供不应求。

六必居是以经营酱菜而闻名的北京老字号，是北京酱园老字号中历史最久、声誉最高的一家。六必居酱园坐落在今前门外粮食店街3号，现今主要经营酱渍菜、腌渍菜等各种酱类产品。据史料记载，六必居始建于明嘉靖九年（1530年），最初是一家酒店。为保证酒味醇香甘美，六必居根据《礼记·月令》所载的古代酿酒要诀中的"秫稻必齐，曲蘖必时，湛炽必洁，水泉必香，陶器必良，火齐必得"6句话，制定相应的操作规则。

清乾隆年间，这家酒肆改为酱菜园。到清嘉庆年间，前店后厂的酱菜制作售卖方式，使得六必居因酱菜而闻名京师。《都门纪略》

《朝市丛载》《竹枝词》都把六必居制作的酱八宝菜等列入酱腌菜名品。

现在的六必居酱菜种类丰富，有多种传统产品，如稀黄酱、酱萝卜、酱黄瓜、酱甘露、酱包瓜、酱姜芽等。六必居的酱菜色泽鲜亮、酱味浓郁、脆嫩清香、咸甜适度。北京酱八宝菜是六必居酱腌菜的主要品种之一，因以8种菜果为原料而得名，分为高八宝、甜八宝和中八宝。高八宝为甜酱制品，以黄瓜、苤蓝、藕片、豇豆、甘露、银苗为原料，并配以核桃仁、杏仁、花生仁、姜丝等辅料。中八宝为黄酱制品，以苤蓝、黄瓜、藕片、豇豆、甘露、瓜丁、茄宝、姜丝为主，配以少量的花生仁。糖蒜是六必居腌菜中的名品，有"桂花糖蒜"之称。紫皮大蒜经过剥、泡、晒、熬汤、装坛等多道工序，制出光泽脆嫩、甜辣适口、清爽利口，还有淡淡的桂花香的糖蒜。

六必居经营有方，上文提到的6个信条至今仍是六必居人秉承的经营理念，即注重质量、诚信经营。这让六必居历经近500年的风雨，至今还是京城百姓信赖的老字号。现在人们买酱菜，还是首选六必居。

北京餐饮"老字号"的文化特色主要表现在其悠久的历史和独到饮食特色上。"老字号"大多都有百年以上的历史，除了前文提及的老字号，现在依旧在京城坊间盛行的食品餐饮老字号还有全聚德、大顺斋、致美斋、烤肉季、烤肉宛、月盛斋、聚宝源、仿膳饭庄、听鹂馆饭庄、王致和、稻香村、百年义利等。

现今，北京餐饮"老字号"得到了有效的保护和扶持。2006年，商务部实行"振兴老字号"工程，发布《"中华老字号"认定规范（试行）》，计划3年内在全国范围内认定10000家"中华老字号"，首批认定的177家老字号中，北京入选67项，北京的餐饮老字号入选的有21家。来今雨轩建于1915年，位于中山公园东部，始为茶社，现为饭庄，以红楼菜为特色。馄饨侯，1956年公私合营时，由7个馄饨摊合并。柳泉居始建于明隆庆年间（约1568年），其京菜技艺被认定为北京市非物质文化遗产。烤肉宛建于清康熙二十五年（1686年），其烤牛肉制作技艺被认定为北京市及国家级非物质文化遗产。砂锅居建于清乾隆六年（1741年），砂锅白肉是其招牌菜。同和居建于清道光二年（1822年），是北京较早经营鲁菜的中华老字号。烤肉季建于清道光二十八年（1848年），由北京通州的回民季德彩在什刹海边摆摊卖烤羊肉发展而来，其烤肉技艺被认定为国家级非物质文化遗产。鸿宾楼建于清咸丰三年（1853年），始在天津，1955年入京，被誉为"京城清真餐饮第一楼"，"全羊席"被认定为国家级非物质文化遗产。北京玉华台始建于1921年，主营淮扬菜，有"年计流水盛时可达十万金"的记载。同春园始于1930年，以其独特的江苏风味赢得"京城江南一枝秀"的美誉。华天延吉建于1943年，初名"新生冷面馆"，1963年与西城饮食公司合并，改名为"延吉餐厅"。又一顺建于1948年，北京著名的清真风味饭庄，系由"东来顺饭庄"创始人丁德山创办。峨嵋酒家建于1950年，是北京第一家经营川菜的老字号饭庄。便宜坊建于明永乐十四年（1416年），其焖炉烤鸭技艺被认定为国家级非物质文化遗产。都一处建于清乾隆三年（1738年），其涮肉制作技艺被认定为北京市非物质文化遗产，烧卖制作技艺被认定为国家级非物质文化遗产。壹条龙建于清乾隆五十年（1785年），其涮肉制作技艺被认定为北京市非物质文化遗产。天兴居，"会仙居"建于清同治元年（1862年），1956年公私合营，"会仙居"与"天兴居"合并，称"天兴居"。全聚德建于清同治三年（1864年），是我国第一例服务类中国驰名商标，其挂炉烤鸭制作技艺被认定为国家级非物质文化遗产。丰泽园建于1930年，主营山东菜，曾是党和国家领导人举行宴会活动的重要场所之一。听鹂馆建于清乾隆年间，位于颐和园内，1949年改为饭庄，以经营正宗的宫廷菜闻名于世。东来顺建于清光绪二十九年（1903年），初期为粥摊，将涮羊肉引入后逐渐形成选料精、刀工美、调料香、火锅旺、底汤鲜、糖蒜脆、配料细、辅料全八大特点。按创建时间来看，上述21家老字号中，超过100年的有：来今雨轩（1915年）、柳泉居（约1568年）、烤肉宛（1686年）、砂锅居（1741年）、同和居（1822年）、烤肉季（1848年）、鸿宾楼（1853年）、玉华台（1921年）、便宜坊（1416年）、都一处（1738年）、壹条龙（1785年）、天兴居（1862年）、全聚德（1864年）、东来顺（1903年）。

现在被列入国家级非物质文化遗产名录的北京餐饮老字号有：便宜坊、烤肉宛、烤肉季、鸿宾楼；被列入北京市非物质文化遗产名录的有：柳泉居、烤肉宛、壹条龙。[①]

"北京老字号是积淀了深厚文化底蕴的品牌。它的开创和发展，蕴含了几代老字号主人的艰辛和传奇，散发着浓郁的历史气息。它不但是一块块沉甸甸的'金字招牌'，更是中华民族经济发展史的有效见证。"[②]

北京餐饮老字号不仅是商业文化景观，还是一种历史文化现象。它们的百年传承积累了历史的厚度，它们身上凝结着中国传统商业文化将经济效益和社会效益完美结合的文化品格。北京餐饮老字号的兴盛是北京饮食文化成熟的表现，北京老字号作为当代北京的一张名片，向世界各地展示着北京乃至中国文化的博大精深。

---

① 李艳：《名不虚传——北京老字号的语言与文化》，商务印书馆2017年版，第95～96页。

② 张江珊：《北京老字号饭馆话旧》，《北京档案》，2009年第8期。

第二章

北京饮食文化的现代进程

北京饮食以新中国成立为起点进入全新的发展阶段，北京饮食现代化进程具有明显的时代特色，大致可分为3个阶段。第一阶段是从新中国成立至"文化大革命"之前，这一时期的各项事业都在规划建设之中，北京饮食总体上呈现出物资短缺，定量供应的特征；第二阶段是从"文化大革命"开始至1978年改革开放前，受极左思潮的影响，很多餐厅、老字号纷纷改名或者歇业，食品供给呈现单一化的态势；第三阶段是改革开放至今，由于经济的腾飞与发展，饮食生活呈现出由丰富到极大繁荣的发展现状，老字号餐饮与传统北京小吃的复兴、国内外各类餐饮业的引进等，使得北京餐饮业极速发展，饮食种类极大丰富，北京饮食文化呈现出繁荣发展的局面。总的来说，饮食的发展与时代的步伐息息相关，不同阶段的饮食文化显现出不同的时代特色，由此映现出不同时代老百姓的生活风貌。

第一节 定量供应——新中国成立至"文化大革命"之前

　　1949年新中国成立后，北京餐饮业呈现出新的时代特征。这一阶段，在城市地区，由于物资紧缺，国家实行口粮和副食品定量供应制度，人们使用各种票证购买日常生活用品。1955年11月底，北京市口粮评定工作结束，全市共有50余万户262万人（包括机关、厂矿、企业、学校等单位的集体户和街道的居民户），实行以人定量供应，全市城镇人口月平均粮食定量为14.21公斤[①]。1955年12月1日，北京市正式实行以人定量供应粮食的制度，只能凭粮票或市镇居民粮食供应证作为购买粮食和粮食相关产品的凭证。居民凭借票证到供应点排队购买食用物资的现象成为常态。粮票的重要性不言而喻。在单位食堂或饭铺吃饭要交粮票，买油条要交粮票，买糕点要交粮票，小孩送托儿所和幼儿园、病人住院要交粮票，甚至父母、子女之间互相探望和探亲访友在一起吃顿饭也要交粮票[②]。"没有粮票寸步难行"，可见当时粮票对于百姓的重要程度。北京市广大居民对粮票十分珍视，如同钞票一般随身携带。

　　粮票的实行过程中也经历了一系列调整，如"按月发放，当月有效""按月发放，全年使用""按季发放，分月使用，过期无效""按月发放，当年有效"。直到1989年，粮票使用政策才废止。

图2-1 粮票

---

　　① 北京市地方志编纂委员会：《北京志·综合卷·人民生活志》，北京出版社2007年版，第198页。

　　② 北京市地方志编纂委员会：《北京志·综合卷·人民生活志》，北京出版社2007年版，第201页。

新中国成立初期，北京城乡居民食品消费中，副食品消费比重很低。1958年元旦起，凭《北京市居民副食购货证》，每月每户供应鸡蛋1市斤，超过10口人的"大户"，每户每月增加1市斤；食用糖供应每人每月2两；食油按在京正式户口每人每月发放油票1张，可购豆油或棉籽油3两（有时可买到花生油），年节时每人限量供应香油1两。此外，食盐、稀黄酱、芝麻酱、粗粉条、粉丝及花椒、大料、木耳、黄花、碱面等副食品也都凭票供应。[1]1959年起，北京市对猪肉、牛羊肉等也实行凭票证供应的办法。

北京普通居民家庭粮、菜、肉、油、蛋、奶等日常饮食都十分短缺，特别是猪肉、鸡蛋一类供应格外紧张的消费品都只在过节或待客时才能凭票购买。由于商品市场不开放和人们普遍收入较低，所以饮食生活比较单调。肥肉在那个物资匮乏、定量供应的年代是"抢手货"。那时候，人们专挑膘肥肉厚的、油多的肥肉买，这样有利于回家做菜，或者炼猪大油以备慢慢食用，这样做都只是为了增加点"油水"。

1959年至1961年经济困难时期，粮食定量减少，副食品更是缺乏，在计划经济时代，郊区蔬菜生产完全置于计划经济之下，播种面积、品种、产量、价格都是由北京市政府向县（区）政府、公社（乡）层层下达[2]。蔬菜品种单一，白菜帮子、白菜头（根）、芹菜叶等也被人们留下食用。为了弥补口粮匮乏，有些百姓在房前屋后的地里种上一些瓜菜，被叫作"瓜菜代"。

在农村地区，由于实行"以粮为纲"的政策，副业发展受到限制。人们的饮食方式也非常简单，猪肉之类的高脂肪食物很少出现在人们的餐桌上。人民公社化运动中，许多地方大办集体食堂，养猪、养鸡之类的集体副业也并没有大的发展，人们的饮食水平仍然处于温饱水平之下。粮食蔬菜等农副产品多数用来供给城市居民，不能满足

---

[1] 柯小卫：《当代北京餐饮史话》，当代中国出版社2009年版，第47页。

[2] 北京市地方志编纂委员会：《北京志·综合卷·人民生活志》，北京出版社2007年版，第212页。

农村居民的生活用粮，青黄不接时很多农户家揭不开锅。大家平时十分珍惜粮食，早、晚吃稀饭，中午吃窝头或者贴饼子，常年为粮食精打细算。

城乡单调的饮食生活不仅是特定的国情决定的，同时也与特定时代的饮食观念密切联系在一起。当时，人们只讲生产，不讲吃喝，认为讲究吃喝是资产阶级的生活方式，在这种社会环境中，从生产到销售由国家统一决定，人们没有其他选择的余地。受大环境的影响，生产的蔬菜种类较少，每种蔬菜都是集中上市，所以，人们将其形象地比喻为"节节菜"。4月吃菠菜，5月有小白菜、油菜、茴香和韭菜，6月至9月有黄瓜、西红柿、豆角和茄子，10月开始，大白菜就成了当家菜了。每月基本上就是这些固定的菜，品种单一。当时有一句顺口溜"春吃菠菜夏吃瓜，冬天白菜来当家"，形象生动地描绘了人们当年吃"单一"蔬菜的无奈。每年11月初，北京冬储大白菜开始上市，北京市的各级政府成立冬储大白菜指挥部，负责组织大白菜的调运和销售工作。此时，经常能看到北京各大菜场、菜店外，很多北京居民穿着军大衣在寒风中苦等几个小时的排队场面。有的全家老少齐上阵，有的整条胡同的街坊邻居都出动了，有的人家推着小推车或是拉一个平板车，把家里能带的网兜、麻袋等都带上，浩浩荡荡奔向菜市场、菜店。由于大白菜价格实惠、便于长期储存，因此，许多居民都会在初冬季节购买几百斤大白菜为整个冬天做好准备。除了采购大白菜之外，还要买些冬季必需的其他蔬菜如大葱、土豆等。排队的长龙有时能拐过好几个胡同口，场面十分壮观。

北京人对大白菜的感情异常深厚。可以说那些年的冬天，北京人的饭桌是大白菜的天下，以至于人们将大白菜称为"当家菜"。人们想出了各种各样的大白菜吃法，例如炒白菜、白菜芥末墩儿、白菜炖豆腐、醋熘白菜、拌白菜心、辣白菜以及白菜馅儿的包子、饺子、菜团子等。

经过社会主义改造和公私合营，各类餐饮企业的经营体制和管理方式都有所改变。这一时期，由于政府采取扶持保护餐饮业的政策，一些著名的"老字号"餐馆成为政府外事接待和社会知名人士会客就餐的场所。同时，政府还从外地引进了一些知名餐馆，使北京的餐馆数量和种类有所增加。由于当时处于中苏友好时期，苏联的饮食方式受到追捧，吃俄式西餐成为年轻人的时尚。由于国家实行"粮油统购统销"政策，饭馆原料采购受到限制，使得菜品的质量和品种受到影响。一些以前的高档饭庄在经过改造之后转而向人们供应馒头、烙饼等主食。"大跃进"时期，饮食服务行业开展"比学赶帮超"运动，许多经营小吃的餐点、饭摊被"撤并"和"统一管理"，使得一些以其经营者姓氏命名的小吃逐渐消失。①三年困难时期，肉类凭票供应，以"砂锅白肉"为招牌的砂锅居曾一度难以为继，改为普通的食堂。很多菜馆无法维持下去，改为食堂。

---

① 邓苗：《北京当代饮食文化的传承与发展》，《民间文化论坛》，2016年第2期。

第二节　单一食品——"文化大革命"开始至改革开放前

"文化大革命"期间，北京市粮食、蔬菜品种单一，产量下降，副食品市场供应紧张，食品供给呈现供不应求的局面。

当时，食堂、餐厅只有掌勺的师傅，没有服务人员。餐馆的服务方式从以前的服务到桌、饭后结账改为顾客自我服务：顾客自己到窗口取餐，自己算账，甚至自己刷碗。北京城乡物资供应不足，北京出现"吃饭难"的局面。1958年至1978年21年中，饮食业发展缓慢，使得广大人民群众因商业服务网点少带来生活"几难"（吃饭难、修车难、洗澡难、买东西难等）问题非常突出。

1978年4月27日的《人民日报》第三版刊登了一篇报道，描述了那时的情形：

　　每天清早，北京城里所有卖早点的铺子都很紧张。以东单饭馆为例，六点多钟，这里就开始拥挤起来。一百多个座位都坐满了，许多人买了早点站着吃。饭厅里挤得转不过身。到别的饭馆看看，也是这样拥挤。有些人为了吃一顿早点，要占去半个多小时。

　　赶到吃午饭，情况更紧张。崇文大街的崇明饭馆，只供应四川"担担面"。这个饭馆的营业面积只有三十几平方米，六张饭桌三十个座位，一顿午饭要接待五百多位顾客，每个座位先后要坐十七个人。人们等不及，只好站着吃，有的干脆端着碗到门外街上吃。在一些卖炒菜的饭馆吃一顿饭，要用一个多小时。北京还有一些卖特别风味饮食的饭馆，因为太拥挤了，就实行提前"挂号"。中午吃饭，早晨排队领"号"，晚上吃饭，中午排队领"号"。

　　北京饭馆的拥挤情况，可以用两个数字的对比来说明：全市饭馆六百五十六家，三顿饭的顾客为一百万人次。

一百万人次，都是些什么人呢？多是工人和机关工作人员。记者在一家饭馆里看到几位带着大提包的外地来京人员，因为等的时间太长，就在饭桌上互相核对笔记，还向服务员打听从饭馆到一个工业部门去坐几路车，那种急着工作的心情是感人的。对于这些一心大干快上，为实现四个现代化而奔忙的人，时间太宝贵了！一天在饭馆排队，实在是浪费。[①]

从整个计划经济时代来看，还有一个与京城百姓生活息息相关的重要地方——菜市场。北京当时有4个著名的大型菜市场，分别是西单菜市场、东单菜市场、朝内菜市场、崇文门菜市场，它们并称为"京城四大菜市场"。"京城四大菜市场"在计划经济时代对京城百姓的物资供应和商品流通做出了重要贡献。计划经济时代既没有流动商贩，也没有连锁超市，国营菜市场的很多货品都是"独一份儿"。应季的"尖儿货"、新兴货品聚集，如中秋节有螃蟹，过年有带鱼，崇文门菜市场有南方运来的新鲜荔枝，还有刻在一代人记忆中的大大泡泡糖。菜市场平日里就是个热闹的地方，逢年过节的时候更是热闹非凡。京城百姓会蜂拥而至，把这几个菜市场挤得水泄不通。在菜市场排队买菜成为一代人刻骨铭心的记忆。

西单菜市场建于1956年，以经营鲜活副食品为特色，是当时北京货品种类最全的菜市场之一，曾是全国十大菜市场之一。西单菜市场所在的繁华的西单闹市区，集中了首都影院、长安大戏院、鸿宾楼饭庄、西单剧场、天福号，还有西单商业街、西单百货商场等。人们来此通常是将逛街与购物联系在一起。西单菜市场附近商

---

① 马鹤青：《北京的饮食业要改进》，《人民日报》1978年4月27日第三版。转引自柯小卫：《当代北京餐饮史话》，当代中国出版社2009年版，第57页。

业一直较为兴旺，现在君太百货商场一带，就是原来的西单菜市场的位置。计划经济时期，无论买什么都凭票、本，如粮票、粮本、煤本、布票、肉票等，如果没有相关的生活票证，有钱也买不到东西。以肉的供应为例，按规定每人每月只能买半斤肉。但是有一个例外的就是春节前卖的冻鸡，买冻鸡不用凭票，于是冻鸡就成为抢手货。有市民回忆，有一年春节，为了买冻鸡，她早早地就到了西单菜市场，可是排了好几个小时，快排到的时候冻鸡卖完了。而且售货员说春节前不会再卖了。她一想到春节孩子没有鸡肉吃，控制不住情绪，失声痛哭。类似的场景有很多。这是生活在物资丰富的时代的人们无法体会的情绪与经历。后来随着城市的改建，西单菜市场于20世纪90年代拆除，没有复建，成为"四大菜市场"中唯一没有复建的菜市场。

东单菜市场原名东单牌楼菜市，简称东菜市，坐落于东长安街的东单路口西北，东单二条胡同南侧。东单菜市场格局很有特色，看上去很像欧美火车站，大开间、高立柱，空间很大。过去东单菜市场的位置是一大片空地，一些商摊在此地摆摊售卖蔬菜、小吃、日用品等，是个自然聚集的简陋市场。直到20世纪50年代初，东单菜市场经过公私合营，国家将摊商收归国有，东单菜市场也就成为一家国营菜市场，正式定名为东单菜市场。因邻近王府井大街、北京饭店、六国饭店和东交民巷使馆区，早期的东单菜市场除了经营一般菜市场的菜蔬食品外，还有大量舶来品向来华外国人供应。20世纪90年代，为了建设东方新天地，东单菜市场也拆除了（后在和平里复建）。

很多老北京人认为，朝内菜市场才是真正的菜市场。朝内菜市场原是糖市所在地，每年腊月二十三祭灶前，从朝阳门菜市场到朝阳门城楼，大街两边布满了售卖糖块、糖球、关东糖的货摊。朝内菜市场建于1953年，朝内大街南侧，经营蔬菜、瓜果、水产、肉、蛋、禽6类副食品，成为城市中心区主要的农副产品供应场所。原来朝内菜市场一进门的第一大卖场，一般售卖蔬菜、水果；第二大卖场在市场的东西两侧，分别是糖果、糕点、茶叶、干鲜果品等。市场核心区，各类肉食、鱼、菜应有尽有，场内还有活禽区，有活鸡、活鸭、活鹅等。在菜市场的大门外就摆满了柜台，蔬菜、水果到处都是。每天来此购物的百姓络绎不绝，好不热闹。有的北京市民回忆，以前凌晨步行到朝阳门菜市场排队，等候发号买鸡和鱼。尤其是春节前夕，很多市民为了置办年货，凌晨三四点就赶到菜市场排队。1998年，在东四路口东北部建成新的朝内菜市场。

崇文门菜市场建成于1976年，是"四大菜市场"中建成最晚的；是当时全国最大的菜市场，北京人常用"热闹"来形容它，"年前到菜市场转一圈，烟酒茶糖都备全"；是北京最早进行南菜北运的菜市场，曾经包机空运鲜荔枝、用整列火车从山东拉猪肉；是京城唯一保留着柜台式售货方式的菜市场。2010年5月6日，崇文门菜市场正式闭店搬家，新址位于广渠门内大街1号，招牌沿用"崇文门菜市场"。

在物资匮乏的年代，大型菜市场成为影响京城百姓生活方式的重要场所。百姓在菜市场上转一圈，总能买到新鲜、物美价廉的果蔬。

图 2-2　北京副食品店一角（张洪忠拍摄）

与国营菜市场同样重要的，是遍布大街小巷的粮店、副食品店等，也是京城百姓熟悉的场所。一进粮店就能闻到谷物的味道，一进副食品店，夹杂着老醋、生抽、胡椒面味道的气息扑面而来，成为人们深刻的"味道"记忆。粮店、副食品店、菜市场也成为百姓沟通联络的重要场所。街坊邻居在菜市场、粮店等地碰上了还聊上几句家常，沟通一下市价等。这些在计划经济时代的重要物资供销场所，成为联系京城百姓感情的纽带。随着改革开放，市场经济的发展，人们也告别了物资匮乏的年代，老菜市场、粮店等供销合作单位相继消失，但是它们承载着京城百姓的时代记忆。

从新中国成立至改革开放前，社会环境的总的特点是物资匮乏、城乡分割、计划经济和抑制商业。这种社会特点对饮食文化的发展产生的影响主要表现为食材的匮乏、为食而食。当时著名的一句口号是"人吃饭是为了活着，但活着不是为了吃饭"。人们尊崇的饮食观是节约、足量，反对铺张浪费。温饱成为人们在饮食方面首要和迫切的愿望。对于饮食的质量、就餐的环境等方面的追求成为资本主义生活方式的象征。① 在这种社会环境中，饥饿成为几代人特有的记忆。但是另一方面，正是在这种物资极度缺乏的社会环境中，人们最大限度地利用了各种能够利用的自然资源来弥补食物的短缺，从而使某些食材的用途发挥到最大化，例如对土豆、玉米和高粱等杂粮的食用。

计划经济体制导致人们饮食生活的单一化。北京郊区蔬菜生产完全按计划进行，菜农只顾完成计划，有时同一品种鲜菜挤在一个时间段上市。为了避免菜烂在国营菜店，新鲜蔬菜甩价出售的情况时有发生。比如西红柿、黄瓜、菠菜等新鲜蔬菜扎堆上市时，常廉价出售。当时有的北京市民成筐买西红柿回家做酱，菠菜太多卖不掉的情况下，菜农就原车拉回喂猪、沤肥。有时蔬菜供不应求，市民排几个小时的队只能买2个茄子……因此，计划经济控制下的食品供应，有时

---

① 邓苗：《当代北京饮食文化的传承与发展》，《民间文化论坛》，2016年第2期。

造成了资源浪费，有时供应紧缺。

　　计划经济下凭票、凭证供应的年代已经离我们远去，购物票证已沉睡在博物馆中，成为历史发展的有效见证物。

图2-3　北京菜市场一瞥（张洪忠拍摄）

第三节　吃的繁荣——改革开放至今

　　1978年党的十一届三中全会翻开新的历史篇章。改革开放以来，国内各项事业蓬勃发展，经济稳定快速增长，北京市的物资流通随着全国经济体制改革的不断深入，逐步实现了从集中统一管理以计划分配为主，到放开经营以市场调节为主的重大转变。粮食及各种副食品产量增加，市场供应好转。北京城乡居民的生活水平普遍提高，北京饮食进入全新的发展阶段。北京的饮食市场打破了国营食堂一家独大的局面，大量私营小饭馆如潮水般涌现。自20世纪50年代实行"公私合营"到公有制饭馆、饭庄，"单一化"和"国营"或"集体所有制"的餐饮经营模式一去不返。新形式与风格的餐厅引领餐饮时尚，成为新宠，不仅丰富了人们的饮食生活，而且满足了人们对饮食文化的追求与向往。

　　20世纪80年代初期，掀起了轰轰烈烈的思想解放运动，发展生产，搞活经济，农村地区确立了"以家庭承包经营为基础，统分结合的双层经营体制"，原有的以公社为主的集体化生产模式在许多地区解体，集体土地被分配到农民家庭，这极大地调动了农民的积极性，农业生产逐年好转。物资短缺的局面逐渐改善，人们的饮食生活越来越丰富，从以前的以粗粮为主变为以细粮为主，猪肉、鸡蛋等消费品频繁地出现在人们的饭桌上。以公有制为基础，多种所有制经济共同发展的经济制度的确立，不但为城乡百姓拓展了发家致富的门路，也使人们的日常生活更加便利。在这种情况下，社会流动不断加快，区域之间、城乡之间交流日益活跃，中外交流也逐渐增多。原有的完全受制于计划经济状态的配给机制得以打破，物资流动更加顺畅，人员往来更加频繁，逐渐形成了全国统一的大市场。各种大型连锁性的餐饮企业从北京、上海等大城市走向了苏州、武汉等中等城市，从沿海走向内陆。北京人的饮食生活在方方面面都发生了质的变化，出现了新的气象。

一、餐饮业的繁荣

1980年8月，北京第一家个体饭馆"悦宾饭馆"在翠花胡同开张营业。在其带动下，许多待业在家的年轻人纷纷进入餐饮业。随着国家政策的进一步开放，包括"全聚德""都一处""丰泽园""泰丰楼"在内的众多老字号企业陆续恢复原来的字号。①同时，北京向全国各地发出邀请，欢迎外地知名餐饮企业进京。很多外地知名餐饮企业纷纷落户京城，如广州的"大三元"、杭州的"奎元馆"、苏州的"松鹤楼"等外地知名餐饮店相继进京开设分店，进一步充实了北京的餐饮市场。20世纪80年代以来，北京掀起了一阵又一阵的饮食热潮，先是"粤菜热"，再是"川菜热"，然后是"火锅热"，之后"东北菜""小龙虾热"等颇具特色的饮食主题陆续登场。以经济发展为中心的政策，使得包括商业、服务业在内的第三产业得到极大的发展，众多待业在家的年轻人到北京、上海等大中城市开设餐馆、酒吧等餐饮企业，既解决就业问题，也使得人们的饮食生活和消费选择有了更加广阔的空间。

图2-4　海底捞火锅（杨嘉星拍摄）

图2-5　小龙坎火锅（杨嘉星拍摄）

北京成为汇聚国内各地餐饮业的窗口。改革开放以来，北京饮食文化的发展受到全国各地的力推，主要在于人口流动带来了餐饮业的繁荣。人口流动对北京饮食文化的影响主要表现在两个方面，一个是

---

① 柯小卫：《当代北京餐饮史话》，当代中国出版社2009年版，第61～66页。

形成了群体性的饮食亚文化，一个是带来了区域外的饮食文化新元素。就第一个方面而言，流入人口原有的饮食观念和习俗随着他们的区域流动进入北京，这种来自原生地的饮食观念、习俗和生活习惯在他们进入北京的初期成为其抵制新的、陌生的、难以兼容的饮食文化的重要依托。对于在外务工的农民工及其他移居者来说，自身所处的社会地位使他们无法有效地融入身处的城市社会，于是，由老乡和亲戚朋友形成的次级群体就成为他们寻找饮食认同和归属的来源，他们以口味为纽带，建立起一种地域性的饮食生活共同体。在这个共同体中，相同的饮食习惯和生活方式使他们能够延续以往的口味嗜好，而不至于在他乡水土不服。而对那些经营餐饮业的个体户来说，各种家乡菜成为他们吸引顾客的一块招牌，同乡则成为他们主要的顾客来源。同样，各种以从事文化学习和批发交易为目的的人也会时不时光顾具有家乡特色的餐馆，在长期的漂泊生活中，家乡美食成为他们回味家乡生活、思念亲人的重要媒介。正是这些地域性饮食文化共同凝聚成当代北京饮食文化多元化特征，使北京饮食文化更加博大精深、包容万千。人口流入不但输入了外地美食，而且引进了外地美食制作的各种工艺和烹饪技术，从而丰富了北京饮食的门类和制作方式。

图2-6 木屋烧烤（杨嘉星拍摄）

除了外地餐饮进京，世界各地著名餐饮企业也以北京、上海等大城市为落脚点，不断开拓中国市场，包括第一家外商投资的餐饮企业"马克西姆餐厅"，还有日本的"吉野家"、韩国的"汉拿山"、美国的"麦当劳""肯德基""必胜客"等国际知名餐饮连锁企业。任何国际化的餐饮企业要赢得中国消费者的青睐，都必须走本土化的道路，都要考虑当地消费者所具有的饮食喜好和文化背景，以更好地迎合市场需要。从这个意义上来讲，外来饮食文化进入北京是一个不同文化之间相互交流与互动的过程，而这种互动恰是当代北京饮食文化变迁与发展的一个重要方面。除了大型餐饮企业，越来越多的外国人以个人身份到北京学习、工作、经商，在他们与北京当地居民共处的过程中，其饮食习惯和爱好也会无形中和当地的饮食环境、习俗与生活方式发生各种各样的摩擦与碰撞，形成他们与北京居民之间的"对望"，这种"对望"不但会影响他们，也会影响北京居民。其他地区的大型餐饮连锁企业的进入，向北京传递了国际化餐饮理念和管理方式。当这些国际化、标准化和流水线式的餐饮理念为北京餐饮企业所吸纳，便改变了北京餐饮业的发展思路和发展模式。

图 2-7　北京一喜日本料理

　　北京饮食文化走向世界。北京作为一个开放性的国际化大都市，北京饮食文化带着所具有的国际化、多元化和开放性理念走出国门，扩展到世界的各个角落。"全聚德""东来顺"等知名企业的向外拓展，使得京城老字号企业历史悠久的餐饮文化传播到世界各地。包括北京人在内的许多中国人到世界各地开设中餐馆，不仅为在国外工作学习和生活的华人华侨提供了享受家乡美食的场所，而且为所在国的居民提供了品尝异域美食的机会，使得中华美食和优秀中国传统饮食文化受到世界人民的喜爱。北京饮食文化走向世界，增加了北京美食的全球知名度和美誉度，传播了京派饮食文化南北中和、杂糅各方的饮食精神。

二、饮食理念的科学化

人们的饮食观念较过去发生了巨大的变化。随着居民生活水平提高，重营养和粗细搭配、讲科学、追求膳食平衡，成为新的饮食理念，影响着人们的生活。

改革开放前，肉蛋等荤食在人们饮食生活中都是作为稀缺品出现的。虽然大多数农民都会养猪、养鸡，但是，这些家畜、家禽主要是卖钱补贴家用而非食用，而且不成规模，数量很少。所以荤菜是稀缺资源，人们很少食肉。改革开放后，市场经济确立，农村的养殖业迅猛发展，北京的肉蛋等产品的供应得到根本性的改善，价格有了较大幅度的降低，使得一般的北京老百姓能买到、吃得起。于是百姓的餐桌上各种肉类荤菜逐渐丰富，极大地满足了人们的口腹之欲。但随之而来的是城市文明病的出现，人们过多地摄入脂肪，引发了高血脂、高血压、高血糖——"三高"症状的疾病，而且"三高"人群的队伍呈扩大的趋势。于是人们开始控制对脂肪的摄入，提倡清淡饮食，菜蔬重新回归百姓餐桌。20世纪80年代以来，随着人们生活水平的提高，包括高粱饭、窝窝头在内的粗粮食品逐渐从人们的食单上消失，转而形成大米白面一统天下的局面。而进入21世纪以后，人们逐渐认识到粗粮中也含有大量人体所需的营养物质。粗粮和细粮食品有机结合，可以有效补充纯细粮中营养元素的缺乏，特别是对于那些挑食的少年儿童来说，粗粮更能补充他们成长所需的多种营养物质。于

图2-8 北京的菜团子

是窝头、菜团子、高粱米、小米、红薯、芋头等粗粮又回到了人们的餐桌上。如今京城的小吃店里，卖菜窝头、菜团子、杂面条的摊位前经常排着长长的队伍。北京百姓还喜食野菜。在菜店中可以看到，野菜的价格比普通的蔬菜要贵一些，而且广受百姓欢迎。北京卫视有一档栏目《养生堂》，每期请医学领域特别是中医领域的相关专家讲授如何保持身体健康的相关知识，同时，也介绍怎样合理搭配膳食，保持健康的生活方式。其中在《养生厨房》栏目版块中推出很多粗细搭配主食和菜品的做法，比如，豆饭可以弥补白米里氨基酸的缺乏，白米和豆类的组合可以让主食的氨基酸更完整、更有效地被人体吸收。做杂粮粥可根据喜好选择多种食材，如加入大米、小米、薏米、紫米、红豆、黑豆、红薯、南瓜、核桃仁等熬制的杂粮粥，营养均衡，利于肠道吸收。养生类栏目受到北京百姓的广泛支持和好评，迎合了当下人们渴望健康、科学饮食的理念，也在无形中指引着人们做出科学、合理的膳食选择。

三、饮食生活的丰富性

随着生活水平的提高，饮食理念的更新，北京人饮食生活选择的可能性大幅度增加，饮食生活丰富多彩。随着区域之间流动的日益频繁、现代物流业的发达、交通条件的改善和冷藏保鲜技术的提升，人们的饮食选择日益多样化。大型超市每天都有各种新鲜的蔬菜、水果供人们选择，社区菜场也十分方便。不但如此，大量国外粮油、食品和水果的进口，使人们的饮食选择呈现多样化。

年夜饭挪到了饭店。年夜饭是一年中最重要的一餐饭，过去百姓都要在家守岁、祭祖，阖家团圆，而现在很多家庭在除夕夜到大饭馆吃"年夜饭"，省去了自己动手的麻烦，各大饭店也推出多种年夜饭套餐。这是近年来出现的新的饮食生活现象之一。来自欧美的料理在包括北京在内的国内许多地区迅速传播，孩子们过生日都喜欢去麦当劳或肯德基等连锁餐厅，汉堡、比萨、可乐等成为人们日常生活中的普通食品和饮料，人们开始热衷于过情人节、平安夜和圣诞节等西方节日，吃西餐，享受西方美食的乐趣。

饮食文化节充实了人们的饮食生活。近年来，各种具有北京地域风情的饮食文化节层出不穷。这类节日以"美食"为招牌，推出各种具有特色的美食和展销活动，受到美食爱好者的欢迎。许多地方努力打造地方美食文化品牌，希望将美食文化作为当地经济振兴和社会建设的一个独特品牌推向市场。各种美食节期间，通过现做现卖、非物质文化遗产的展示、传统技能技艺表演、特色产品展销、商务合作洽谈等活动吸引大量京内外美食爱好者，餐饮客商和普通市民参与的热情持续高涨。如"北京台湾美食文化节""中国火锅暨北京火锅美食文化节""北京端午美食文化节""北京清真美食文化节"等，还有京郊一带凭借自身盛产果蔬的资源优势举办的各种特产节，如大兴的"西瓜节"、怀柔的"板栗节"等，极大地满足了北京人对时鲜品牌果蔬的需求。

饮食方式和观念的更新也逐渐渗透到了农村。随着许多城市近郊乡村旅游的发展，农家乐、自助厨房等面向城市游客的饮食方式也逐渐普及。"DIY小农场""共享农场"成为人们休闲娱乐生活方式的新选择。城市生活节奏越来越快，周末和假期到郊区放松心情成为在职人员尤其是年轻职工共同的休闲方式。而到郊区品味野菜和农家饭也是他们共同的爱好。北京近郊的很多农场对外开放，可以租地种菜，如顺义、通州、平谷、大兴、门头沟等地区的农场都设有租地种菜的业务。市民可以租地种菜，感受劳动的快乐；农场提供可靠优质的肥料，这也是生产出优质果实的基础。农场采集鸡粪、牛粪做底肥，麻渣做追肥，同时自建堆肥栏，将厨余垃圾等制成有机肥。在病虫害防治方面，利用天然植物和一些物理方法，追求农场整体的生态系统的优质化。租地的人种菜、浇水、采摘，既锻炼了身体，也缓解了平时工作的压力。

共享农庄是将农村闲置住房进行个性化改造，形成一房一院一地的格局，并根据需求改造为田园生活、度假养生等多种运用模式，再通过互联网对外出租。北京已有2000多家农庄加入了共享农庄，分布在包括房山、密云在内的11个近远郊区，其中60%位于北京一小时经济圈内。[①]

有机食品、绿色食品成为餐桌新选择。有机食品（Organic Food）是近年来国际上对无污染天然食品的统一提法。它来自有机农业生产体系，是一种根据国际有机农业生产要求和相应标准生产加工，并通过独立的有机食品认证机构确认的农副产品。其最主要的特点在于生产和加工过程中不使用任何人工合成的农药、肥料、除草剂、生长激素、防腐剂和添加剂等化学物质，注重生态环境保护和资源的可持续利用，是一种标准化、规模化的农业生产方式。在这种优良的生态环境中生产出来的农产品没有化肥和农药残留，或者残留量极低，对人们的身体健康十分有利。北京有的商家专营有机食品、饮品，如有机蔬菜、有机茶等。[②]绿色食品（Green Food），是指产自优良生态环境、按照绿色食品标准生产、实行全程质量控制并获得绿色食品标志使用权的安全、优质食用农产品及相关产品。绿色食品需具备的条件有：第一，产品或产品原料产地必须符合绿色食品生态环境质量标准；第二，农作物种植、畜禽饲养、水产养殖及食品加工必须符合绿色食品生产操作规程；第三，产品的包装、贮运必须符合绿色食品包装贮运标准；第四，产品必须符合绿色食品标准。人们选择食品时会查找相关认证标志，如有机食品标志、绿色食品标志、无公害食品标志等。北京作为首善之区，在绿色食品的开发和利用方面走在全国前列。总之，人们对自己餐桌上的菜品质量要求越来越高，食品安全越来越成为人们关注的重点。

---

① 转自中华人民共和国农业部网站http://jiuban.moa.gov.cn/fwllm/qgxxlb/qg/201709/t20170919_5819743.htm.

② 赵荣光主编，万建中、李明晨著：《中国饮食文化史·京津地区卷》，中国轻工业出版社2013年版，第193页。

第三章

北京饮食的突出个性

北京饮食文化历史悠久，底蕴深厚。在漫长的发展过程中形成了独特的地方风味和鲜明的个性。北京成为首都以来，各民族、各地区的饮食元素汇集于此，为北京饮食文化的发展提供了得天独厚的条件，使之具有广纳全国饮食风味、兼容并蓄、丰富多彩的饮食文化特色。北京饮食文化的突出个性表现在北京政治中心的饮食品位，各民族、各地区融合的多元性，海纳百川、兼收并蓄的气魄，以及不平衡的发展态势。北京饮食文化在我国饮食文化格局中，有着不可替代的重要地位。北京饮食独特的个性和魅力值得我们细细品味，不断地理解与思考。

第一节　政治中心的饮食品位

饮食文化的发展不是孤立存在的，必然受到一个地域的政治、经济、文化发展的影响。北京从辽代开始，已经有1000多年的都城史。辽南京揭开了北京首都地位的序幕，而金中都则成为奠定北京首都地位的真正开端。辽金时代确立了北京都城的崇高地位。元、明、清3代，北京一直是封建帝国的政治、经济、文化的中心。五方杂处、百货云集、首善之区，北京的发展集各种优势于一身，而政治中心的地位无疑对北京饮食文化的发展产生深远影响。

一、中央集权制的饮食繁荣

中央集权制为北京饮食文化的繁荣提供了得天独厚的条件，极大地丰富了北京的饮食资源。至高无上的皇权，使得北京的饮食集天下之大成，渐趋繁荣。

《诗经·小雅·北山》云："普天之下，莫非王土。率土之滨，莫非王臣。"在封建王朝统治的社会中，国家就是帝王的家天下。因此，帝王拥有至尊的物质享受。他们可以在全国范围内征集天下名厨，聚集天下美味。在这样的历史背景下，为了满足历代统治阶级奢侈的饮食欲望，全国烹饪技术的精华和最珍稀的原料都汇聚于此，成就了技艺精湛的烹饪技术和高度发达的饮食文化。

中央集权制体现在饮食方面的表现之一就是宫廷饮食。宫廷饮食是北京饮食的重要组成部分，引领北京饮食的发展，奠定北京高端、精致、讲究的饮食品位。

宫廷饮食起始于辽代。辽代宫廷饮食带有强烈的契丹民族的特点，饮食活动多在重大仪式场合展开。以《辽史·礼志六》卷五十三记载的皇太后生辰朝贺为例，仪式进入宣宴程序后，便是一进酒，两廊从人拜，称"万岁"，各就座。亲王进酒，如果太后手赐亲王酒，亲王要跪着喝完。殿上三进酒，行饼、茶。教坊人员跪，并致语，请大臣、大使、副使，廊下从人立，读口号诗毕，然后行茶，行肴膳。以后是大馔入，行粥碗，殿上七进酒乐曲终。使相、臣僚在座，揖廊下从人起，称"万岁"，从两门出。受四时捺钵制（指辽帝的四季渔猎活动）生活的影响，辽代的皇帝经常在春秋季节外出游猎，每到这个时候都会进住南京城，但只在大内做短暂停留。另外，辽南京作为陪都，仅为辽五京之一，不具有独尊的皇城地位。由于南京宫廷地位不是至高无上，且帝王又不是常住，南京宫廷饮食体系自然没有完全建立起来，所以宫廷饮食的特点并不突出。

到了金代，饮食机构趋于完善。皇宫在饮食方面非常排场，皇家设立了御膳房、御茶膳房、寿膳房、外膳房、内膳房、皇子饭房、侍卫饭房等机构，而这些机构中的工作人员已达千人左右。金代宫廷饮食受捺钵制度的影响，发展较为缓慢，金代女真人固有的饮食文化远落后于宋代水平，不论从饮食制作还是享用来说，谈不上精细和雅致。

较之前代，元代的宫廷饮食得到飞速发展。元朝统治者抛弃了原来游牧时形成的节俭的饮食传统，饮食方面日益奢侈腐化。统治者通过宴飨的手段巩固其统治，宴饮在宫廷中占有重要地位。元人王恽说："国朝大事，曰征伐、曰搜狩、曰宴飨，三者而已。"[1]统治者"每日所造珍品，御膳必须精制……进酒之时，必用沉香木、沙金、水晶等盏，斟酌适中，执事务合称职。……至于汤煎，琼玉、黄精、天门冬、苍术等膏，牛髓、枸杞等煎，诸珍异馔，咸得其宜。"奢靡之风，促进了饮食的发展。

明代的宫廷饮食达到食不厌精的境界。《明宫史》中记载了宫廷内的螃蟹宴："凡宫眷内臣吃蟹，活洗净，用蒲包蒸熟，五六成群，攒坐共食，嬉嬉笑笑。自揭脐盖，细细用指甲挑剔，蘸醋蒜以佐酒。或剔蟹胸骨，八路完整如蝴蝶式者，以示巧焉。"由此看来，明代后

---

① ［元］王恽：《秋涧集》卷五十七《吕嗣庆神道碑》，四部丛刊初编本，吉林出版社2005年版，第658页。

宫把螃蟹吃到了极致。《天启宫词一百首》记述说："海棠花气静酣酣，此夜筵前紫蟹肥。玉笋苏汤轻盥罢，笑看蝴蝶满盘飞。"皇宫中出现了各种名目的筵席，不同的筵席由不同的菜系构成，尽显宫廷膳食之精致丰富。清代学者阮葵生写的笔记散文《茶余客话》中收录一份明深宫传到宫外的大内食单，菜品做法十分精细，但菜名取得十分古怪，叫"一了百当"。其制作过程也十分奇特："一了百当，明大内食单之一也。其法以牛、羊、猪肉各一斤剁烂；虾米半斤，捣成末；川椒、马芹、茴香、胡椒、杏仁、红豆各半两，俱为细末；生姜切细丝十两；面酱一斤半；醋糟一斤半；盐一斤；葱白一斤；芜荑细切二两，用好香油一斤炼熟，然后将上件肉料一齐下锅炒熟，候冷装入瓷器内封贮，随时取用，亦以调和汤汁为佳。"仅一款菜品的用料就将近20种，用料之多，令人咂舌。明朝历代皇帝的饮食生活十分个性化，各帝亦各有喜尝之物。以明末为例，据《酌中志》记载，明熹宗最喜欢吃的是炙蛤蜊、炒鲜虾、田鸡腿及笋鸡笋脯，而将海参、鳆鱼、鲨鱼筋、肥鸡、猪蹄筋共烩成一道，他尤其爱吃。据《万历野获编》记载，明穆宗喜欢吃果饼，即位前，穆宗生活在藩邸，常派侍从到东长安街买果饼，吃得上瘾。做了皇帝以后，穆宗仍念念不忘这种果饼。明朝历代皇帝都有自己的饮食嗜好，明朝又完全具备满足他们不同饮食口味的条件。皇帝们的嗜好具有强大的感召力，使得宫廷饮食形成了不同的风味系列，具备多样化的演绎轨迹。此外，明朝宫廷移至北京以后，宫廷里的厨师大部分来自山东，因此山东风味便在宫中、民间传播开来。尤其是胶东菜进入宫廷，大大增添了宫廷餐桌上的佳肴风味。宫廷的至高无上，可以极大限度地呈现饮食种类的丰富与精致。

明宫廷膳食较之其他朝代趋于平民化、家常菜的特色。明宫廷饮食与元代、清代均有不同，元代和清代为少数民族入主，其御膳主要保持本民族特色，而明代宫廷饮食显然与游牧民族有别，比如大量菜蔬的加入，这些菜蔬平民也可以吃得到。主食也向民间靠拢，万历年间《食物绀珠》中的"国朝御膳米面品略"条，记载了御膳中的米面食包括：捻尖馒头、八宝馒头、攒馅馒头、蒸卷、海清卷子、蝴蝶卷子、大蒸饼、椒盐饼、豆饼、澄沙饼、夹糖饼、芝麻烧饼、奶皮烧饼、薄脆饼、梅花烧饼、金花饼、宝妆饼、银锭饼、方胜饼、菊花饼、葵花饼、芙蓉花饼、古老钱饼、石榴花饼、金砖饼、灵芝饼、犀角饼、如意饼、荷花饼等数十种，又有剪刀面（面片）、鸡蛋面、白切面等多种面食。这些主食品种在大街小巷都可以买到，所不同的是宫廷面食的制作更为精细。

清朝的北京饮食文化代表了整个封建社会时期饮食的最高水平，在中国饮食文化体系中的地位不可替代。有清一代，宫廷饮食文化演进得更加完备，成为中国封建社会饮食文化不可逾越的高峰。

清代宫廷设立了专门管理御膳的机构。内务府是清代管理宫禁事务的机构，清世祖入关后设置。内务府下设"御茶膳房"和"掌关防管理内管领事务处"，负责皇宫日常膳食。其机构设有内膳房、外膳房、肉房、干肉房，专门负责皇帝的饭菜、糕点和饮品。总体来说，清宫御膳以满洲烧烤和南菜中的鱼翅、燕窝、海参、鲍鱼等为主菜，以淮扬、江浙羹汤为佐菜，以满洲传统糕点饽饽穿插其间，集京菜之大成。以乾隆皇帝乾隆五十四年（1789年）正月初二早膳为例来窥探清宫饮食饭菜的细致、讲究：卯正三刻（早晨6时45分），"养心殿进早膳，用填漆花膳桌摆：燕窝挂炉鸭子挂炉肉野意热锅一品，燕窝口蘑锅烧鸡热锅一品，炒鸡炖冻豆腐热锅一品，肉丝水笋丝热锅一品，额思克森一品，清蒸鸭子烧狍肉攒盘一品，鹿尾羊乌义攒盘一品，竹节卷小馍首一品，匙子饽饽红糕一品，年糕一品，珐琅葵花盒小菜一品，珐琅碟小菜四品，咸肉一碟，随送鸭子三鲜面进一品，鸡汤膳一品。额食七桌，饽饽十五品一桌，饽饽六品、奶子十二品、青海水兽碗菜三品共一桌，盘肉十盘一桌，羊肉五方三桌，猪肉一方、鹿肉一方共一桌"。从菜品上看，荤素搭配，咸甜皆有，汤饭并用，营养丰富。这么多的饭菜，皇帝一个人是吃不完的，吃剩之后要用来赏赐嫔妃和大臣。

综观清皇室饮食，其数量之多，用料之珍之广，口味之丰，侍者之众，餐具之奢，已登峰造极。正如有学者所指出的："到清代中期，宫廷饮食不仅满汉融合日久，而且南北渗透更深。特别是乾隆帝多次去曲阜、下江南，大兴豪饮奢华之风，品尝美味，眼界大开。除每日以南味食品为食外，还将江南名厨高手招进宫廷，为皇家饮食变换花样。……清代皇帝不仅要'食天下'花样翻新，还要占有烹饪技术才能满足他膨胀的胃口。所以，清代宫廷饮食形成了荟萃南北，融汇东西的特色。"①

统治集团欲壑难填的口味追求，以及社会相对安定和各地物产的富庶，为宫廷饮食的辉煌提供了根本性的条件。清代宫廷饮膳重要的文化特征和主要历史成就，就是它"富丽典雅而含蓄凝重，华贵尊荣而精细真实，程仪庄严而气势恢宏，外形美和内在美高度统一的风格"②。

晚清宫廷饮食逐渐下移和外传，民间效仿宫廷肴馔珍馐，大兴奢华筵席之风，酒楼与饭庄仿制御膳的菜品相继出现。清代官府和贵族的家宴，引领了民间饮食文化的时代潮流。宫廷的饮食是在民间饮食的基础上发展起来的，在充分吸纳民间饮食精华的同时，又将这些民间饮食推向奢华的档次。以应节食品为例，最初只是由民间食俗发展起来的节令食品，一旦被最高统治者看中，纳入宫廷节日食品，原料、做法和形式上便渐由质朴变得奢华。受其影响，民间便争相仿效、攀比。譬如"腊八粥"，原初所用原料不过是常食之物，凑足8样，和而煮之而已。自元以降，宫廷亦行煮腊八粥，元代、明代均有记载。清代宫廷更加重视腊八粥，《光绪顺天府志》中说："腊八粥，一名'八宝粥'。每岁腊月八日，雍和宫熬粥，定制，派大臣监视，盖供上膳焉。"当时宫廷腊八粥的原料有江米、粳米、黄米、小米、赤白二豆、黄豆、芸豆、三仁（桃仁、榛仁、瓜子仁）、饴糖等，把以上原料混合加水而煮，并适时掺入栗子、莲子、桂圆、百合、蜜

---

① 苑洪琪:《中国的宫廷饮食》，商务印书馆国际有限公司1997年版，第18～19页。

② 赵荣光:《满汉全席源流考述》，昆仑出版社2003年版，第359页。

枣、青梅、芡实等果料，每年清宫煮粥耗费的银子竟达124000余两。这种靡费，自然会波及民间。晚清以后，一般富裕人家竞相以腊八粥的原料名贵、多样为时尚。总之，宫廷饮食对民间饮食影响巨大。宫廷饮食奠定了北京饮食高端、精致、讲究的品位格局。

二、举国之力的物资供应

北京作为都城，各地饮食特产从四面八方运抵京城。据《明宫史》记载："十五日曰上元，亦曰元宵。内臣官眷皆穿灯景补子蟒衣，灯市至十六日更盛。天下繁华，咸萃于此。"宫中的菜蔬有滇南的鸡枞，五台山的天花羊肚菜，东海的石花海白菜、龙须、海带、鹿角、紫菜等海中植物；江南的蒿笋、糟笋等，辽东的松子，蓟北的黄花、金针，中都的山药、土豆，南都的薹菜，武当的鹰嘴笋、黄精、黑精，北山的核桃、枣、木兰菜、蔓菁、蕨菜等，以及其他各种菜蔬和干鲜果品、土特产等，应有尽有。各地的"珍味奇品咸萃于内府"。

进贡制度保证各地美味食材源源不断地运至皇宫。各地贡品异常丰富。就水产而言，北京并不临海，海鲜需要从200公里以外的沿海引入，视为宫中珍品。例如黄花鱼，每年3月初运抵北京，在崇文门设立专门通道，并由专人监管。一些海鲜尽管可以上市，但价格昂贵，只有贵族方能享用。但由于当时没有较好的保鲜技术，远路而来的海鲜不能保证质量。"与海滨所食者甚逊，且远至，味甚差。然当时分尝一脔，固以为异味也。"[1]

水产如燕窝、鱼翅、鲍鱼、干贝、海参、蛤蜊；陆产如猴头、银耳、竹荪；飞禽有鹌鹑、斑鸠、雉鸡、野鸭；走兽有野猫、野兔，以及时鲜果品……天南海北的山珍海味，源源不断地上供皇宫。

交通便利，四通八达，遂使各地物产源源不断地进入北京。漕运集合江南富庶之地的物资供给宫廷，京杭大运河是漕运的重要载体，将奇珍异宝运抵京师。元朝时，京杭大运河通州段正式贯通，通惠河

---

① 何刚德、沈太侔：《话梦集》，北京古籍出版社1995年版，第11页。

的贯通使得漕运可以直达城里，漕运供应体系日趋稳定。

漕运是明清王朝的重要经济命脉，支撑国家财政收入大半壁江山。清政府一年的财政收入是7000万两白银，漕运实现其财政收入的2/3。漕运将丰沛的物资供给到京城的文武百官、王公贵族、八旗官兵及其家属。有"京师根本重地，官兵军役，咸仰给于东南数百万之漕运"①"漕粮为军国重务，白粮系天庾玉粒"②之说。

明朝海运较为发达，郑和7次下西洋，前后经历了亚、非30多个国家，达27年之久，促进了中外文化的交流，同时，海运的发达也带来很多"番邦"食物，海外食物不断涌入，增添了异域的饮食风味。如明朝时，"辣椒原产南美热带，大约明末传入，很快被人接受，尤其在两湖四川云贵等地，种植广泛。土豆，又称马铃薯或洋山芋，明末清初传入福建。白薯，又称地瓜或山芋，万历年间自南洋吕宋传入。玉米，最早记载见于明正德《颍州志》，此前沿海应有栽培。葵花子又称香瓜子，原产墨西哥、秘鲁，明万历年间自西方传教士传入。花生，又称落花生或长生果，宋元间来自海外，此系小花生。如今流行大花生是明末清初才培育繁殖起来的。……明代还引进了番鸡、火鸡"③。海运的发展为北京带来了更多"番邦"食材，改变了北京乃至整个中国的饮食结构。基督教进入中国，中国食品又一次引进了番食，如番瓜（南瓜）、番茄（西红柿）等，极大地丰富了北京饮食，饮食食材和风味更加多元化。举全国之力的物资供应，使得北京得到源源不断的物资供给，荟萃了天下精品，促进了饮食的极大繁荣。

北京的名食既有出自民间的，也有来自宫廷的，但最终都回归民间。宫廷饮食风味与技法大大提升了北京饮食文化的档次和品位，凸显了北京饮食文化的高端、精致、细腻的方面。上层社会特有的政

---

① ［清］魏源：《魏源全集》第15册，《皇朝经世文编》卷34～53《户政》，岳麓书社2004年版，第549页。

② 彭云鹏：《明清漕运史》，首都师范大学出版社1995年版，第158页。

③ 李宝臣主编：《北京风俗史》，人民出版社2008年版，第137页。

治、经济、文化上的地位造成他们饮食生活上的优越性。上层饮食文化的辉煌对北京整个饮食文化起到积极的带动作用，从而使北京饮食文化在诸多方面处于全国领先地位，体现了上层饮食文化强大的辐射力。四通八达的海陆交通、进贡制度等，使得北京城集合了天下最丰富的饮食物质资源，各地特色食材应有尽有，推动北京饮食的创新追求更上一层楼。

第二节　饮食文化的多元性

饮食文化的多元性主要是指北京饮食文化融合古今中外的各种因素，各民族、各地区的饮食风味汇聚于此，使北京饮食文化的内涵更加深邃、广博，并具有多层次性。

一、多民族、多地区饮食荟萃

北京自古以来就是少数民族杂居的地方。辽金元清四朝，少数民族在北京建都，各少数民族云集北京，使得北京人的饮食生活中渗透多民族的饮食风味。少数民族的饮食特色，为北京饮食文化的多元性注入新鲜血液，使得北京人的饮食生活更加丰富多彩。各民族、各地区饮食的口味、风格汇聚于此，必然会形成多元化的饮食格局。

蒙古族饮食风味的输入有很多，奶制品很受京城百姓的欢迎。如蒙古族有喝奶茶的习惯，元定都北京后，北京街道奶茶铺林立，风味独特的奶茶逐渐为京师百姓接受并喜爱。"奶茶有铺独京华，乳酪如冰浸齿牙，名唤喀拉颜色黑，一文钱买一杯茶。"[①]北京的面茶也是蒙古族的食品，《故都食物百咏》中写道："午梦初醒热面茶，干姜麻酱总须加；元宵怕在锅中煮，调侃诙言意也差。"以羊肉为食材的各种烹饪手法兴盛，如烤肉系列，烤羊肉、烤羊腿、全羊席、羊肉炒面片等至今依然流行的饮食，都源于早期北方游牧民族饮食风味的融合。

穆斯林清真饮食文化是北京饮食文化的重要组成部分。清真饮食在北京经历了长时间的融合发展后，独树一帜。清真饮食主要分清真菜和清真小吃两部分，清真菜经过元、明、清直至近代数百年间的发展，成为北京菜乃至中国菜的重要分支。"一楼、两烤、三轩、四顺"（鸿宾楼，烤肉宛、烤肉季，两益轩、同和轩、同益轩、东来

---

① ［清］杨米人等：《清代北京竹枝词》，北京古籍出版社1982年版，第54～55页。

顺、西来顺、南来顺、又一顺）久负盛名。清真饮食文化具有广泛的吸纳性，回汉烹饪技法不断地切磋、交织。例如，清真菜在烹饪技法上，借鉴了粤菜中的卤、爆、烤，川菜中的炝、拌，鲁菜中的煨、炖、烧，淮扬菜的熘、扒，京菜中的涮、酱等烹调技法。在原料种类上除牛羊肉以外，又不断拓展鸡、鸭、鱼、虾等菜品品种，使得清真菜品不断创新，并形成了延续至今的清真老字号品牌。比如烤肉季、烤肉宛、壹条龙饭庄、鸿宾楼等，都是现今依然活跃的清真老字号。其中，鸿宾楼当数京城清真老字号饭庄的代表，创建于清咸丰三年（1853年），至今已有160多年的历史。1955年由天津迁至北京，弥补了当时北京清真餐饮在档次和菜品结构上的不足，成为京城高档次清真餐饮的重要代表。鸿宾楼饭庄的菜肴有数百种之多，其代表作有砂锅鱼翅、芜爆散丹、砂锅羊头、白蹦鱼丁、两吃大虾、红烧蹄筋、红烧牛尾、玉米全烩等。"末代皇叔"溥杰品尝鸿宾楼的美味后，曾赋诗称赞道："天安西畔鸿宾楼，每辄停骖快引瓯。牛尾羊筋清真馔，海异山珍不世馐。既餍名庖挥妙腕，更瞻故业换新猷。肆筵设席鲜虚夕，四座重泽醉五洲。"

满族饮食偏于肉食和烧烤模式，糕点以黏食和用奶油做成的点心居多。满族风味的各种小吃，如艾窝窝、江米糕、萨其马、奶酪、满洲饽饽，以及满族特色的砂锅白肉等已深入百姓生活，成为北京饮食的重要部分。

多民族的饮食荟萃北京，使得北京饮食不断地聚集各民族的饮食风味，形成了多民族特色的北京饮食文化。

北京作为五方杂处之地，各地美食云集，地域饮食与本土饮食文化相交融，形成了适合北京人口味的饮食风味。北京很多美食源于各地美食的输入，而非起源于京城。如享誉国内外的全聚德、便宜坊的烤鸭，烤肉季、烤肉宛的烤羊肉，致美斋的锅烧鸡、煎馄饨、爆肚，丰泽园的葱烧海参、糟熘鱼片，玉华台的水晶虾、汤包等，大量的京城美食，是由各地的名品传入，逐渐向京城饮食口味靠拢、杂糅发展起来的。在所有的菜系和区域风味中，北京饮食是最具包容性的，吸纳的能量也是最大的。在全国各地，凡地方美味，都希望在京城有一席之地，进而名扬天下。顺便提一下，北京之所以能够成为移民城市，能够招揽全国各地的有识之士，一个重要原因是迁入者不用担心吃不习惯。远离了家乡，在北京的大街小巷，同样能够与家乡风味相遇。

图 3-1　玉华台的炸虾肉

图 3-2　丰泽园的糟熘鱼片

二、多层次性的体现

北京饮食文化生成的渊源有三：一是，清朝皇室御膳，它带有宫廷菜肴的特色，是中华菜系文化的瑰宝，堪称北京饮食乃至中国饮食文化之最，最具代表性的是后世演绎的满汉全席；二是，清末民初，在社会变动的影响下，逐步形成一种博采众多地方风味菜系之长的综合菜系——官府菜，如谭家菜；三是，在北京饮食文化中，最丰富多彩，影响至深至大的北京的市井饮食风味。3种风味形成三角形的结构，顶端为宫廷风味，底部为市井风味，官府风味处于中间阶段，承上启下。这种架构，一方面以多向度的态势发展，一方面形成比较牢固的结构体系，具有极强的发展后劲。

宫廷饮食代表了全国烹饪技术的最高水平，宫廷风味大大提升了北京饮食文化的档次和品位。市井饮食风味内涵丰富，味道十足，是北京风味的根基，多以小吃为代表。关于宫廷饮食和市井风味饮食在本书其他章节都有详细的论述，兹不赘述。在这里只重点介绍北京比较独特的菜系——官府菜。

官府菜是清朝发展起来的一种菜系。清代北京官府崇尚奢华排场，府中多讲求饮食品位，"家蓄美厨，竞比成风"，各官府的美食佳肴各有千秋，呈现鲜明的家族风格。康熙年间王士禛《居易录》曰："近京师筵席多尚异味，予酒次戏占绝句云：'滦鲫黄羊满玉盘，菜鸡紫蟹等闲看。不如随分闲茶饭，春韭秋菘未是难。'"官府饮食水平处于民间与宫廷之间，既没有宫廷饮食的恢宏与高档，也远非寻常百姓家可以比拟。官府、大宅门内都雇有厨师，个个身手不凡。这些厨师来自四面八方，呈现了官员家乡鲜明的地域特色及独特个性。清朝北京诸多官员皆倾心于家乡味道，并喜欢研究各地的美味及饮食风俗，他们还亲自把各地的风味菜品精心汇集、重构，创制出不少佳肴名点。至今流传的潘鱼、李鸿章杂烩、组庵鱼翅、左公鸡等，都出自官府。官府菜是介于北京饮食雅俗之间的一派，大气、精细，融汇了宫廷御膳与民间美食并加以创新，具有较高的文化素养，内含绅士或贵族的文化气质，又颇为接地气。

官府菜门派众多，最终得以传播并流传至今的是谭家菜。新中国成立前，谭家菜几乎无人不知。老北京曾有"戏界无腔不学谭，食界无口不夸谭"之说，前者指京剧名家谭鑫培，后者指谭家菜。将谭家菜和当时京剧界领袖、泰斗谭鑫培并称，其地位之高可以想见。翰林谭宗浚酷爱珍馐美味，亦好客酬友，常于家中炮龙蒸凤，沉迷膏粱，中国饮食文化史上唯一由翰林创造的菜肴由此发祥。由于谭家菜的味道极为醇美，加之谭宗浚的翰林地位，使得京师官僚品尝谭家菜成为一种时尚。这种私家菜宴客的方式，亦可视为中国私家会馆的发端。谭家菜的精髓已经演绎为后人口耳相传的口诀："选料精、下料狠、做工细、火候足、口味纯。"谭家菜最大的长处在于它把糖盐各半的南北口味完美中和，使谭家菜名扬京城。

袁祥辅在《著名的家庭菜馆谭家菜》一文中写道："谭家系清末官宦世家，交往素广，在京同乡亲友常相互宴请。各家每遇生日、聚会，都愿借用谭家地方请谭家女主人代做筵席。而凡请谭家备宴者皆给谭家主人留一席位，邀请参加，以表谢意。谭家菜最初并不对外营业，但谭家菜口味之鲜美却远近流传，南方人北方人都爱吃。特别是鱼翅、鱼唇、海参、鲍鱼等海味名菜更加清鲜适口，胜过当时各大饭庄。尝到谭家做客的人赞扬说：'谭家菜、周家酒，吃了喝了还不想走。'意思是指谭家的菜肴好吃，周家的陈绍酒好喝。凡吃过谭家菜的人都这样交口称赞。因此前来品尝谭家菜的人越来越多。"[①]

谭家菜是中国官府菜中最突出的典型。新中国成立之后，由于各种原因，将谭家菜传承下来的是谭家的3位家厨，他们联手在果子巷继续经营谭家菜。1954年，谭家菜并入国营企业，并收徒传技。1958年，经周恩来总理建议，谭家菜成为北京饭店，得以在国宴中一展身手，接待中外来宾。周总理还嘱咐谭家菜的传人，一定要把谭家菜的技艺传承下去。现今谭家菜被完好地传承下来，成为国宴菜的重要组成部分。谭家菜作为北京市著名的官府菜，经过多年的传承发展，丰富了北京菜的烹饪技法，是中国官府菜中最典型的代表，是南北菜系交融的结晶，是北京文人雅士阶层的口味体现，继承了老北京的家族遗风。

三、当代饮食文化：差异化取向

如果说传统封建社会各民族和各地区饮食文化的融合与北京饮食风味发展出来的宫廷饮食文化、官府饮食文化、市井饮食文化等多层次性的饮食文化更多指向等级色彩和身份属性的话，那么，当代的北京饮食文化的多元性更多地指向平等、自由和个性。

相对于传统封建社会而言，当代人对于饮食的需求随着各自生活状况的不同而变化，丰俭浓淡，各取所需。北京作为全国政治中心、文化中心、国际交往中心和科技创新中心，具有营造优良饮食环境和氛围的得天独厚的条件，为各类食客的饮食选择提供了无与伦比的可能性。例如在原材料方面，不但种类大大增加，而且人们对材料的质

---

① 北京市宣武区政协文史资料委员会：《宣武文史》第1辑，1993年版，第151～152页。

量、特性都有了更高的要求。社会的进步和物质条件的改善，使更多的人可以拥有追求高质量饮食的条件。在饮食需求上，既有专注于享受某种美食味道的美食家，也有只为一饱，讲究省时、方便的公司白领，更有按图索骥，搜索各大美食地图，查看大众点评口碑，寻找美食"宝藏"的大众"吃货"们。从自身的实际生活角度考量，既有追求每餐量大价廉的农民工群体，又有追求量小质精的老、病、孕、幼和减肥群体。消费上，选择更加多元化，有的选择去大排档、普通饭馆，有的选择商务宴、豪华套餐，有的则选择外卖。总之，当代北京人生活方式的高度异质性，体现了当代北京饮食文化发展方向的开放。

北京被誉为"美食之都"，既有传统饮食文化的深厚底蕴，又瞄准了国际饮食的前沿，在富有层次的饮食生活世界，洋溢着蓬勃向上的朝气和活力。在饮食领域，北京的开放态势是最为强劲的。传统的、民族的、地方的、西方的、高档的、平民的，几乎所有的饮食种类、样式、风味应有尽有，千姿百态，而北京的食客也是五花八门，口味各异，需求和供给相辅相成，配合完美，无可比拟。

第三节　海纳百川，兼收并蓄

海纳百川、兼收并蓄的饮食个性是北京饮食文化发展的主要态势。纵观整个北京饮食的发展，占据饮食主导地位的恰恰是很多外来的饮食风味，北京饮食文化一直呈现开放的状态。鲁菜、川菜、豫菜、淮扬菜、杭帮菜等各地区的菜系林立，各地烹饪风味的代表，有同和居和萃华楼的鲁味儿、四川饭店的川味儿、厚德福的豫味儿、玉华台的淮扬味儿、砂锅居的东北味儿等。有人说北京的饮食是地地道道的"杂味儿"。北京饮食充分吸收国内外优秀的饮食风味，以及少数民族饮食的精华，使得北京饮食呈现出形态各异、菜系多样、技法丰富，品类齐全的特征。

当代的北京越来越开放，国际化程度越来越高，改革开放以来，北京成为众多外国饮食企业竞相抢占的饮食市场。北京饮食文化迅速国际化，从而人们的饮食方式也更加国际化，北京的餐饮企业市场化程度越来越高，餐饮行业竞争日益全球化。西方餐饮日益影响北京人的饮食生活，西方餐饮文化的进入不仅丰富了北京饮食文化内涵，而且使得西方餐饮企业规范有序的经营理念得以传播，这在某种程度上推动了北京饮食文化的持续发展。

其实，这还不是主要的，关键是中国饮食市场本身无限广阔，也具有无限广阔的开发潜力。能够极大限度地承受和消化这种潜力的城市非北京莫属。全国各地的饮食汇聚北京，使北京成为全国乃至全世界最为庞大的饮食市场。北京饮食传统犹如一块巨型磁铁，源源不断地吸引着全国各地的传统饮食，各种饮食传统在这里汇聚，呈现出最为完整的、全面的、体系化的饮食文化图式。

北京广泛包容了天下九州各地饮食文化的精华，它八方辐辏、多元一体、气象万千，展现出大国国都饮食文化的无穷魅力与博大气魄。北京饮食文化的发展是中国饮食文化发展的缩影，北京饮食文化集中华饮食文化之大成，口味丰富、气象万千。由此，北京饮食文化形态也呈现出更加多元化的趋势。

第四节　不平衡的发展态势

一、官民饮食文化的区别

在阶级社会，人们在经济、政治、文化社会生活的诸多领域体现出差异与不平等。作为有近千年古都历史的北京，在漫长的封建社会中，官民饮食文化的不平衡尤为明显。历代帝王饮食十分讲究，为了满足统治阶级的饮食欲望，将全国烹饪技术高超的名厨招募到北京，全国最珍稀的食材原料源源不断地供应北京。在这样的历史背景下，北京代表了全国烹饪技艺的最高水平，上层饮食文化异常辉煌，呈现奢华、铺张的高端格调，而平民饮食则简单、实在。

以清代为例。清代北京饮食文化是北京古代饮食文化的集大成者，它代表了整个封建社会的最高水平。奢华的宫廷筵席、精致讲究的官府菜都尽显高端、奢靡的饮食风格。相对上层饮食的奢侈、精致，平民饮食相对节约、简单，平日主食以小麦和杂粮为主，殷实人家常吃炸酱面。"食杂粮者居十之七八……不但贫民食杂粮，即中等以上小康人家，亦无不食杂粮。杂粮以玉蜀黍为最多，俗名玉米。"[1]《清高宗实录》载："京师百万户，食麦者多。即市肆日售饼饵，亦取资麦面。"说明面食在北京人饮食结构中的主食地位。北京百姓日食三餐，以午、晚为主。早饭称早点，或去早点铺购买，或在家吃头天的剩饭。

官府菜的代表谭家菜和老北京市井小吃豆汁儿都是颇具京味儿特色的饮食。谭家菜用料珍贵，菜品豪华大气，精英荟萃，大雅集成，是清末民初官场筵宴的代表性菜系。而深受市井百姓喜爱的豆汁儿，原料却是来源于绿豆粉的下脚料。老百姓在贫寒的市井生活中创造出

---

① 李家瑞：《北平风俗类征》"器用"，商务印书馆，影印本，1937年版，第250～253页。

了豆汁儿一类的平民小吃。窥一斑而知全豹，可以品评出官民饮食的悬殊差距。

如今北京饮食既有走高端路线的，也有走平民路线的，层次分明，不能不说与传统的等级差异有着内在的联系。

二、城乡饮食文化的差异

从近代来看，北京城市饮食无论从原料供给还是饮食的种类与品位都是较为丰富和讲究的，而北京郊区、农村的饮食则较为节俭、朴实，城乡差异较为明显。

有清一代，北京城市饮食消费弥漫着一股浓烈的奢靡之风。民国时期，这一风气在资本主义商品经济的刺激下愈演愈烈。《首都乡土研究·风尚》记载，北京"国变后，茶社酒馆的林立，娱乐场所的增加，都是风俗奢靡的表现"。在奢靡饮食风气的刺激下，民国时期北京城的茶楼与酒馆像雨后春笋般纷纷开业。在明清餐饮老字号进一步发展的同时，涌现出一批新的餐饮名店。

在日常餐饮筵席中，有铺张的"八大碗"之说。说它铺张，是因为"八大碗"原本源于京城平民饮食，平民饮食多节俭，但"八大碗"因多荤菜，量大实惠而颇受百姓欢迎，有别于普通的日常餐饮，后为流行于上流社会的美味佳肴，在老北京盛行一时。"京城各商号对老客人也常以八大碗相待，甚至军政要员、富商豪绅，也要求品尝八大碗。"[1]传统的北京"八大碗"，为多种肉类荟萃之菜，分8个大碗，分别有肘子、扣肉、松肉、丸子、排骨、米粉肉、黄鱼、三黄鸡。新中国成立后，有些商家对老北京的"八大碗"进行了改良，配菜中加入素菜，荤素搭配，推出类似"海鲜八大碗""全素八大碗"等新品。另外，北京人好面子，为了显示京城人的派头和阔气，便追求菜品的数量及规格，坊间有些筵席流行四冷、四干、四热等，后来

---

① 范德海、侯培铎、王云：《说说老北京的"八大碗"》，《中国食品》，2007年第12期。

菜品种类逐渐升级为六冷和八道、十道、十二道热菜皆有的规格。

在北京城内饮食趋于大餐奢靡消费的同时，北京郊区，尤其是一些山区的饮食仍保持着农耕饮食的风味，丝毫没有大都市的饮食排场。"玉米为大宗，谷麦、高粱、菽次之；蔬菜以葱、韭、菠、白菜、萝卜、芥菜为普通，豆腐、鸡蛋次之，肉类又次之；稻米运自南省，间亦购食。冬春昼短，多两餐，麦秋间有四餐，余三餐。"①就四季而言，时有顺口溜："春天落个鲜饱，夏天落个水饱，秋天落个实饱，冬天落个年饱。"可见，保持温饱为清朝乃至民国时期北京农村饮食的最高标准，与城里的饮食水平有着天壤之别。

一年四季，农民都是精打细算。春季，春菜长出来了，农民餐桌上便有了一些新鲜的青菜，可做成菜饽饽和大馅菜团子，农民称之为尝青或尝鲜。有的农户还挖野菜，用于补充青菜之不足。夏季是农忙季节，主妇为下田干活的男人多做些干粮和耐饿的主食，如小米过水饭，或过水凉面等，再备些绿豆汤，宜天热时解暑用。秋季是农作物成熟的季节，要吃烙饼摊鸡蛋或一些荤食，以便下地秋收。这大概是一年中吃得最饱的季节，常言道："家里没有场里有，场里没有地里有，地里没有山上有，不管哪里总是有。"无论如何总能达到"秋饱"。进入冬季，除了大白菜，就是咸菜和干菜。一日三餐改为一日两餐。大家盼着过年，可以图个"年饱"。可见，这种温饱不足的状况和勤俭节约朴实的饮食作风与北京城里的奢靡之风形成了极其强烈的反差。整个民国时期的饮食，城乡差异明显，呈现出中西混杂，新旧并呈的格局。

新中国成立尤其是改革开放以后，饮食的城乡差距正在逐步缩小。随着农村城镇化速度的加快，近郊农民的饮食几乎与城里无异，远郊农民的饮食也在向城里靠拢。需要指出的是，饮食的返璞归真正在成为一种时尚。城里人向往农民的饮食生活，野菜、土鸡蛋、土猪

---

① 《顺义县志》，1933年版，铅印本。转引自丁世良、赵放主编：《中国地方志民俗资料汇编》华北卷，书目文献出版社1989年版，第23页。

肉等具有乡土味道的饮食为城里人所青睐。乡村饮食的城市化与城市饮食的乡村化正在同步展开。北京城乡饮食一直存在的不平衡性已然被打破，所需要的是各自保持自己的个性，而无高低之分。

三、多民族一体的饮食文化

随着少数民族政权的建立，少数民族饮食文化不断地输入北京。北京自辽代开始，少数民族的饮食文化被真正纳入北京饮食文化系统。契丹族、女真族、蒙古族、满族都曾在北京建立过政权，而政权的建立也奠定了民族饮食的合法地位，民族饮食通过政权而得到强势推广，从而改变了北京的饮食格局。北京曾一度出现过"胡化深，而汉化浅"的饮食风尚。主政的少数民族饮食的输入也因政权的更替而出现此消彼长的态势。

北京的清真饮食多由回族人制作，回族并没有在北京建立过政权，主要以经营饮食和小手工艺等为生。但是回族将清真饮食发挥到了极致。北京的清真饮食历史悠久，作为一枝独秀，影响至今。清真饮食文化对北京饮食文化做出了重大贡献。北京的小吃融合了汉、回、蒙古、满等多民族风味，而以回族风味占了绝大多数。

清真饮食在保持本民族特色的基础上还在不断吸收其他民族的饮食精华。

北京饮食由多民族风味构成，这些民族是随着朝代的更替相继入驻北京的，当一个朝代的饮食格局建立起来之后，又因另一个民族饮食文化的强势进入而被打破。这些民族的统治政权失去之后，其秉承的饮食文化并没有退出历史舞台，而是成为北京饮食体系中的有机组成部分。北京饮食文化的历程一直处于这种从平衡到不平衡，又从不平衡到平衡的状态中，因而北京饮食是诸多民族风味不断叠加、累积而成的。所以北京饮食文化是多民族共同体的集中体现，也是中华民族多民族共同体的有力见证。

可以说，民族间饮食的不平衡不是绝对的。各民族饮食在北京交流、交融形成了北京多元一体的饮食格局。

第四章

北京饮食的历史叙事

北京饮食的历史与北京的历史一样漫长，饮食活动和行为不仅关乎果腹充饥的问题，与生产力水平、政治地位、商业贸易、民族融合、人口迁徙等也息息相关，因此，饮食展开叙事的维度既是悠久的，也是全方位的，涉及的领域触及社会生活的方方面面。按理，北京饮食的历史叙事应该回溯到远古时代，并展开多重角度，但是，饮食毕竟历来不受史家所重视，饮食叙事被历史长河冲刷得支离破碎。因此，饮食的历史叙事只能侧重于明清以后，叙事的脉络与饮食行业及餐饮老字号的兴起和发展相吻合。"以点带面"是北京饮食历史叙事所应遵循的基本策略。

第一节　本土出产的京西稻

老北京有歌谣："京西稻米香，炊味人知晌，平餐勿需菜，可口又清香。"京西稻产于北京市海淀区玉泉山一带，过去称为御稻。京西稻不是一种稻米的名字，而是北京西郊玉泉山周边地带生产的优质粳型稻米的统称。海淀六郎庄村是有清一代京西稻原产地之一。六郎庄有"京西第一村"之称。现在的北坞、万泉庄、蓝靛厂、圆明园、颐和园、玉泉山、青龙桥等均为京西稻原生地。京西稻是在较长历史进程中形成并发展起来的。据传，早在东汉时期海淀已有水稻种植，元代郭守敬修筑的通惠河开通后，海淀河网密布，多有连片的田畴，有利于种植水稻。到了明代，水稻种植已形成一定规模。明代《帝京景物略》载："（瓮山）人家傍山，临西湖①，水田棋布，人人农，家家具农器，年年农务，一如东南，而衣食朴丰。"同书还有"最后一堂，忽启北窗，稻畦千顷"的记载。清康熙年间"西湖"一带稻田发展成一定规模，康熙五十三年（1714年），奉宸苑设立下属机构玉泉山稻田厂，专门负责收缴稻谷。乾隆年间，玉泉山下官种稻田已达90多亩，加上六郎庄、泉宗庙等地，共有10800亩之多。稻田的发展与大兴水利建设是分不开的。清康熙至乾隆年间多次修浚永定河，为水稻种植提供了良好的灌溉条件。海淀属于大陆性温带湿润季风气候，降水大都集中在七八月，河网密布。位于海淀中部的玉泉山一带土壤肥沃，水质纯净并且有机质含量较高。玉泉山的泉水曾被乾隆皇帝赐封"天下第一泉"的美誉。据陆以湉《冷庐杂识》记载，乾隆皇帝一生多次东巡、南巡，塞外江南无所不至。每次出巡，都携带一个特制的银质小方斗。一到某地，就命侍从取当地的泉水来，然后再以精确度很高的秤称一下1方斗水的重量，结果量出北京西郊玉泉山的水质最轻。乾隆皇帝因而封玉泉山的泉水为"天下第一泉"。从此，

---

① 本节西湖指的是海淀区昆明湖。

玉泉山泉水成为清代宫廷的专用水，徐珂在《清稗类钞》"京师饮水"篇中有如下记载："京师井水多苦，茗具三日不拭，则满积水碱。然井亦有佳者，安定门外较多，而以在极西北者为最，其地名上龙。若姚家井及东长安门内井，与东厂胡同西口外井，皆不苦而甜。凡有井之所，谓之水屋子，每日以车载之送人家，曰送甜水，以为所饮。若大内饮料，则专取之玉泉山也。"玉泉山泉水漫漫，清冽甘甜，气温差较小，从西山流淌下来的山水、雨水和玉泉山流出的水相汇合，形成了高水湖及养水湖，湖里形成厚厚的黑泥，黑泥包含了水稻所必需的各种营养。所以玉泉山一带较为适宜水稻生产。

图 4-1　玉泉山下京西稻

　　京西稻真正培育并发展起来应追溯至清康熙年间。康熙皇帝是历史上第一个培育推广京西稻的皇帝。康熙皇帝重视农业，积极辟水田。康熙皇帝南巡时从南方带回稻米亲自培植。在试种的过程中发现了一穗又高又大的稻子，将这株稻穗的种试种下去，稻穗长得又高又快，一进六月便早早地成熟了。康熙皇帝十分高兴，"从此生生不已，岁取千百"。用这种"一穗传"的方法培植一年两季的水稻获得成功。康熙皇帝的这种生长期较短的御稻培育并试种成功后，为北方水稻的种植开辟了广阔的前景。在京西玉泉山下试种成功后，河北、天津等地的地方官纷纷要求引种。康熙皇帝自撰的《几暇格物编》中有详细描述："丰泽园中有水田数区，布玉田谷种，岁至九月，始刈获登场。一日，循行阡陌，时方六月下旬，谷穗方颖，忽见一科，高出众稻之上，实已坚好。因收藏其种，待来年验其成熟之早否。明岁六月时，此种果先熟，从此生生不已，岁取千百，四十余年以来，内膳所进，皆此米也。其米色微红而粒长，气香而味腴，以其生自苑田，故名御稻米。"康熙三十九年（1700年），康熙皇帝把御稻移进畅春园种植。《红楼梦》里提到的"御田胭脂米"就是指康熙皇帝培育出的御稻米。乾隆时期进一步改良京西稻的种植。乾隆皇帝在颐和园开辟稻田千余亩，种植其下江南带来的水稻品种紫金箍。此种稻米颗粒圆润、晶莹透亮，所蒸米饭香甜可口，香味浓厚，粒大饱满，不碎不散，被当作贡米。京西稻田依着北京的西山，以玉泉山、万寿山为背景，穿插于清代御园之间，与皇家园林相得益彰。乾隆七年（1742年）乾隆皇帝作《青龙桥晓行》诗中云："十里稻畦秋早熟，分明画里小江南。"现存《乾隆御制诗》中汇集乾隆皇帝创作的诗多达43600余首，其中以京西稻田风光为题材的即景诗就有百首之多。这些是京西水稻珍贵资料，是皇家农耕文化的体现和稻作文化的历史见证。慈禧太后主政后，沿旧制全国有13个省，京师西郊六郎庄附近的水田被称为南七圈、北六圈，共十三圈，影射全国十三省。《光绪顺天府志》记载："今京师人曰御田米者，溉自玉泉。"京西稻的品种不断改良，成为皇家专享的御稻。

新中国成立以后，不断培育新的京西稻种，品种从20世纪50年代"小红芒"，60年代至70年代"银坊""水源300粒"，至80年代"越富"系，单产大幅度提高，并保持优质特性。1954年，毛泽东在读《红楼梦》时，看到写贾府的庄头乌进孝进贾府缴租，常用米千余石，而专供贾母享用的"御田胭脂米"只有"二石"，这引起了他的关注。他让农业部查了"御田胭脂米"的产地，并希望由粮食部门收购一些"御田胭脂米"，以供中央招待国际友人之用。到了20世

80年代中期，京西稻种植面积达到高峰，有10万亩。随着京西稻扩种，京西稻米端上百姓餐桌。有老人回忆称：用京西稻米做米饭或熬粥，揭开锅盖后满屋飘香。青龙桥（京西稻种植地之一）的老农民樊老汉说："清香的味道，那个香哟，哎哟。那叫一个好吃。当时我最喜欢吃的就是京西稻了。"吃过京西稻米的老北京人于大爷回忆说："我到现在还没吃过比这更好吃的米。""京西稻做出来的饭互相之间都不怎么粘，饭粒能一粒粒数出来。"这种京西稻米清香可口的味道只能存在于老北京人的回忆里了。20世纪80年代以后，随着现代化建设步伐加快，很多稻田被占用，玉泉山的水少了，而且污染渐渐严重，"遍地皆泉"的现象已不复存在。由于种植需要大量土地、水，且亩产低，京西稻已经不能适应历史的脚步，一系列原因导致京西稻的种植面积日渐缩小。现在海淀区上庄镇西马坊村的京西稻稻田是"国家级京西稻标准化示范区"。"北京京西稻作文化系统"于2015年入选农业部第三批中国重要农业文化遗产。北京海淀区上庄镇每年定期举办京西稻文化节，使人们不仅可以了解京西稻的历史传奇，还可以亲自体验农事活动，感受农耕文化的魅力。

现在京西稻的存在更多是一种文化意义的象征，京西稻不仅是海淀区的特殊文化符号，也是北京的特殊文化符号。我国农耕文化的精耕细作在京西稻的培育和传承上得以体现，悠久的稻田民俗文化，京西曾经的万里稻谷飘香寄托着北京人的记忆和乡愁。

第二节　粮食供给的生命线——漕运

　　漕运，是古代通过水道调运粮食的一种专业运输方式，是我国历代王朝重要的经济命脉。"水运曰漕"①，即漕运主要借助水道运粮，将征自田赋的部分粮食运往京师或其他指定地点的经济调遣。运输的方式主要包括河运和海运，有时辅以河陆相继的运输方式。漕运的根本原因是对粮食的需求。历史上漕运主要是利用水道转运粮食，供给宫廷消费、百官俸禄、军饷开支和民食调剂等，又称漕粮。大凡为朝廷所用物资，诸如丝绸、瓷器、建筑材料等，均为漕运的物品。坊间流传一句俗语说：北京城是从河上漂来的。此言不虚，北京自被定为都城起，建城所用的木材、砖瓦、石料等莫不是靠大运河而来，明清时期建设北京城的"神木"②、大砖等各种物料都是用漕船顺着大运河由南向北运送而来。漕运还维持京城百姓粮食、日用品的供给，米、茶叶、食盐、丝绸、水产品、工艺品等商品经由漕运源源不断地运抵北京。可以说，古都北京的繁荣与漕运的贡献分不开。

　　漕运始于秦汉，终于晚清，见证了2000多年封建王朝的兴衰，为维持封建王朝经济、稳定政治命脉做出重要贡献，在整个封建王朝的地位斐然。唐代杜牧称江淮漕运为"国命"，宋人则称"国家于漕事最重最急"，明朝士大夫把朝廷仰赖的江南漕运比喻为"朝廷之厨"，清朝则把漕运称为"天庚正供""为一代之大政"。古代水利典籍多有记载称："国之大事在漕，漕运之务在河。"河务之要是"治河保漕"而非"治河保农"。可以说漕运是古代封建王朝的黄金线、生命线，也是北京城赖以生存发展不可缺少的供给线。

　　漕运的历史由来已久，上可追溯到秦汉时期。"漕运始于秦汉，转输之法则始于魏隋而盛于唐宋。"③早在秦始皇北征匈奴时，自山东

---

①　[汉] 司马迁等：《史记》卷17～36，吉林人民出版社，第1101页。

②　指在四川马湖府（今宜宾市地区）沐川县山上采伐的大楠木。

③　[清] 黄汝成：《日知录集释》。

沿海一带运军粮到北河即今内蒙古乌加河一带,可看作历史上较早的漕运。秦时漕运为军备。西汉开始,漕运逐渐成为国家的一项重要的经济措施。每年将黄河流域所征的粮食、物资运往都城长安,以满足关中地区贵族、官僚和军队的需求。隋代在自东向西调运漕粮之外,还从长江流域征粮调往北方,隋炀帝大力开凿通济渠,联结了黄河、淮河与长江三大水系,形成了沟通南北新的漕运通道,也为后世奠定了以大运河作为漕运主渠的基础。大业四年(608年),隋炀帝开永济渠,自黄河北通涿郡(今北京)。"公家运漕,私行商旅,舳舻相继"是隋朝繁忙漕运场景的写照。此后历代王朝都很重视漕运,逐渐疏通南粮北调所需的水路网道,并且建立了漕运仓储制度。唐朝时期,漕运的供应地由关中逐渐转向江南一带,成为朝廷主要的赋税来源。水通则漕运,水浅则仓储以待。节级转运法的实行为唐朝的漕运带来了繁荣的景象。元代定都北京,漕运分为河运与海运,元朝相继开通了济州河、会通河、通惠河,使得大运河贯穿海河、黄河、淮河、长江、钱塘江五大水系,漕船可以从杭州直达北京,密切了元大都与最富庶江南的联系,南方的粮食源源不断运往京城,促进了元朝经济的发展。其中通惠河是南北大运河最北端的一段,通惠河的贯通意义重大,使得京杭运河实现了真正意义上的全线贯通。早年,漕运从江南一带行至通州只能靠陆运到京。"最后一公里"费用浩繁,车马劳顿,元朝的著名治水官员郭守敬向元世祖忽必烈提出了"引水济漕"的主张,《元史·河渠志》记载:"上自昌平白浮村引神山泉,西折南转,过双塔、榆河、一亩、玉泉诸水,至西水门入都城,南汇为积水潭,东南出文明门,东至通州高丽庄入白河,总长一百六十四里一百四步。"忽必烈很快采纳了他的方案,花费一百五十余万锭,投入两万多人力,耗时一年半完工。自此白浮泉水流经瓮山泊、高粱河、积水潭到达通州,与大运河接通。漕运可直达积水潭。什刹海又名"积水潭",作为大运河北方终点,是北京城内重要的漕运码头,来自全国的物资商货集散于此。元代漕运的船只一直可以通往积水潭,明代时才把漕运的终点堵在了城墙外围。所以北京东城的粮仓很多,比如海运仓、新太仓、禄米仓、南新仓等。朝阳门，元代称齐化门，是北京九门中运粮的门，也叫"粮门"；东直门，元代叫崇仁门，早年是运送木料和砖瓦的，所以也叫"木门"。这些名称的由来都与漕运有很大关系。通惠河是一项影响至今的水利工程，因其惠及百姓和后世子孙，故元世祖忽必烈赐名为"通惠河"。通惠河的成功开凿，解决了漕运进京的问题，促进了南北物资流通，改善了人民生活。元代除了大批漕粮运到大都之外，还附载了各种货物。元人李洧孙《大都赋》有云："转粟南州，扬帆北海。远达朝鲜，旁溯辽水。……京师亿万，鼓腹含哺。"《马可·波罗行纪》记述了元大都城内外繁荣的景象："外国巨价异物及百物之输入此城者，世界诸城无能与比。盖各人自各地携物而至，或以献宫廷，或以供此广大之城市，百物输入之众，有如川流不息。"由于漕运和交通等因素，以通惠河终点的今积水潭附近的钟鼓楼为中心，钟楼附近分散着米市、面市、珠宝市、杂货市场等各种店铺，鳞次栉比。元大都"前朝后市"的格局一直影响着后世。因漕运而起的贸易活动促进了商业市场的发展与繁荣。元大都百姓每年食用的粮食多半是漕运而来，漕运的畅通与否还影响着大都市内的米价。可见漕运影响着大都经济生活的方方面面。崇文门是漕运的终点，南来北往的船只都停泊在崇文门外的运河上，等候检查和缴纳税金。

明清两代漕运都以河运为主，明代运用支运、兑运和长运3种运输方法，最后以长运又名"改兑"的方法作为定制。"改兑"就是由官军担任漕粮的全部运输任务，粮户在加耗的基础上另交一石做渡江费。明代运河运输能力大大增强，四方商贾荟萃京师。明代，北京每年漕运的漕粮额定是400万石左右。漕船动以万计，兼营四方商旅舟楫往来。明代，通州的粮仓地位进一步凸显，也成为北方游牧民族抢夺的重点，军事和经济地位极为重要，"上拱京阙，下控天津……实畿辅之襟喉，水陆之要会也"。通州之名"取漕运通济之义"。通州在漕运史上自有其独特地位。沿运河运到通州的漕粮，都要验粮然后转运到京、通各仓。明清两代，通州拥有便利的水陆交通，城内衙署林立。通州是北京的东大门，处于水陆交通要道，既可起到拱卫京师的作用，又对漕粮北运有着无可替代的作用。

清袭明制，清代是漕运发展的顶峰和黄金时期，也是漕运由盛转衰的败落期。清代的漕运有完整严密的组织系统管理，漕运数量，每年正粮额定为400万石，运京仓正兑米330万石。运通（州）仓改兑米70万石。清乾隆十六年（1751年），副都统朱伦翰在奏议中提到，北京每年八旗官兵所领俸甲米200石，其中有3/10到1/2在民间流通。[①]漕粮不仅供给皇室、朝廷官员等，还流向民间，成为民间粮食流通的一个组成部分，活跃了民间粮食市场。清朝漕运发展到顶峰，京杭运河的终点通州城繁荣异常，出现了桅樯林立的壮景。清依明制，依旧在通州设置户部坐粮厅署、仓场总署、漕运厅署等大小衙署数十处。另外，江苏、浙江、江西等漕运总局、会馆等也设在通州。清道光十八年（1838年）所立的《颜料行会馆碑记》称："京师称天下首善地，货行会馆之多，不啻十百倍于天下各外省；且正阳、崇文、宣武三门外，货行会馆之多，又不啻十百倍于京师各门外"。成于清朝乾隆年间的巨幅画卷《潞河督运图》是一幅记录乾隆年间潞河漕运经济、商贸及民俗盛况的画作。潞河具体指的是从北京通州北关闸为起点通到海河的一段河道。河道各种船只中有的扬帆离岸，有的落帆停泊码头，拉纤的、卸货的、推小车的都清晰可辨。岸上的古通州城内，仓库、商号、酒肆林立，既有京东商贸中心的繁荣气象，又有水陆交会枢纽、民生百态的真实写生，生活气息浓郁，是反映运河漕运经济的杰出画作。

通州在北京漕运史上的特殊地位无可替代。《永通桥碑记》记载道："通州在京城之东，潞河之上，凡四方万国贡赋由水道以达京师者，必萃于此，实国家之要冲也。"通州东临北运河，西距京师咫尺之遥，是出入京师的天然要冲，得天独厚的地理位置形成了通州特殊

---

① 吴廷燮等：《北京市志稿·民政志》卷三《赈济二·清》，北京燕山出版社1998年版，第49页。

的地位，通州以此成为出入京师的东大门。

图 4-2　北京朝阳高碑店村史博物馆《高碑店平津闸全图》

京城的王公贵族、满汉官员、八旗兵丁的禄米、俸米等基本以大米为主，漕运运来的大米，除了供应他们及其家庭的直接消费之外，剩余的大米流入京师粮食市场，成为粮食市场的重要货源。"向来京师粮石，全藉俸米、甲米辗转流通。"[①] 由于当年漕运的关系，散落在运河沿岸的粮食"填饱了"运河沿岸的鸭子。因为沿河一带的鸭子肉质肥美，当年全聚德就是选用的通州、顺义一带的填鸭。清朝兴盛时也就是后世所说的康乾盛世，

图 4-3　北京朝阳高碑店平津闸漕运码头石碑

① 北京市地方志编纂委员会：《北京志·综合卷·人民生活志》，北京出版社2007年版，第193页。

漕运也达到了快速发展和高度繁荣。"漕河全盛时期，粮船之水手，河岸之纤夫，集镇之穷黎，藉此为衣食者，不啻数百万人。"[①]

　　清廷后期走向衰败，鸦片战争后，西方殖民者打开中国的大门。西方先进的交通工具陆续进入中国。轮船、火车等新的交通工具的输入，加速了漕运的瓦解，大运河水系的漕运陷入无用之地。加之漕运河段淤堵，年久失修，运载能力大不如前。道光年间，漕运已基本瘫痪，漕粮改行海运。清政府不得不采取"改征折色"的措施，以银代粮。八旗兵丁只发二成实米，其他都折银发放。太平天国曾切断漕路。太平天国被镇压后，虽然清廷曾下令"始得试河运"，但河运已经千疮百孔。河运漕粮不过十几万石，占全漕的1/10。同治十年（1871年）规定"永减漕额"[②]。每年运抵通州的漕粮不断减少，至光绪十年（1884年）运抵京仓的粮食才89.4万石。[③]漕运的衰落曾一度改变北京人的主食结构，由以漕运大米为主，转变为以北方所产的豆麦杂粮为主。漕运的没落使漕运腐败暴露出的问题日益明显。在有清一代，负责治理运河绝对是一项肥差。只要黄淮泛滥，运河危急，国家就投入大量财富，这为官员们贪渎带来机会。道光年间，每年要拨给运河工程白银五六百万两，加上黄河上盘运漕粮的挑工以及修造高堰大坝的开支，耗费不下千万两白银。这耗去了当时国家全部财政收入的1/4，甚至国家岁入的一半。这些都给各级官员和管理、杂役人员等带来了中饱私囊的机会。在漕粮征收、起运及交仓过程中，官吏贪污，弊端丛生，矛盾日益深化，这些都加速了漕运的衰落。另外，漕运对百姓的剥削也是不可想象的。如漕运的船夫常年在外，辗转在运河沿岸，身如飘絮，生活贫困。故而过去在运河沿岸的船夫之中，曾经流传着一首悲伤情调的民谣："运河水，万里长，千船万船运皇粮；漕米堆满舱，漕夫饿断肠；有姑娘谁也不嫁摇船郎……"上缴漕

---

　　① 《皇朝经世文续编·户政·漕运上》卷四七，参见《清代后期漕运》，第215～219页。

　　② 《［光绪］顺天府志》漕运，第2022页。

　　③ 《［光绪］顺天府志》漕运，第2040～2042页。

粮的百姓面对贪腐的官吏剥削也是苦不堪言。提倡戊戌变法的康有为从历史发展的眼光一针见血地指出漕运必然衰亡之势。他说："中国漕运自兴至今，已二千余年，以前视为运转良方，而'今四海交通，万国转运'，以通商、交易，无所不给，再也不需要官方总揽转运了。所谓漕运，'其实不过京师一米店之事耳，仓场、漕运两总督，不过南北两支店司事耳'。"坚决要求朝廷"下明诏，停废漕运，尽裁漕官"①。变法失败后，清廷依然实行旧法，但清政府已经气息奄奄，财政亏空日久，无力承担维持漕运的巨大费用。光绪二十七年（1901年），清政府遂令停止漕运。

漕运，这一古代王朝绵延了千年的经济措施，对封建社会的经济生活发挥过积极的作用，不仅对中央集权皇朝的巩固统一起了很大的作用，保障了对北方及京师的物资供应，同时也有力地促进了商品的流转，推动了商品经济的发展乃至文化的交流与融合。

历史悠久的漕运虽然已经退出历史舞台，但漕运文化却依然影响着后世。坊间流传北京有"两多"：一是门多，二是桥多。北京很多桥都是因运河而兴。比如高粱桥，是明清时期自西直门往圆明园御道的第一桥，乾隆年间，曾在此修建码头行宫，现存石桥为清代重建；万宁桥，又称后门桥，元代为木桥，民国改建为单孔石拱桥，此桥位于北京的中轴线上，在地安门以北、鼓楼以南的位置。由于与前门南北相对，俗称后门桥。后门桥是积水潭的入口，并设有闸口，漕船要进入积水潭，必须从此桥下经过。桥下水闸按时提放，以过舟止水，保证南来的粮船通行无阻。通运桥，俗称"萧太后桥"。通济桥，位于通州城北关外，是通惠河汇入大运河河口上的桥梁，因护栏两端的戗栏兽是伏卧猛虎而称"卧虎桥"。八里桥是一座三孔石拱桥，又名永通桥，位于建国路旁通惠河上，扼京东咽喉要道。元、明、清几代，从江南漕运来大量粮食，十之八九由通州转运京城，而陆运必经此桥。因距通州西门八里，俗称八里桥，是北京三大古桥之一，也是

---

① 李治亭：《中国漕运史》，文津出版社1997年版，第318页。

昔日通州八景之一"长桥映月"所在地。护栏两端各竖以独角兽，护坡石上蹲踞4只镇水兽，刻工精美。桥南往东约200米处，立有清雍正御制"石道碑"一座。

元、明、清时期，每年都会有数百万石漕粮及财物源源不断自江南运到北京，所以古时运河沿岸会修建许多粮仓。清朝统治者为了巩固统治基业，不准八旗子弟务农经商，他们完全依赖朝廷的俸禄为生。八旗甲兵的饷粮都是从漕运而来。清朝时每年漕米的数额为400多万石，均贮藏于京仓之内，乾隆年间京仓数量最多，有13座，内城7个仓，分别是禄米仓、南新仓、海运仓、北新仓、兴平仓、富新仓、旧太仓，加上城外4个仓以及通州的中、西粮仓，在当时被称为"京师十三仓"。粮仓因运河而建，也因运河而兴。其中规模最大的是南新仓。如今在平安大街的东端，还依稀可以看到这座古粮仓的部分风貌。

关于漕运，还有不得不说的什刹海。什刹海是过去北京唯一开放的水域，至今还有"流动的漕运博物馆"之称。昔日什刹海作为南北大运河京城终点码头，由此处卸下的茶叶、丝绸、粮食、瓷器，流入宫廷、王府，也流入寻常百姓家中，南北文化的交融也影响着北京人的种种生活习惯。就连现在护国寺街、旧鼓楼大街上流行的河间驴肉火烧、沧州金丝小枣，也都是靠着运河流传开来的民间特色美食。2014年，京杭大运河成为中国第46个世界文化遗产项目，北京段大运河有南新仓、什刹海等10处点、段被列为全国重点文物保护单位。2016年，什刹海举办旅游文化节，摇橹船起航等活动再现京杭大运河的漕运文化。漕运文化是北京历史文化不可分割的一部分。悠悠的运河水至今还流淌在中华大地上，似乎还在向人们诉说着一个民族水上行走的传奇。

第三节　想象的盛宴——满汉全席

"满汉全席"是一个颇有争议且经久不衰的热门话题。以目前的史料来看，满汉全席是后世演绎的结果，实际上并无真正的满汉全席。满汉全席古今有别，其后作为一种商业文化现象出现的观点获得大众一致认同。

学界关于"满汉全席"的研究见仁见智，著述较多，其中以赵荣光先生的研究成果最为翔实深入，自成一家。赵先生以令人信服的第一手资料，澄清了学界对满汉全席的一些错误解读。本节参考赵荣光先生的《满汉全席源流考述》（以下简称《考述》）一书和《"满汉全席"名实考辨》（以下简称《考辨》）一文梳理满汉全席的历史演进，让读者对满汉全席的由来有大致的了解。综合其研究成果，满汉全席的称谓是逐渐变化而来的，变化脉络为"满席""汉席"—"满汉席"—"满汉全席"。

清军入关前，宫廷筵席十分简单。席地而坐，露天设宴，《满文老档》记载："贝勒们设宴时，尚不设桌案，都席地而坐。"吃食主要是火锅配以猪羊牛肉等炖肉。《考辨》一文中提到，尽管满人入关前早已实行了文化、政治等方面的革新，"饮食服用，皆如华人"，但清廷尊太宗皇帝的圣训，饮食上保持满洲旧俗，避免绝对的汉化，满族饮食与庆宴仍然带有本民族的习惯。"满洲菜多烧煮，汉人多羹汤。"满族喜食大荤大腥，烹调方法简单，满席注重野味，多烤制，好烧煮大号牲畜如马、牛、猪等。《满文老档》中记载："和硕贝勒济尔哈朗，娶察哈尔林丹汗之妻苏泰太后，杀马、牛、羊共八十一，列筵一百二十，举大宴。"后来鉴于关外礼食制度难以适应新生活，改革礼食制度势在必行，《大清会典》中记录康熙二十二年（1683年），"自后元旦赐宴，应改满席为汉席"。这里的改满席为汉席，只是原料、食品等方面变化，是对满族故土旧礼食的改革，而非名字的变化。满席依然存在。根据《光禄寺则例》记载，光禄寺筹办的席面分为满、汉两种。满席分为6等，是一种食礼尊贵与荣耀的象征，分别用于祭祀的"奠筵"和庆贺的"馔筵"。乾隆时期《钦定大清会典则例》记载："满席：一等席用面百二十斤，红白徽支三盘、饼饵二十四盘又二碗、干鲜果十有八盘……六等席用面二十斤，红白徽三盘、棋子二碗、麻花二盘、饼饵十有二盘、干鲜果十有八盘。"

受宫廷食礼"满席—汉席"的影响，官场迎送酬酢也推举"满席—汉席"。流行于官场的"满席—汉席"称谓上继承满、汉之名，但肴品更丰富，食礼模式较为自由。源于宫廷食礼而走上独立发展的形态。而对"满席—汉席"推广起到重要作用的是曲阜的衍圣公府。清代时衍圣公府宴饮具有明确的服务对象——满族统治阶层。《衍圣公府档案》中记载接待总督府衙钦差筵席的记录："摆满、汉饭……靡费数千金"。乾隆皇帝在第五次巡游山东时，同皇后到曲阜祭孔，并将女儿下嫁孔府后代，流传于世的"陪嫁品"中有一套"满汉宴"银质点铜锡仿古象形水火餐具。这套餐具共计404件，可盛装196道菜，出自广东潮城（今潮州）"颜和顺正老店"的潮阳银匠杨义华之手。这是中国仅有的一套完整的满汉全席餐具。以至于清中后期满汉全席分派众多，主要汉席会随着地域口味有较大的改变，形成以北派孔府菜为主或以南派扬州菜为主的汉席。

自康熙年间至嘉庆初年，还是"满席""汉席"分别对应的阶段。至道光中叶，出现了"满汉席"。随着清朝统治基础日益牢固，奢靡之风见长，积习难改，颓势已成，满汉席取代了满席—汉席并列筵席而成为官场酬酢之筵席，集满席、汉席精华于一桌的席面。至光绪中叶之前，始见"满汉全席"之称，"满汉全席"俗称满汉大席，主要是汉席中最上式"燕窝席"外加满人喜好的烧烤大件而来，实为"燕窝烧烤席"。"满汉席"的名称扩展为"满汉全席"更多缘于市肆商业化的影响。《海上花列传》小说较早出现"满汉全席"的记录，光绪十八年（1892年），一官老爷庆生，"中饭吃大菜，夜饭满汉全席"。至光绪中叶时，"满汉全席"的名称已在京师、上海等大城市流行。另外，满汉全席不仅是当时宫廷最奢华的大宴，而且坊间流行的满汉全席也用来承办红白喜事。满汉全席源于清朝宫廷，兴于民间。商家打出模仿宫廷珍馐的幌子以营利，迎合很多人对宫廷文化的向往与猎奇心理。满汉全席不能等同于清宫御膳，但与清廷御膳有承袭关系，其质量上是无法比拟的。慈禧时期创制的添安膳可以说与民间效仿宫廷御膳而宣称的"满汉全席"有很大关系。添安膳是以燕窝为主料，四大碗一组的四字吉祥语"字菜"为头菜的"添安"筵式。食材一般是猪鸭"双烤"必备，燕窝、鱼翅、海参、海蜇、鱼虾等海味，还有笋、菇、银耳等时鲜。添安膳一般是象征性礼食的"目食""目餐"，多行赏赐，王公贵胄和市肆酒楼便仿效御膳的丰盛奢靡做出"想象中的满汉全席"。

《考述》认为，满汉全席后期的畸形繁荣及迅速扩张，是清末政治腐败、经济凋敝的产物，它彻底冲破了"官场"之禁，变成了以市肆、酒楼经营为主的存在方式，并向极端奢侈的方向发展。这种从"官场"到"市场"的转化，可以看作一种"文化下移"和"文化扩散"。民国时期出现了各大商埠因地而异的"满汉全席"，至此，满汉全席完全商业化了。

赵荣光先生的著述虽然只是一家之言，但他对满汉全席进行了翔实的史料考证，从他的视角出发为我们呈现了满汉全席的历史源流与演变过程，使得研究结果上了一个新台阶。总的来说，满汉全席的出现是清代满族和汉族饮食文化融合的必然趋势。满族人饮食结构中主食以面食为主，副食以牛、羊、猪、山珍为多，烹调较简单，主要采用烧、烤、煮、炖、涮等方法，菜肴一般焦脆香浓，造型朴素，做法比较原始，带有浓烈的游牧民族的食品风格。而汉族人讲究饮食的结构比例，强调烹调方法的多样，注重饮食礼仪的规范。清王朝建立后，满汉合一的官僚体制使双方的饮食习俗相互影响，彼此融合，逐步适应，形成满汉合璧的饮食格局。水陆兼具，海味全，八珍备，做法齐全的满汉大菜渐趋奢华。满汉全席是清王朝由盛及衰的饮食文化表征。民国初期满汉全席较为兴盛，后衰落，可视作封建王朝回光返照的一瞥。

经常用于佐证满汉全席的其他材料，在此举例以供读者参考。乾隆、嘉庆年间，李斗《扬州画舫录》中有关于"满汉全席"食单的记载：

上买卖街前后寺观皆为大厨房，以备六司百官食次。第一份，头号五簋碗十件：燕窝鸡丝汤、海参烩猪筋、鲜蛏萝卜丝羹、海带猪肚丝羹、鲍鱼烩珍珠菜、淡菜虾子汤、鱼翅螃蟹羹、蘑菇煨鸡、辘轳锤、鱼肚煨火腿、鲨鱼皮鸡汁羹、血粉汤，一品级汤饭碗。第二份：二号五簋碗十件：鲫鱼舌烩熊掌、米糟猩唇、猪脑、假豹胎、蒸驼峰、梨片拌蒸果子狸、蒸鹿尾、野鸡片汤、风猪片子、风羊片子、兔脯、奶房签，一品级汤饭碗。第三份：细白羹碗十件：猪肚假江珧、鸭舌羹、鸡笋粥、猪脑羹、芙蓉蛋、鹅肫掌羹、糟蒸鲥鱼、假斑鱼肝、西施乳、文思豆腐羹、甲鱼肉片子汤、茧儿羹，一品级汤饭碗。第四份：毛血盘二十件：获炙哈尔巴，小猪子，油炸猪羊肉，挂炉走油鸡、鹅、鸭，鸽臛、猪杂什、羊杂什，燎毛猪羊肉，白煮猪羊肉，白蒸小猪子、小羊子、鸡、鸭、鹅，白面饽饽卷子，什锦火烧，梅花包子。第五份：洋碟二十件、热吃劝酒二十味、小菜碟二十件、枯果十彻桌、鲜果十彻桌。所谓"满汉席"也。

这份"满汉全席"菜单载于《扬州画舫录》卷四《新城北录》。通观全书，可以认为这是一份供随侍乾隆皇帝南巡的"六司百官"饮宴的"满汉席"食单。这样的宫廷宴席，可谓山珍海错、水陆杂陈，极富铺张奢华之能事，令人咂舌。

现代意义上的满汉全席20世纪60年代兴起于香港，70年代流行于中国港、澳、台及日本、韩国、东南亚等国家和地区。内地满汉全席20世纪七八十年代因旅游和商业化的影响而流行起来。1975年以后，在北京仿膳饭庄和颐和园听鹂馆，首先开始承办这一巨型宴会。

图4-4　仿膳饭庄（郝致炜拍摄）

目前，北京有北海仿膳饭庄、仿膳饭庄正阳门分号、仿膳饭庄东单分号、仿膳饭庄贡院分号、颐和园听鹂馆、听鹂馆久凌分店、听鹂馆马甸分店、安定门外汇珍楼、颐和园如意饭庄、昌平宫廷大酒店、北海御膳外厅、西城白孔雀膳楼、天坛御膳饭店13家饭店能够承办满汉全席，其中仿膳饭庄和听鹂馆在国内外的名气较大。[①]目前，仿膳不仅有"满汉全席"精品宴，而且有满汉全席庆典宴、商务宴、婚宴、寿宴等精选套餐，分为每人500元、800元、1000元和1500元几档。听鹂馆位于颐和园内万寿山西部，原为清朝慈禧太后看戏听音乐的场所，1949年开辟为餐厅，1975年以后开始承办满汉全席。近年来听鹂馆饭庄以颐和园"寿膳房"膳单为基础，经过挖掘、推陈出新，现已研制出集满汉精肴于一席的"满汉全席"，它分为"万寿无疆席""福禄寿禧席""延年益寿席""全鱼宴""全鹑宴"

图4-5　仿膳饭庄的芸豆卷（郝致炜拍摄）

---

①　李自然：《论满汉全席源流、现状及特点》，《西北第二民族学院学报》，2003年第1期。

等。位于天坛公园北门的御膳饭店的"满汉全席"也颇为著名。全席以清宫六大宴命名，分别是"千叟宴""廷臣宴""万寿宴""九白宴""节令宴""蒙古亲藩宴"。6个大宴的冷荤热肴共196品、糕点茶饮124品，共计320品，菜品囊括水陆"八珍"。开业以来，接待过很多国家的领导人和各界知名人士。其"满汉全席"的花雕白鳝、宫门献鱼、塞北羊腿、松仁鹿肉米、豌豆黄、芸豆卷，被中国饭店协会评为中国名菜名点。

现在的"满汉全席"不仅北京有，在全国其他省市如辽宁、山东、四川、天津、广东等地都有承办，带有明显的地方性。各地方会根据地方饮食特色而添加菜品，以现代菜居多，如仿膳饭庄就加入了凤尾鱼翅、四抓炒、炒肉末等北京风味菜肴。另传的72品、108品、128品等，"三天六餐""四天八餐"等夸张的说法是后世不断演绎、不断商业化的结果。

"满汉全席"是清代非常复杂的文化现象，其演变过程模糊传奇，对于满汉全席的起源和流传还有待于考察。综合其兴起并流传的原因，一方面，源于人们对宫廷饮食文化的向往和猎奇心理；另一方面，清朝后期腐败无能，亡国迹象体现在饮食文化的繁荣上，可以说中国饮食文化精粹都是上层社会吃出来的，反映出上层社会的奢侈，但也从侧面成就了中华饮食文化融合民族风味后的巅峰时刻。满汉全席被夸张成神秘奢华的御宴、中华大宴、中国宴魁，其实是受人们的夸富心理和民族饮食文化繁荣自豪感的影响。满汉全席的象征意义大

图4-6 仿膳饭庄的红烧鹿筋（郝致炜拍摄）

图4-7 仿膳饭店的桃花虾球（郝致炜拍摄）

于其食用意义，当代完全可用开放的心态看待满汉全席。

　　创新发展的满汉全席集合了宫廷菜肴的特色，并且加入了地方风味的精华。现代的满汉全席追求的是清廷菜肴的精致、丰盛、奢侈，满汉全席多存在于人们的想象之中。后世还在不断演绎加入新菜品以成就心目中"想象的满汉全席"。

第四节　全聚德的传奇

　　"京师美馔莫妙于鸭，而炙者尤佳。""不到长城非好汉，不吃烤鸭真遗憾。"北京烤鸭同长城、故宫一起成为北京享誉世界的3张名片。北京烤鸭俨然成为北京大菜的代表，香飘万里，味美天下。

　　北京烤鸭，最早叫作炙鸭、烧鸭子，烤鸭是后来的称谓。北京烤鸭技艺源于民间，后进入宫廷完善，后又回流到民间。北京烤鸭起于何时有待考证，相传烤鸭的制作技法是随着明成祖朱棣从南京传过来的，学名叫"南炉鸭"。北京历史上曾出现过许多家烤鸭店。但谈起北京烤鸭总有一个绕不开的名字就是"全聚德"。全聚德不是北京烤鸭老字号中历史最久的，却是传承至今知名度最高的烤鸭品牌。

　　全聚德于清同治三年农历六月初六（1864年7月9日）开业，创始人河北蓟县人杨寿山（字全仁）在前门外肉市胡同开设挂炉铺，取名"全聚德"。杨全仁早年是经营生鸡、生鸭的小贩，瞅准时机倾囊而出，盘下前门大街一家濒临倒闭的"德聚全"干果铺，为改其霉运将店铺名字倒转改为"全聚德"，寓意"以全聚德"。杨全仁请了山东荣成的几位厨师，经营烤鸭子和烤驴肉生意。

　　早先较为盛行的焖炉烤鸭，以北京历史最久的老字号便宜坊为代表，杨全仁为避免和便宜坊正面竞争，另辟蹊径发扬了挂炉烤鸭的技艺。他四处走访当时的挂炉烤鸭店铺，寻找挂炉烤鸭的高手，发现金华馆的孙姓师傅最为出色。金华馆早年经营的烤猪、烤鸭大多专供皇宫和王府，后清朝贵族没落，金华馆也衰败

图4-8　北京全聚德前门店外排队场面

了。杨全仁不惜花重金将孙师傅挖到全聚德。经孙师傅的指导，全聚德的烤炉改为挂炉，而且挂炉技法不断升级。挂炉的炉身高大，炉膛深广，效率提升，比焖炉烤鸭快得多，据说一炉可烤十几只鸭子，还可以随时续入生鸭，美味也不会流失。"鸭子不见明火"，是传统的烤鸭技艺，由炉内炭火和烧热的炉壁焖烤而成，挂炉法用拱形的炉口，没有炉门，将处理好的鸭子挂在炉子内的铁钩上，下方用枣木、梨木等果木烧火，利用炉壁的反射热作用将鸭子烤熟。挂炉烤鸭带有果木的清香，更能让人找到人类早期的"烤"的口感。全聚德本身烤鸭制作技艺很考究，分为宰烫、制坯、烤制和片鸭四大工序，内含30余道环节，且每个环节都有诸多讲究和操作窍门，一整套工序环环相扣，每一步操作都投入全部心血。全聚德选鸭子也十分挑剔，一律选自北京城根西北角鸭场的鸭子，这些鸭子以谷物喂养，饮玉泉山泉水，鸭肉肥嫩。后来，全聚德自己建起了"鸭局子"，就是自己的养鸭场，养一种颈短、体短、纯白毛的"北京鸭"。鸭子分批关在暗房里，活动少，隔几天抓出填塞饲料，谓之填鸭，经过这种养殖的雏鸭3个月便长成肥美的鸭子，肉质鲜嫩，肉红油白。

一只只肥美的鸭子，钻进炉膛，稳稳挂在炉梁上，鸭皮如丝绸一般光滑油亮，皮酥肉嫩，满口清香，久吃不腻。清宫挂炉烤鸭技艺全部移入全聚德，孙师傅的加盟将全聚德挂炉烤鸭技法发扬光大，生意越来越红火，奠定了全聚德百年基业。全聚德的生意越做越大，在1901年翻建了二层。门面招牌，"全聚德"居中，"鸡鸭店"在左，"老炉铺"在右，一左一右的招牌以示不能忘本，同时全聚德又增添各种炒菜，由一个烤炉铺发展成了一个名副其实的饭馆。全聚德除了将挂炉烤鸭的技艺发挥到极致，本身也有自己的生意经。"鸭要好，人要能，话要甜"是全聚德的九字真经。相传，"提桶选伙计"是早年全聚德选伙计时不成文的规矩，店铺后面有300斤的泔水大桶，在全聚德干活，人要机灵，对顾客要热情周到，还要力气大，这泔水桶成了挑选伙计的"试金石"，这样的要求和层层把关让全聚德的伙计们各个精明强干，也使得全聚德蒸蒸日上。

此外，全聚德还在鸭子身上做足了功夫，不仅将鸭子拿来做烤鸭，还创造性地发明了全鸭席，将鸭子的美味发挥得淋漓尽致。"全鸭席是全聚德首创，用鸭子身上的各个部位、脏器烹制的菜肴。全鸭席一般以两只烤鸭为主菜，另配卤鸭什件、白糟鸭片、拌鸭掌、酱鸭膀四个凉菜，油爆鸭心、烩四宝、炸鸭肝、炒鸭肠四个热菜，以及一道鸭架汤。"[1]一切从鸭子出发，材料不算贵，制作过程并不复杂，鸭子的每个部位都能很好地利用，以凉菜、热炒、汤为主，先后积累出400多道"全鸭席"菜肴。鸭四吃，主要是在鸭肉、鸭油、鸭汤上下功夫，一吃烤鸭，二吃鸭油蛋羹，三吃鸭丝拌菜，四吃鸭架子加入冬瓜、白菜等熬成的鸭架子汤。全聚德这种经济实惠又不失美味的做法，吸引了京城的百姓竞相品尝。

在近代社会的进程中，全聚德也随着国家的命运跌宕起伏，走向国际。1952年，全聚德在政府的帮助下实现公私合营，成为北京市首批公私合营的饭庄之一。1956年1月，在北京市资本主义工商业社会主义改造的热潮中，公私合营的全聚德开始并逐步向国营饭庄过渡。"文化大革命"开始后，全聚德的牌匾被摘下，改名为"北京烤鸭店"。"文化大革命"结束后，老字号又陆续恢复各自字号。改革开放后，顺应市场需求，老字号发展势不可当，全聚德又迎来了新的发展机遇。

早在1972年，周总理就提议和批准，要专门选址建设一个具有外事接待能力的大型全聚德烤鸭店。根据全聚德的记载，周总理到全聚德有27次之多。"全而无缺，聚而不散，仁德至上"是周总理对"全聚德"的精辟总结，象征着团圆、圆满、仁义、谦恭的道德观念和以人为本、以德为先、诚实守信、热情周到的服务理念。国家领导人和许多外国元首曾去过全聚德，吃过全聚德的烤鸭。1972年中日建交，日本天皇曾委托日本航空机组人员，为他在北京全聚德订购6只烤鸭，为保证烤鸭的口感，全聚德的师傅们经过精心"包装"，用

---

① 王丹：《北京味道》，中国人民大学出版社2018年版，第106页。

保温瓶装烤鸭（真空包装是后来的研发）。后来传来天皇的反馈，对美味酥脆的烤鸭甚为满意，赞不绝口。全聚德待客信条是"满意吃一次，一次记一生"，严把质量关，确保菜品万无一失。上菜前，各级厨师长分别对菜品的成色、味道和卫生一一把关，未经厨师长检验"划单"不得出灶间。1999年1月，"全聚德"商标被国家工商局认定为中国第一例服务类"中国驰名商标"。

图4-9　北京全聚德礼品盒

全聚德历经百年风雨，承载着几代人的艰辛。从山野美味到宫廷御馔，承载了劳动人民的智慧，"煮熟的鸭子飞上了天"，全聚德将烤鸭美学发挥到了极致。从全聚德每道考究的工序中可以看到中华饮食精巧细致的匠人精神和独到技艺，这正是北京烤鸭不断创新发展、独树一帜的前进动力。

第五节　东来顺涮羊肉的掌故

有"中华第一涮"美誉的东来顺涮羊肉，是北京著名的清真老字号饭庄，以经营独具特色的涮羊肉驰名中外，被誉为"食之精粹、国之瑰宝"。

"涮肉何处好，东来顺最佳。"每到秋冬季节，东来顺门外车水马龙，热闹异常。东来顺何以成为深受百姓喜爱的火锅老字号？那要从东来顺发展变迁的历史谈起。东来顺位于王府井大街东安市场北门，河北回民丁德山（字子清）于清光绪二十九年（1903年）创建。最初丁子清是以贩卖黄土、做苦力为生，经常路过老东安市场。东安市场前身是皇宫的马场，后来逐渐形成交易市场，人马往来，热闹非凡。丁子清瞅准商机在东安市场北门搭起粥摊，取名"丁记粥摊"，

图 4-10　东来顺的铜锅涮肉（杨嘉星拍摄）

和兄弟一起卖豆汁儿、荞麦面扒糕、抻面、贴饼子和粥等。后来顾客渐多，又加上全家苦心经营，诚信待客，受到广大食客的认可。兄弟们把母亲接来，商量把粥摊扩大，并起个正式的字号。老母亲说："咱们是东直门外来到这儿的，现在买卖虽然小，可是生意做得挺好，咱们但求这买卖顺顺当当的，就起名叫'东来顺粥棚'吧！"这就是老字号"东来顺饭庄"字号的最初起源。当时主管东安市场的魏延老太监经常光顾，丁子清每次都照顾得细心周到。1912年，东安市场失火，"东来顺粥棚"遭毁。在魏太监的资助下，丁子清在原址重新开业，建立了自己的门店，主要做一些羊汤、羊杂碎的生意，后来增添了当时北京城时兴的"爆、烤、涮"羊肉和炒菜。1914年，门店正式更名为"东来顺羊肉馆"。

经过细心琢磨，丁子清发现要想涮羊肉味美、肉嫩，主要靠精、细、全，即选料要精，加工要细，作料要全。选肉要精，选自内蒙古锡林郭勒盟的大尾巴绵羊，而且只挑选2～3年的阉割公羊或仅产过一胎的母羊。除了买肉羊还从内蒙古买进小羊羔，自己喂养，等到长成后随时宰杀，力求羊肉新鲜。刀工细，据说过去北京涮羊肉馆子的切肉师傅都是各店花高价聘请过来的，高手能把冻肉切得飞薄而且打卷，看起来满满一盘，其实没几两，一个切肉高手能为饭馆省下不少成本。但东来顺的刀工细不仅是为了节省成本，而是肉片入锅即熟，可保持肉的鲜美。东来顺的东家花重金将正阳楼饭庄中刀工精湛的名厨挖来，对刀工严格把关，切出的肉片形如帕、薄如纸、齐如线、美如花、软如棉，放在盘中半透明，一涮即熟，久涮不老，吃起来不膻不腻，由他带出一批徒弟，使东来顺肉片成为京城一绝。调料全，涮羊肉的作料是调制涮羊肉口味的关键。早先东来顺的作料都是从天义成酱园进货，后天义成倒闭，1932年，丁子清买下该酱园。此后，东来顺的作料来源于自家酱园，自产自销。其中最具特色的作料当数东来顺糖蒜，秘制的桂花糖蒜，清爽生脆，是难得的开胃解腻的佳品。东来顺还在南郊和西郊各买了几十亩地，用于种菜。柜上用的蔬菜大都产自自家菜园。酱园加菜园，既地道又节约成本，为东来顺的发展注入新动力。东来顺的芝麻酱、韭菜花和酱豆腐也是作料中的一绝。食客可根据个人喜好享用不同作料，丰富、精致的作料为东来顺涮羊肉增加不少美味口感。

除了用料制作技艺方面的严格要求，还有一样独具特色的就是食具讲究。东来顺涮羊肉用特制的铜火锅，锅身高，炉膛大，火力旺，锅中汤总能持续沸腾。东来顺作为清真老字号，器具严把"清真"特色，所用碗盘，均系景德镇专门定做的青花细瓷，店堂布置整洁大方，清新素雅。

丁子清有自己的生意经："穷人身上赔点本儿，阔人身上往回找。"他并没有因为名声大噪而骄傲。早在1926年，"虎公先生"便在《晨报》上赞叹道："近岁涮羊肉大行，该肆（东来顺）之'锅子'遂亦大擅其名。……该肆营业现虽大振，而'饼子''杂面'摊儿不废，小、大兼营，于不忘本之中，仍寓吸收经营之意。甚矣！清真教徒之巧于贸易也。"①东来顺除了主营涮羊肉之外，还继续经营粥棚生意。一是马车夫等苦力人常来光顾，他们都是到处跑的人，这些"活广告"会主动把主顾送到东来顺；二是东来顺饭庄的下脚料有了去处，还能再卖一次钱；三是作为发迹的起点，不忘本，激励后人勿忘艰苦创业的过往。唐鲁孙在《中国吃》中写到东来顺不忘本的经营：

> 东来顺是个不忘本的铺眼，尽管买卖升发了，可是对着吉祥茶园后灶的火房子，仍旧砌了两排砖桌石凳，凡是劳苦大众，到那吃羊肉饺子、牛肉大葱、羊肉白菜，油足肉多，一律四分钱十个。特好食量的人，四十个饺子，再来一碗羊杂汤也尽够了。您要是在楼上吃，虽然饺子的肉是上肉做馅，可是那就要卖您四毛钱十个了。人家默默行善，恤老怜贫，所以买卖越做越大越发旺。

---

① 侯式亨：《北京老字号》，中国对外经济贸易出版社1998年版，第10页。

东来顺不断与时俱进，形成一套全新的经营模式：有自己的牧场和羊群，为"东来顺"提供优质羊肉；有自己的加工作坊，为"东来顺"提供涮羊肉的各种调味料；有自己的酱园，为"东来顺"提供风味独特的酱菜；有自己的菜园，为"东来顺"提供新鲜的蔬菜；甚至还有自己的铜铺，为"东来顺"生产适合涮羊肉的火锅器具。这种经营理念是随着经营发展逐渐形成的，在过去的年代是非常新颖而且大胆的。从1903年摆粥摊，到1930年东来顺誉满京城，经过20多年苦心经营，始终严把质量关，诚实守信，货真价实，形成良好传统，到20世纪三四十年代，东来顺涮羊肉已驰名京城，历经百年不衰。

经过几代人不断的探索经营，东来顺作为北方火锅文化的代表，其菜品体系以爆、烤、炒、涮为基础，尤其在"涮"上更为讲究，形成"选料精、刀工美、调料香、火锅旺、底汤鲜、糖蒜脆、配料细、辅料全"的八大特点[1]。一菜成席，东来顺涮肉展现了色、香、味、形、器的和谐与统一。除了涮肉，东来顺的拿手菜还有它似蜜、扒羊肉条、焦熘鱼片、红烧牛尾、葱爆羊肉等。

东来顺驰名中外，很多外国元首、政要曾来东来顺一饱口福。美国前国务卿基辛格及其夫人对东来顺的涮肉赞叹不已，基辛格的夫人赞美摆在盘子中的肉"像葵花一样美丽"。现在，东来顺已经用上电动切肉设备，每台切肉机每小时可切肉片50多斤，提高了上菜效率，提升了接待能力。东来顺在追求精细、鲜美的制作工艺和品质的路上迈出了探索的新步伐。今天，东来顺已经发展成为拥有上百家连锁店的大型企业，形成了涮、烤、爆、炒四大系列200多个品种的饮食体系。来京的人均以品尝东来顺涮羊肉为一大快事，每逢涮肉季节，东来顺饭庄每天门庭若市，接待量暴增。

---

① 尹庆民：《北京的老字商号》，光明日报出版社2004年，第81页。

第五章

京城小吃

京城小吃是北京饮食文化中极重要的部分，代表着北京饮食文化的根基。北京人把小吃叫作"碰头食"或"菜茶"。京城小吃历史久远，可追溯至10世纪。京城小吃融合各地、各民族小吃的精华，兼收并蓄，形成了自己独特的风味。京城小吃主要由汉族小吃、回族小吃、蒙古族小吃、满族小吃和宫廷小吃等组成部分组成，种类繁多，有300多种。不夸张地说，京城小吃一年365天可以每天换花样，不带重样的。清代都门竹枝词中就写了京城小吃品类繁多的盛况："三大钱儿买甜花，切糕鬼腿闹喳喳。清晨一碗甜浆粥，才吃茶汤又面茶。凉果炸糕甜耳朵，吊炉烧饼艾窝窝。叉子火烧刚买得，又听硬面叫饽饽。烧卖馄饨列满盘，新添桂粉好汤圆……爆肚油肝香灌肠，木樨黄菜片儿汤……"京城小吃因品类丰富、品质精美、经济实惠、经营简便而得以传承不衰。

图 5-1　北京面茶（徐秋爽拍摄）

北京的小吃中，面食占了很大比重，这与北京人以面为主食的饮食结构有关。《清高宗实录》中说道："京师百万户，食麦者多。即市肆日售饼饵，亦取资麦面。"北京的面食小吃极多，有烧饼、火烧、油炸鬼、炸糕等。花样繁多的面食小吃大大丰富了京城小吃的门类。

《清稗类钞》中介绍了一些小吃的原料、做法及购买的方式："京都点心之著名者，以面裹榆荚，蒸之为糕，和糖而食之。以豌豆研泥，间以枣肉，曰豌豆黄。以黄米粉和小豆、枣肉糕而切之，曰切糕。以糯米饭夹芝麻糖为凉糕，丸儿馅之为窝。窝，即古之不落夹是也。""赊早点：买物而缓偿其值曰赊。赊早点，京师贫家往往有之。卖者辄晨至付物，而以粉笔记银数于其家之墙，以备遗忘，他日可向索也。丁修甫有诗咏之云：'环样油条盘样饼，日送清晨不嫌冷。无钱偿尔聊暂赊，粉画墙阴自记省。国家洋债千万多，九十九年期限拖。华洋文押字签订，饥不择食无如何，四分默诵烧饼歌。'"

图 5-2　驴打滚（闫绍伟拍摄）

图 5-3　饹馇盒、糖卷果、炸丸子等

坊间流传着京城小吃"十三绝"之说，包括豆面糕、艾窝窝、糖卷果、姜丝排叉、糖耳朵、面茶、馓子麻花、蛤蟆吐蜜、焦圈、糖火烧、豌豆黄、炒肝、奶油炸糕，除此之外，螺丝转、炸灌肠等也颇受大众喜爱。

北京的小吃说不尽，本章只能从火烧、烧饼系列，家常"面食"，京味糕点，豆汁儿，以及胡同里的小吃，以点带面地介绍京城小吃的魅力，揭示北京老百姓有滋有味的生活。

图 5-4　螺丝转

图 5-5　炸灌肠（杨嘉星拍摄）

第一节　火烧、烧饼系列

一、火烧

火烧是北京常见的面食，有荤有素、有咸有甜，口味不一，种类丰富。北京的火烧，不仅有本地传承的，有外地传入的，还有融入不同民族风味的。提起北京的火烧，人们最先想到的是卤煮火烧和褡裢火烧。

（一）卤煮火烧

卤煮火烧又称卤煮小肠，历史悠久，品味醇厚。卤煮火烧的起源无从考证，早在明代刘若愚的《明宫史》中就有"卤煮肥猪肉"的记载。卤煮火烧是地道的北京小吃，是广受大众喜爱的平民小吃，它的主要消费对象是出力的下层百姓，以"有粮有肉、好吃不贵"而著称。用老百姓的话说：吃完给劲。但这个地道的平民小吃、"为穷人解馋"的卤煮火烧，却一直流传着起源于宫廷的说法。

传闻中，卤煮火烧源于宫廷的"苏造肉"。清乾隆四十五年（1780年），乾隆皇帝南巡下榻于海宁安澜园陈元龙家中。陈府有一名厨张东官，他烹制的菜品受到皇帝的赏识。乾隆皇帝回京时便将张东官带走，封为御厨。张东官通过观察乾隆皇帝的口味，不断研制新菜品。有一天御前献菜时，呈上了一道新式肉菜。这道肉菜是张东官的创新之作，选取上好的五花肉，加入丁香、甘草、砂仁、桂皮、肉桂等9味中药调味，烹制而成。乾隆皇帝品尝之后，大为喜欢，从此就迷恋上了这道肉菜。乾隆皇帝因张东官来自苏州，特意给肉取名为"苏造肉"，肉汤为"苏造汤"。后来，苏造肉在宫廷里代代流传，广受青睐。《燕都小食品杂咏》载："苏造肥鲜饱志馋，火烧汤渍肉来嵌。纵然饕餮人称腻，一脔膏油已满衫。"并注说：苏造肉者，以长条肥肉，酱汁炖至极烂，其味极厚，并将火烧同煮锅中，买者多以肉嵌火烧内食之。后来苏造肉流传至民间，相传光绪年间，小商贩们常在东华门外设早点摊，将苏造肉当作早点卖给往来官员。也有种说法是清朝覆灭后，御厨跑出宫廷谋生，苏造肉得以流传。民国初年，这道菜还是大饭店里的名贵菜，一般百姓难以品尝。后来，人们对苏造肉加以改良，用廉价的猪头肉和猪下水代替五花肉，并加入饧面火烧，歪打正着，成了传世美味。

过去，卖卤煮火烧的摊铺不少，但真正让卤煮火烧声名远扬的要数"小肠陈"了。"小肠陈"的创始人陈兆恩在河北老家就是卖苏造肉的。他发现用五花肉煮制的苏造肉价格昂贵，普通百姓承受不起，于是他用猪头肉和猪下水代替五花肉煮汤，称"卤煮"，有卤煮火烧、卤煮小肠。改良后的卤煮价格便宜，味道别具一格。

最初的卤煮小肠里除肠子外，还有猪肉、舌、心、肝、肺头等，后来，只保留了肠子和肺头。卤煮小肠的做法是将猪肠子、肺头用开水焯煮备用，锅内加水，放入十几味中药配制的料包、葱酱、豆豉、酱油、酱豆腐汤、盐、料酒，微火烧片刻，下入肠子、肺头，同时将特制的火烧码在原料上同卤。小火烧足足实实"塞"满了锅面儿才是正宗卤煮火烧的样子。火烧煮透后改刀同肠子、肺头一起入碗，浇上蒜汁儿、辣椒油，汤红肠嫩，味美可口。最初，陈家只是靠做卤煮火烧生意糊口，让"小肠陈"真正发扬光大，还得从"小肠陈"的第三代传人——陈玉田开始。陈玉田从小就从河北老家来京帮助父亲照料卤煮小摊。经过钻研，陈玉田对卤煮火烧进行大胆创新，对卤汤进行"改革"。卤煮的厚味，是"老汤"的功劳，他加入几味去腥提味的中草药，让其味道更为香浓，并加入新卤品，使卤肉更丰富。他做的卤煮火烧，可谓一绝。小肠肥而不腻，肉烂而不糟，火烧煮得透而不焦，汤的颜色呈酱红色，透着亮，很好看，名声就此传开。提起卤煮火烧，没有不知道"小肠陈"——陈玉田的。新中国成立前，"小肠陈"曾在东安市场、西单等繁华地区设摊，后来固定在一些戏园门前售卖。陈玉田曾说他记得当年梨园的名角儿，京剧大师梅兰芳、谭富英、张君秋和后来的谭元寿等人，唱罢大戏，总要来一碗卤煮当夜宵。相声大师侯宝林也经常吃"小肠陈"的卤煮火烧，还把卤煮编进相声里。1956年公私合营后，陈玉田调到南横街的燕新饭馆，专门做卤煮火烧。陈玉田72岁退休时还没有接班人，来学习的都因烫、热、脏、累而止步。据见过陈玉田做火烧的老北京人回忆，老爷子在锅里捞东西完全不借助任何工具，直接下手在熬汤的锅里捞，那双手因为连煮带烫，永远是惨白的。不甘心家传的手艺失传，陈玉田打破传男不传女的规矩，将这门手艺传给了女儿陈秀芳，也就是"小肠陈"第四代传承人。陈玉田和陈秀芳就在南横街亮出了"小肠陈"的金字招牌。据说，慕名前往的食客络绎不绝，有人清早就拿着盆在店外面排队等候，还有从外地甚至中国港澳台专门过来一品其味的食客。有人回忆，那时南横街东部的半条街似乎终日都飘着卤煮火烧的香味儿。"小肠陈"成为正宗北京卤煮火烧的代言人。在1997年举办的全国名小吃认定活动中，卤煮小肠获得"中华名小吃"称号。此后"小肠陈"又荣获贸易部颁发的"中华老字号"称号。经过一代代卤煮师傅的改造，如今的卤煮主要包含小肠、肝、肺、肚等下水，以及五花肉、血豆腐、油炸豆腐块、火烧等。卤煮汤里的配料更是丰富，有花椒、豆豉、大料、香菜、豆腐乳、韭菜花、葱、姜等。从热腾腾的汤锅里捞出小肠、肺头等，将火烧捞出切成"井"字形的小块，最后浇上一大勺卤煮汤，一碗卤煮就成形了。客人还可以根据自己的喜好往卤煮里加蒜泥、辣椒油、醋等调味品。但卤煮的特色，一份菜底加火烧，能顶半天饱的饱腹感传承至今。如今的"小肠陈"已发展成为有8家分店的餐饮连锁企业。经营品种不仅有单碗卤煮、砂锅卤煮、卤煮火锅，而且还用猪下水做原料，开发创新出荤素搭配、独具特色的系列风味菜，如脆皮肥肠、葱香腰花、老干妈炒腰花、酱爆猪肝等。2007年，"小肠陈"被评为"北京市著名商标"，并被列入宣武区非物质文化遗产名录。

卤煮火烧历史悠久，以"小肠陈"为代表，但是北京做卤煮火烧的不仅"小肠陈"一家，有一种说法是"南有小肠陈，北有卤煮张"。"卤煮张"位于东四大街四条胡同口，也是一家老字号卤煮店。

现在，北京的卤煮火烧店有很多，不仅有老店，还有很多新店，例如门框胡同百年卤煮店在西城区、大兴区、朝阳区都有分店，平日食客不断，有时需要排队等候。

图5-6 京城小吃——卤煮火烧

图5-7 百年卤煮

卤煮火烧历经百年，不仅没有销声匿迹，而且在新时代还焕发了生机。这一原本登不了"大雅之堂"、上不了席面的百姓小吃，因为其价廉却精细讲究而扎根于大众生活中，成为广受青睐的京城特色风味小吃。

（二）褡裢火烧

褡裢火烧，是为数不多的长方形的火烧。褡裢是过去百姓使用的一种布口袋，中间开口而两端装东西，大的可以搭在肩上，小的可以挂在腰带上。这种火烧面皮软，筷子从火烧中间夹起，两头会耷拉下来，像极了褡裢，由此得名"褡裢火烧"。褡裢火烧通常用油煎，馅香味足，外表金黄酥脆，口感有如锅贴，是一款美味的家常面食。不少人把锅贴跟褡裢火烧混淆，其实它们是不同的。锅贴的形状像平时吃的水饺，褡裢火烧的外形就像布袋，两边宽口，面皮厚实些。

要说褡裢火烧的起源，还要从清光绪年间说起。光绪二年（1876年），从顺义来京城的姚春宣夫妇在北京东安市场做起了火烧生意。据说，他们的火烧与众不同，用肥瘦猪肉加入姜葱末，再加高汤拌制成馅料。温水和面，捏成剂子擀成薄饼，加入馅料，两面对折，折成长条形，放入油锅中煎至金黄色出锅，因形似褡裢而取名褡裢火烧。因其形状独特，味道鲜美，很快从当时众多传统火烧中脱颖而出。他们的生意越做越红火，开了一家叫瑞明楼的小店。但因经营不善，传至第二代时就败落了。好在当时在瑞明楼帮厨的两个伙计罗虎祥和郝家瑞继承了这门手艺。1934年，两人在门框胡同合开了一家祥瑞饭店即现在的瑞宾楼饭庄，才把这门手艺发扬光大，传承至今。瑞宾楼重新营业后，陆续有食客在店中留下墨宝，如"飘香四海"，有的赠送对联"胜友常临修食谱，高朋雅会备珍馐"，还有老翁提笔写下"门框胡同瑞宾楼，褡裢火烧是珍馐。外焦里嫩色味美，京都风味誉九州"。

这些透着对褡裢火烧浓厚的喜爱之情的赞美算是百姓对褡裢火烧的褒奖了。瑞宾楼褡裢火烧成为京城小吃中第一个注册商标的小吃。褡裢火烧在20世纪90年代被赋予"北京名食"和"中华名小吃"的美誉。

褡裢火烧随着时代的变化不断创新发展。现在的褡裢火烧馅料种类丰富，有荤有素，口味多样化。荤馅儿的有加入海参、虾肉、猪肉的三鲜馅儿，还有猪肉大葱馅儿、羊肉大葱馅儿、牛肉大葱馅儿，素馅儿的如野菜、芹菜、西葫芦、韭菜等。为解褡裢火烧的油腻，可以配以用鸡血和豆腐制成的酸辣汤，鲜香酸辣，解腻开胃，也可以就着北京的芥末墩儿吃。北京人做芥末墩儿用的是一种黄芥末，芥末味儿不浓，吃起来不呛口。不管是酸辣汤还是芥末墩

图 5-8　褡裢火烧

儿，食客都可以凭借个人喜好配褡裢火烧，爽口解油腻。褡裢火烧店在北京分布较多，有东四、西四的福荣居褡裢火烧，什刹海鼓楼大街的铸钟褡裢火烧，地安门鼓楼东大街万兴居褡裢火烧，等等。

（三）糖火烧

糖火烧是北京甜食火烧的代表，距今已有300多年的历史，是一种清真面食。糖火烧通常呈浅黄色，外皮酥脆，内瓤层次分明，酥绵松软，香脆可口，混合着桂花、红糖、麻酱的香气，不黏不腻。百姓一般当作早点食用。糖火烧起源于北京通州，与小楼烧鲇鱼、万通酱豆腐并称为通州三宝，是通州城招牌性的风味食品。

说起正宗的糖火烧要追溯到明末崇祯年间的北京通州回民糕点铺——大顺斋。相传，回民刘大顺一家从南京搭运粮船北上，沿着京杭运河来到通州，认为这里水陆通达，人口密集，商贾云集，是个谋生的好地方，就在此地落了脚。刘大顺做起了自己较为拿手的清真食品糖火烧的生意。起初他走街串巷，沿街叫卖。后来生意红火，他就开了一家火烧铺子，取名"大顺斋"。从此一发不可收，大顺斋以糖火烧闻名遐迩，生意越做越大。清乾隆年间，大顺斋传人刘岗将门店扩大，前边开店，后边当作坊，并挂出"大顺斋南果铺"的字号。真正让大顺斋辉煌的是大顺斋第六代传人刘九爸。刘九爸在清末民初，先后开设了4个分号，设在北京四九城里的有大生号、大新号、大兴号，这3个分号以出售糖火烧为主，同时兼营一些老百姓日常生活离不开的柴米油盐酱醋茶等。

大顺斋的糖火烧选料精细，制作讲究，质量过硬。各代的制作师傅除了用纯净的标准粉，还坚持用通州的小磨香油、天津的甜桂花，以及正宗的红糖和芝麻酱，一点儿都不含糊。当年刘九爸曾因发现侄子制作糖火烧时用的芝麻酱以次充好而加以训斥与责罚，传为佳话。大顺斋糖火烧的另一特点是耐储存。因其油大糖多，可以存放不干，经夏不坏，在穆斯林消费者中口碑佳。据流传故事记载：19世纪20年代初，北京牛街回民阿訇张迁前往伊斯兰教圣地沙特阿拉伯麦加朝觐。

中东地区地处沙漠，终年赤日炎炎，酷暑难当。别人所带食品大都变质，而张迁所带的大顺斋的糖火烧历经两个月有余，仍然松软如初，香甜可口。糖火烧耐储，现在也是一种便于携带的旅游佳品。

图5-9　北京大顺斋通州店（张洪忠拍摄）

"大顺斋"老字号延续了好几个世纪，经久不衰。它的糖火烧做工精细、真材实料，原料配比与一般火烧不同。面粉只占1/3，其余的是芝麻酱、红糖、桂花、香油。它们搅拌后，统称"调和"。糖火烧的制作方法是把和好的面揪剂弄薄，抹上"调和"，抻长卷起，用压板压成扁圆形，放在饼铛里用文火烙，使两面略带焦黄色，再入炉烘烤。成熟出炉的糖火烧，外形扁圆，呈深棕色，吃在嘴里酥绵松软，又甜又香，营养丰富，有温补的功效。刚烤熟的时候，不要马上吃，等到糖火烧放凉后，再放进一个木箱里闷透闷软的时候再吃，口感绝对与其他火烧不一样。"大顺斋"糖火烧制作技艺一丝不苟，质量过硬，得以传承至今。

"大顺斋"不仅糖火烧出名，"大顺斋"牌匾的来历也有一段很有意思的典故。"大顺斋"的牌匾是清代著名的书法家、翰林吴春鸿题的字。据说，当年吴春鸿清明节独自回河北武清县（今天津市武清区）老家扫墓，返京时夜深路黑，行至通州城外，忽遇一持刀抢劫的匪徒，正在危险之时，一辆马车忽然出现，来人将其救下。马车上的人是大顺斋的伙计，从天津进货回通州的路上，正赶上歹徒欲行不轨，于是出手相助。3位伙计随后招呼吴春鸿回通州城内的大顺斋休息。翌日，吴春鸿打算起程回京，看到砖券门上"大顺斋"的字样已模糊不清，于是题写了"大顺斋南果铺"和"大顺斋"两块匾额，落款"吴春鸿"。掌柜看了才知他是大名鼎鼎的书法家吴春鸿，喜出望外，连忙称谢。吴春鸿乃清代著名书法家，字体清秀俊逸，结构严整，笔法娴熟，据说他极少给人题字，留世作品很少。吴春鸿题写的"大顺斋"匾额留传至今，仍悬挂于大顺斋的店铺之中，也成就了一段佳话。

图 5-10　大顺斋的锅盔等糕点（张洪忠拍摄）

历经沧桑变化，现在的大顺斋有专门的食品工厂，除了通州店，还在牛街开了分店，多种产品被评为北京市优质产品。大顺斋不仅擅长制作糖火烧，而且将糖火烧这一民间小吃发扬光大，流传至今。糖火烧现在还是北京百姓餐桌上的一道甜美珍馐，大众都能一饱口福。大顺斋的糖火烧因价格公道、口味独特而成为人们馈赠亲友的佳礼。

二、烧饼

火烧、烧饼有时候界限并不那么明晰，容易让人混淆。关于怎么区别火烧和烧饼，崔岱远先生在《京味儿》一书中写道："很多人闹不清楚烧饼和火烧到底有什么区别，其实很简单，火烧是表面上没芝麻的，而烧饼是表面上有芝麻的。还有一个区别是，烧饼大多是烙出来的，而火烧大多是烤的，或烙得半熟再烤出来。"①崔岱远先生是从有无芝麻、烙烤方式来区分火烧和烧饼的，顺着他的判断思路，再看京城小吃中的烧饼系列，确实有一个庞大的"烧饼"大军。最经典的是配着涮羊肉、爆肚儿、砂锅白肉共食的芝麻烧饼。除此之外，还有吊炉烧饼、马蹄烧饼、缸炉烧饼等，也有与宫廷小吃有渊源的门钉肉饼、肉末烧饼这样的"贵族"系列烧饼。

芝麻烧饼是北京较为常见的烧饼，也是北京烧饼的代表之一，人们通常称之为"北京芝麻烧饼"。坊间流传着"比比哪家烧饼大，看看谁家芝麻多"的顺口溜。芝麻是烧饼很重要的标志。人们有时候会以芝麻的多少来评判烧饼的质量。正宗的北京芝麻烧饼，用的是油盐芝麻酱，撒上芝麻烙成。芝麻烧饼最具代表性的特色是烧饼里面加了小茴香和椒盐。现在许多外地人做的芝麻烧饼外形看起来没什么问题，可吃起来就觉得味道差点，就是因为烧饼里缺了小茴香。小茴香如同一剂香料，有提鲜、提香的作用。

北京的缸炉烧饼源于河北的缸炉烧饼，后由河北进入北京，成为北京的烧饼小吃之一。早先做缸炉烧饼的时候，是将大水缸底下敲个洞，做成炉子，将烧饼坯子贴在缸炉壁上烤制。传入北京后，改用铁皮桶做炉子，铁皮桶内衬一层相当于水缸的陶土，用火烧后产生类似缸炉的效果，用此炉烤出来的烧饼色泽浅黄，外皮酥脆，内里层次分明，外脆里嫩，香气扑鼻，吃起来筋道利口。现在因为缸炉烧饼的制作用具被淘汰，缸炉烧饼逐渐淡出人们的餐桌，但是南来顺饭庄还保留着缸炉烧饼的传统制作方法，秉承了北京较为正宗的缸炉烧饼技艺。

马蹄烧饼在晚清时就开始流传了，因酷似马蹄形状而得名马蹄烧饼。原来喝豆汁儿的标配是马蹄烧饼和焦圈，但现在马蹄烧饼不多见

---

① 崔岱远：《京味儿》，生活·读书·新知三联书店 2009 年版，第 97 页。

了，人们喝豆汁儿大都配以焦圈共食。

肉末烧饼算是芝麻烧饼中的一款精品。肉末烧饼比一般的芝麻烧饼小，它的独特之处是里面有个小面球，吃的时候要把面球剔出来，配以炒好的肉末一起食用，所以肉末烧饼就是烧饼夹炒肉末。肉末烧饼吃法看似平常却大有来头。肉末烧饼是一款源于宫廷的御膳小吃。相传，慈禧太后一天夜里梦见一个夹了肉末的火烧，第二天早膳中恰巧就有夹肉末的烧饼。慈禧喜出望外，认为自己圆梦了。从此，肉末烧饼作为"圆梦烧饼"流传开来。肉末烧饼外焦里嫩，肉末咸甜适口，口味纯正。据说，肉末烧饼后来改良是得益于周恩来总理的建议，即在肉末里加上荸荠末、笋丁和丁香，从此口味更佳。

门钉肉饼也是老北京的一款传统小吃，源于宫廷小吃，后流入民间。因其外形敦实，呈金黄色，酷似城门上的门钉，故名"门钉肉饼"。过去北京城，有"内九外七皇城四,九门八点一口钟"之说，"内九外七皇城四"指的是内城九门、外城七门以及皇城四门。北京的城门众多，在中轴线上就有永定门、正阳门、天安门、端门、午门、乾清门、神武门、地安门等。门钉数量的多少，代表着主人地位的高低。紫禁城城门作为皇帝出入的大门，有九九八十一枚门钉，数量最多，是至高无上皇权的象征。门钉为铜制，外层镀金，在太阳的照射下闪闪发光，明亮华丽。门钉数量按照主人身份地位的等级降低而递减。由此，人们赋予门钉尊贵、吉祥如意的寓意。门钉肉饼皮薄馅多，两面呈金黄色，外皮清香脆嫩，馅料鲜咸味浓。门钉肉饼的馅料是牛肉馅，正宗的老北京风味要加入花椒粉、姜末、大葱末以及黄酱，以此除去牛肉的腥味，生发新鲜的口感。门钉肉饼油大，牛油冷却易凝固，需趁热吃才好，但吃时切莫心急，汤汁溢出容易烫嘴。

总的来说，火烧和烧饼是北京人喜食的小吃，无论当作配食还是当作主食，都是不错的选择。它们的名称没有明确的界限，很多时候是人们的习惯称呼罢了。

第二节 家常面食

面条是北京人餐桌上重要的主食。北京人说"吃面"，指的并不是馒头、烙饼之类面食的统称，而是特指煮面条。[①]面条与百姓生活的关系十分密切，谚云："冬至馄饨夏至面。""头伏饺子二伏面。"北京的很多民俗庆典、节日节气中都能有面条的"身影"。过去北京人一年中能有半年的主食是面条，可见面条在北京人日常吃食中的重要地位。面条在北京流行缘于清中叶北京外城商业区的发展，各地小麦运进北京改变了京城以米为主的粮食供应结构；另因北京气候干热，尤其在炎炎夏日，一碗炸酱面或过水的打卤面，爽口解暑，滋味足。面条逐渐成为餐桌必备。现在北京人喜食的面有炸酱面、打卤面、芝麻酱面等。

炸酱面是近些年北京最流行的面食。北京炸酱面可谓是北京人的

图 5-11 北京家常炸酱面菜码（牛佳拍摄）

① 崔岱远：《京味儿》，生活·读书·新知三联书店 2009 年版，第 54 页。

"当家饭"，一年四季都离不开的面食。用"百吃不厌"来描述北京人的喜爱程度一点也不为过。《大中华京兆地理志》中记载："炸酱面，京兆各县富家多食之。旅行各乡镇，便饭中以此为最便。"炸酱面，以其省事、利落、油盐酱菜齐全而受到广大百姓的青睐。北京人大多喜在家里做炸酱面。炸酱面由炸酱、菜码、面条组成，讲究"六碟菜码儿，小碗干炸"。吃时把炸酱、菜码盖在面条上，拌着吃，酱的咸香、菜码的清香迎面扑来，爽口不说，还有面的韧、滑全在舌尖打转，是北京普通人家的最爱。

　　酱，在中国饮食文化中历史悠久，也是中国人餐桌的必备调料之一，一般用来佐餐。《论语》中有"不得其酱，不食"。好像少了酱的加入，餐桌就缺少了丰盈的滋味。老北京炸酱面的精髓就在这能勾起舌尖无限遐思的酱上。炸酱面的酱一定要用北京正宗的干黄酱和甜面酱，一半干黄酱一半甜面酱，加黄酒和水澥开。三七分的肥肉和精肉，切成半厘米见方的小丁。肥肉先入锅，煸出油，稍后放瘦肉丁、葱姜末煸炒。炸酱要讲究小碗干炸，油要多，肉丁、葱姜末煸炒的香味出来后再下酱，然后盖上锅盖小火咕嘟，直到肉丁被酱咕嘟透了，冒出气泡为止，出锅前再撒入大量的蒜末，最后可以再洒上点香油。出锅，即成炸酱。做好的炸酱可趁热拌面，也可凉吃。除了拌面，炸酱还可用来蘸黄瓜、卷薄饼等，咸香滋味足，码一头青蒜就着吃，或把青蒜苗儿剁成末儿，拌在面里，胃口全开，香气扑鼻。

　　面，最好是手擀面（也叫大条面），擀成薄饼状再切成一条条的，或者是抻面，吃起来筋道耐嚼。过去北京的家庭主妇大都喜欢自己在家做抻面（又叫把儿条）。抻面的做法是先把面蘸上碱水溜开了再抻。做抻面，多半

图 5-12　北京家常炸酱面（张洪忠拍摄）

是先擀成薄饼状，再切成条，然后甩起来抻。老北京人觉得自己做的抻面吃起来利落爽口，软硬合适，有面的醇香。有人去买圆形的或方形的面条，北京人叫"切面"。现在不仅是切面，挂面也可以当作炸酱面的面，就连方便面都可以拌炸酱吃了。

煮熟的面出锅要么冷淘要么锅挑儿，一般是夏冷淘、冬锅挑儿。其实就是"过水"和"不过水"两种吃法的别称。冷淘是指将面过水，凉吃。特别是在炎炎夏日，面条捞出后用凉水浸泡一下，再加上炸酱、菜码和蒜泥、麻酱、芥末油及醋，口感会更筋道爽口，叫"过水炸酱面"。锅挑儿则指出锅趁热直接浇上酱和菜码，热吃，热乎乎的面拌上炸酱和菜码，吃起来醇厚浓香。北京人讲究"要么吃凉的，要么吃滚烫的，温吞的东西滋味不正"[1]。

菜码品类丰富，一般讲究7～8样菜码，关于老北京炸酱面的顺口溜中就提道："青豆嘴儿、香椿芽儿，焯韭菜切成段儿；芹菜末儿、莴笋片儿……炸酱面虽只一小碗，七碟八碗是面码儿。"

菜码可随着四季的变换自由搭配。春天，万物生发，香椿鲜嫩的小芽切成末可用来做菜码，再加上豆芽菜、小水萝卜缨、水萝卜丝、青豆、青蒜末等拌面。夏天，豌豆、黄瓜丝、扁豆丝、韭菜段做菜码，消暑祛热。秋天，很多应季的蔬菜皆可下面，如芹菜、胡萝卜、莴苣等。冬天，可以用冬季当家菜——大白菜做菜码。总之，根据季节的不同可搭配应季的菜码。但最常用的菜码是青豆、小水萝卜、黄瓜丝、豆芽菜、白菜丝等。菜色一般取红、白、绿3样，既好看又爽口。

台湾作家小民在《故都乡情》一书中回忆她生活的20世纪二三十年代的炸酱面时，也说是口有回甘，吃起来没够。她写道：

北平的炸酱面……因为太好吃，没够。这是喜乐说的。
北平的炸酱面不带汤，带汤的是热汤面，冬天吃的，北平的

---

① 崔岱远：《京味儿》，生活·读书·新知三联书店2009年版，第57页。

炸酱面是夏天吃的凉面，"炸"酱不是"杂"酱。作料也没有豆腐干、花生米、胡萝卜丁儿等。北平的炸酱纯是以半肥瘦猪肉丁，加葱、姜、蒜等在油锅炸炒，加黄稀酱。炸炒后盖上锅盖，小火"咕嘟"十分钟，熄掉火，这时候每粒猪肉丁都被黄酱咕嘟透了，肉皮红亮，透明的肉丁香味四溢，盛在大碗里等着拌面吃。

吃炸酱面，少不了配菜，就是"菜码"。炸酱面的菜码至少有四样：黄瓜丝、豆芽菜、小红萝卜丝、豆嘴儿——即去了皮的青豆。有时候，也可以加点香椿芽儿，看各人喜爱。北平人吃炸酱面加菜码，很符合营养卫生，因为若不加菜码儿等于只吃了面粉、脂肪和少许蛋白质而已。加了菜码就有了蔬菜纤维，而且红红绿绿的十分好看。另外，吃炸酱面必须浇点儿蒜泥，才开胃杀菌，因为菜码多半是生菜。北平有句话："吃面不吃蒜，不如吃碗饭。"可见北平人多爱吃蒜。……炸酱面因为是过水凉面，与芝麻酱面一样，人多喜欢在夏天当主食。北平人吃面讲究筋道，所以家常吃面，都有抻面。抻面和得软硬合度，煮好后过了水很利落爽口。……小时候最喜欢吃炸酱面，围在一桌，好些作料在小碗里，自己拌，吃得好香。尤其家里来了小客人，吃起来才热闹哪！[①]

梁实秋先生在《面条》一文中写道：

我是从小吃炸酱面长大的。面自一定是抻的，从来不用切面。后来离乡外出，没有厨子抻面，退而求其次，家人自抻小条面，供三四人食用没有问题。用切面吃炸酱面，没听说过。四色面码，一样也少不得，掐菜、黄瓜丝、萝卜缨、

① 小民、喜乐：《故都乡情》，中国友谊出版公司1984年版，第60～61页。

芹菜末。二荤铺里所谓"小碗干炸",并不佳,酱太多肉太少。我们家里曾得高人指点,酱炸到八成之后加茄子丁,或是最后加切成块的摊鸡蛋,其妙处在于尽量在面上浇酱而不虞太咸。这是馋人想出来的法子。北平人没有不爱吃炸酱面的。有一时期我家隔壁是左二区,午间隔墙我们可以听到"呼噜——呼噜"的声音,那是一群警察先生在吃炸酱面。

通过上面的内容,可以看到,炸酱面是北京人喜食的面食,以至于离开北京的游子一直念念不忘,回味悠长。我们通过两位作家的回顾可以看到,炸酱面过去的做法与吃法同现在的近似,一脉相承。

炸酱面也可作为窥探过去北京人闲逸生活的一个窗口。夏末秋初,在北京老胡同的大杂院里,街坊四邻端着炸酱面,在院子里聚在一起,或蹲或坐,就着蒜瓣或脆黄瓜吃上两口炸酱面,或边聊天,或边下棋。炸酱面、青豆、黄瓜丝、一头蒜……闲适、和谐的日常生活,成了北京人深刻的"京味儿"回忆。

除了炸酱面,北京人还喜食打卤面、汆卤面和芝麻酱面。

打卤面是北京人的家常面食,也是重要宴请场合必出现的面。北京人讲的"人生三面"——小孩儿出生、老人过世、过生日常吃的面条大多是打卤面。在婚丧嫁娶等筵席场合,打卤面也是必备的面食。可以说它见证了人生的重要时刻。陈佩斯、朱时茂红极一时的春晚小品《吃面》中吃的也是打卤面。北京人常说的打卤面多是要勾芡的。凡是蔬菜做的浇头,浑的是勾了芡的卤,清汤的是不勾芡的,叫汆儿或川儿卤。讲究的北京人认为用白煮猪肉的肉汤加水淀粉勾芡做出的才叫打卤面。好的打卤面一般备齐上好的五花肉、口蘑、松蘑、干香菇、木耳、黄花菜、玉兰片、海米、干贝、鹿角菜、鸡蛋、水淀粉、花椒、葱、姜、蒜等。吃打卤面讲究卤多面少。盛上半碗面,浇上半碗卤,图的就是卤的醇香。而且吃的时候不能拌,就那么边喝卤边吃面。有些讲究的人家对卤的质量要求高,吃面的时候卤不澥汤,才算合格,所以吃面的时候面一挑起就往嘴里送,筷子不能翻动,一翻卤就澥了。最常吃的家常面是鸡蛋西红柿打卤面、茄丁打卤面等。汆卤面，清汤不勾芡，汆卤的菜码有肉丁、摊好的鸡蛋切成丁、虾米、黄花、木耳等。汆卤面种类较多，如肉末酱油汆、西红柿鸡蛋汆、羊肉白菜汆、白肉酸菜汆、雪里蕻肉末汆等，总之都是家常口味。

芝麻酱面是北京人夏日爱吃的一道凉面。坊间流传道："北京人一辈子离不开芝麻酱！"在计划经济、物资短缺的年代，身为人大代表的老舍先生在提案里写道："北京人夏天离不开芝麻酱。"这才在物资短缺的年代里，为北京居民争取来了每人每月二两芝麻酱的供应量。芝麻酱是北京人家家户户的生活必备品。芝麻酱面的做法很简单：芝麻酱加入凉开水，加点盐，用筷子搅拌，把酱化得滋润为止，佐以酱油，将烧好的花椒油倒入，将芝麻酱和花椒油一并倒入过了水的凉面中。芝麻酱面的菜码比较简单，黄瓜丝属于最基本的，还配有小水萝卜丝和切成末的青蒜。另外，应该加上点儿腌香椿末儿。最后，再来点儿胡萝卜丝，以及焯过的豆芽菜。有时候来不及准备，直接掰一个嫩黄瓜，就着加了酱的面吃，别提多解暑了。

三合油拌面的做法十分简单，就是用花椒油、酱油、食用油调和而成的料汁拌面。因调料只有3种原料，故名之曰"三合油"。这算是北京夏天的至简面食了。吃三合油拌面时可以加上一些时令蔬菜，加上蒜蓉和米醋提味，更加清香爽口。

北京家常面食除了面条，还有饺子、烙饼、锅贴、花卷、馒头、包子、烧卖、馄饨等，花样繁多，品类丰富，这里就不赘述了。

第三节　京味糕点

糕点，是糕饼点心的总称。我国糕点流派众多，以京式、苏式、广式、闽式为主流。北京糕点历史悠久，技术精湛，品类丰富，久负盛名。北京自古就是一个多民族杂处的移民城市，故北京糕点采南北之风，吸收多民族糕点特色，长期以来形成了南案、北案、宫廷、清真风味相融合的口味，形成了颇有特色的"京式糕点"。

京式糕点也称北式糕点，早在辽金时期就已初具规模。北京的糕点铺，昔日称为饽饽铺。从明代起就出现"饽饽"一词，是点心、糕点的同义词。旧时的饽饽铺多以斋命名。明朝从南京迁都北京后，带来了南味糕点，称为"南果铺"。清朝入主北京，又带来了满族糕点。总体形成了南北两种不同风格的糕点，俗称"南北两案"。过去北京老字号的糕点铺最著名的有瑞芳斋、正明斋、聚庆斋、宝兰斋、致兰斋、桂福斋、桂英斋、庆兰斋等，也就是北案糕点。还有稻香村、稻香春和桂香村等南案糕点铺。民国时期，以正明斋、庆云斋为代表的70余家店铺以制售传统满汉、清真糕点为主，以稻香村、桂香村为代表的30余家店铺则制售新式、南味糕点。过去有名的糕点铺门面装修较为豪华，雕梁画栋，较好地保留了元朝建筑的风格，门口所挂的幌子，配有流苏，飞金朱红栏杆，柜台两边山墙配以五彩缤纷的油漆彩画，古色古香。饽饽铺门口左右两边一般挂着"大小八件、满汉糕点、百果花糕、八宝南糖"等广告宣传牌。旧日糕点铺有一特点，店内不设货品柜、玻璃罩。堂高深阔，糕点一般都放在朱漆大木箱内，贴着后墙一字排开。因糕点铺大多前店后厂，现做现卖，大木箱里存放糕点既保鲜又不易风干。过去顾客入糕点铺总有"隔山买老牛"的感觉，虽然看不见实物，但糕点货真价实，不会担心以次充好的糕点递到手上。糕点一般用油皮纸包裹，草纸再包一层，其上衬一稍大的薄绿纸或薄粉纸捆扎，最后贴上本店"门票"。有的把糕点装在盒子里，称为"饽饽匣子"，为探亲访友专用礼物。

图 5-13　北京桂香村糕点

　　齐如山所著《北京三百六十行》一书中，有对老北京糕点铺的描述：

　　　　点心铺又名"茶食铺"……自从元、清两朝陆续添了许多种奶油点心，买卖益行发达，且往外路走的很多，北方食品中之有木匣实始自点心铺。在清朝物力丰富的时代销项极大，所以北京门面建筑的华丽讲究，实以点心铺为最。如灯市口之"合芳楼"，共九间门面，金碧辉煌，极为美观。西洋人初来者必要照一相片携走。①

　　糕点种类繁多，有大八件、小八件，又有翻毛、起酥、提浆、酒皮等不同做法。蛋糕类有油糕、槽子糕等；起酥类有桃酥、状元饼、枣泥酥等。应时糕点有藤萝饼、月饼、重阳花糕、元宵等。有各色缸炉，还有蜜供、小茶食、小炸食、鸡蛋卷等。过去的糕点铺一般会应着四季和节日的变化，制作不同的糕点。正月里，各种馅的元宵得以

　　①　齐如山：《北京三百六十行》，中国戏剧出版社1991年版，第136页。

供应；二月二"龙抬头"制"太阳糕"；端午节，五毒饼[①]和粽子大量供应；暮春有鲜花玫瑰饼、藤萝饼；夏日做夏令糕点，如绿豆糕、水晶糕等；中秋月饼上市，北案多为提浆、翻毛、自来红、自来白，南案则有广式、徽式、苏式等；九月重阳之前，无论南案、北案皆有花糕出售，用糖和面，中间夹各种细果，应九九重阳登高的寓意；冬天，蛋黄酥、蜂糕、蜜糖麻花等冬令糕点上市，直至岁末，一两尺的蜜供，早就陈列在门前。蜜供也是老北京糕点的一大特色。老北京人在每年的除夕晚上要祭神和祭祖。祭祀时必不可少的是在供桌上码成塔形的"蜜供"。清末崇彝所著《道咸以来朝野杂记》一书中记载："蜜供，素食也，为岁终供佛之用。以面条为砖，砌成浮屠形，或方或圆，或八角式。大者高数尺，小者数寸。外以蜜罩匀，大都摆样子者，不可食。"据说，蜜供吃到嘴里松且酥，而且不粘牙，每个蜜供条儿上，有过沟，还有一条细红丝，这样的蜜供才算合格的蜜供。

除此之外，糕点铺常年有粗细不等的点心。较粗的点心如桃酥、油糕、槽子糕、缸炉等，较细些的有柿泥饼、枣花饼、卷酥、酒皮八件、椒盐牛舌饼等。糕点铺还可以定制结婚用的龙凤饼、合欢酥等应礼的糕点。但最主要的品种要数脍炙人口的"京八件"。"京八件"原本不是糕点的名称，由于当初是将刻有"福""禄""寿""禧""事事如意"等吉祥语的糕点，置于8只盘子里摆成各种图案，所以称为"京八件"。"京八件"分为"大八件""小八件""细八件"。"大八件"一般包括福、禄、寿、禧、卷酥、枣花、核桃酥、巴拉饼（8个共1斤）。"小八件"一般包括枣方子、杏仁酥、桃仁酥、桃、杏、石榴、苹果、喜字（8个共半斤）。"细八件"一般包括状元饼、太师饼、杏仁酥、鸡油饼、破皮、白皮饼、蛋黄酥、囊饼（8个共1斤）。

北京糕点花样实在太多了，远不止这些，以至于坊间编写了500

---

① 五毒饼就是在点心上用印子刻上蝎子、蛇、蜈蚣、蟾蜍、蜘蛛5种图案，以应端午镇五毒的风俗。

字的太平歌词《饽饽阵》，其中有云："花糕、蜂糕、千层饼，请来了大八件儿的饽饽动刀兵。核桃酥、到口酥亲哥儿俩，薄松饼、厚松饼是二位英雄。鸡油饼、枣花儿亲姐妹，巴拉饼子、油糕二位弟兄。那三角翻毛二五眼，芙蓉糕粉面是自来的红。"

在众多糕点铺中，不得不提两个糕点铺，一是正明斋，二是稻香村。

正明斋融合满汉糕点风味，被誉为正宗的京式糕点。《道咸以来朝野杂记》中写道："瑞芳、正明、聚庆诸斋。此三处，北平有名者。"正明斋也是北京四大斋[①]之一，始建于清同治年间，由山东掖县人孙学仁创办于前门外煤市街。之后，孙学仁与其兄弟在前门大街及东、西珠市口又开办了6家分号。正明斋的糕点集南北荤素于一体，融合了汉、满、蒙古、藏民族的特色风味，以用料考究享誉一时。从咸丰元年（1851年）起，正明斋糕点一直是清朝宫廷喜、庆、宴、寿之御用食品，被列为御膳房佳品。慈禧曾用以送宫妃宾客。正明斋的奶油萨其马、杏仁干粮及月饼等，是老北京人特别喜爱的名点。正明斋制作的蜜供，能较长时间保存，且吃起来不粘牙，口感香甜柔软，余味悠长。正明斋开业100多年来，有口皆碑，深得各界赞许。过去许多旗人贵客、社会名流慕名而来，张学良将军居京时，常派副官到正明斋去定做老北京的传统糕点玫瑰饼。正明斋生意兴隆，顾客盈门。由于历史原因，正明斋等传统糕点老字号相继消失，1976年，崇文糕点厂恢复生产正明斋传统糕点。1980年，恢复前门大街正明斋老字号。1989年，正明斋糕点车间从崇文糕点厂分离出来，成立正明斋糕点厂，完全继承了前店后厂和自产自销的传统运营模式。

稻香村，在今天的北京，可谓无人不知。稻香村后来者居上，已成为现在北京老字号糕点的代表之一。稻香村光绪二十一年（1895年）开办于前门外观音寺（今大栅栏西街东口），由南京人郭玉生创办，其全名是"稻香村南味食品店"，是京城生产经营南味食品的第

---

① 四大斋：月盛斋、正明斋、天福斋、九龙斋。

一家。关于稻香村名字的来历，说法不一。有一种说法称来自诗词"一畦春韭绿，十里稻花香"，"稻香"二字用于糕点名称颇为传神。另一种说法来自传说故事，江南有一家卖熟食的小店，一瘸腿老汉进门讨饭，店主见其可怜，为其供应饭食还留其住宿，瘸腿老汉却不辞而别。店主将其睡过的稻草烧掉，香气扑鼻，于是大肆宣扬八仙之一的铁拐李下凡，还将店铺改名"稻香村"。

1983年，第五代传人刘振英恢复了老字号生产。稻香村不但生产经营南味糕点，还经营多种多样的南味食品。它生产中西糕点、肉食制品、速冻食品、休闲食品、南味小食品、元宵、汤圆、粽子、月饼等16个系列600多个品种。北京稻香村的产品销往各地，部分产品还远销美国、加拿大、俄罗斯等国。在悠久的历史发展进程中，稻香村已形成自己的企业文化。逢年过节，北京人排长队买稻香村的糕点食品，已经成了多年来连绵不断的街景。北京人所有的大节日，都离不开稻香村，日常生活也离不开稻香村。

除正明斋和稻香村外，北京还有一家刻在北京人记忆中的糕点老字号——百年义利。北京义利食品公司创建于清光绪三十二年（1906年），由英国私厨——詹姆斯·尼尔在上海创办，取"先义后利"之

图5-14 稻香村的"京八件"

图 5-15　北京稻香村店内

意，开创"义利洋行"。20世纪20年代，发展成为著名的食品企业。
1946年，民族企业家倪家玺收购了义利，随后义利迁往北京，成为
北京义利食品有限公司。义利迁京后，号称华北第一大食品厂。义利
带来的机械化技术设备和西式的制作工艺，填补了北方食品工业的空
白。义利这一外来户在北京扎下了根。据李姓老北京人回忆，20世
纪六七十年代的北京，果子面包与维生素面包几乎家喻户晓。果子面
包里含有核桃仁、瓜条、葡萄干、苹果脯等，将西式面包与北京果脯
合而为一，蜡纸包裹。这一计划经济时代流行的面包，给老北京人留
下深刻的印象。百年义利也消沉过一段时间，20世纪80年代一度退
出市场，怀有"义利情结"的消费者在《北京晚报》头版刊发《义
利面包哪里去了》一文，很多人纷纷投稿，表达对义利面包的感情。
一鲍姓北京人写道："1964年我上初一。那年国庆节的晚上，学校组
织我们参加天安门广场上的联欢活动，家长给了我两三毛钱、半斤粮
票，算是晚餐费。活动间隙，几位同学来到位于历史博物馆南侧的人
行道上，那里有一溜大棚，出售汽水、水果、食品等。我只花了一毛
钱、二两粮票买了一个义利面包。圆面包的包装很简单，白纸袋外面
印红字。虽不能管饱，但在当时，能享受到一次面包晚餐已经心满意
足。"[1] 2002年，经过改良的果子面包重新上市。现在的果子面包，包

---

① 《新京报》社编：《北京地理　传世字号　民生》，中国旅游出版社2007年版，第
160页。

装还延续以前的样子，秉承传统工艺，果料更加丰富，还是北京人记忆中的味道。目前，义利面包品种已达几十种，中西点200多种，有人们热衷的果子面包、维生素面包这样的老品种，也有新加入的香浓酥脆的芝麻酱威化、奶香味十足的奶黄馅儿酥条、巧克力味超级浓郁的熔岩蛋糕等新品种糕点。过去人们常

图5-16　百年义利的熔岩蛋糕

说，喜欢义利面包的都是成年人，可是现在很多中小学生是义利面包的忠实粉丝。

　　总的来说，京味糕点种类之繁、品味之多是其他地方无法比拟的。北京糕点业特点十分突出，它吸取汉、满、蒙古、回、藏等民族食品的精粹，融汇南、北、荤、素、甜、咸之特点，形成了独特的京味糕点。百年义利等外来品牌的本土化生产经营，也为京味糕点平添多样味道，让人们有更多的选择。糕点在北京的饮食文化中起着十分重要的作用，京味糕点传承至今，已成为人们生活的一部分，是茶余饭后，解馋添餐的佳肴——京味糕点一直是人们舌尖一抹甜丝丝的亮色。

第四节　豆汁儿

　　豆汁儿是老北京独特的风味小吃，也是北京最具标志性的小吃之一。据说早在辽宋时期就已在民间流行，距今有千余年的历史，而关于豆汁儿的文字记载也有300多年的历史。关于豆汁儿的典故和逸闻不胜枚举，可以编一册"豆汁儿百科读物"了。

　　豆汁儿可以说是食物界的传奇，是北京著名的三怪（豆汁儿、臭豆腐与爆肚）之一，也是老北京的平民吃食中名气最大、外地人最难消受的小吃。《燕都小食品杂咏》记载："糟粕居然可作粥，老浆风味论稀稠。无分男女齐来坐，适口酸盐各一瓯。""得味在酸咸之外，食者自知，可谓精妙绝伦。"精妙绝伦的豆汁儿究竟是谁发明的，已无从考证。关于豆汁儿的兴起，说法不一。大体相传是当年北京有做绿豆粉的作坊，因磨出的半成品当天未能用完，留到第二天已经发酵了。掌柜舀了半勺尝尝，酸香可口，别有风味，再经煮沸，饮之更香，于是专门做起豆汁儿生意。豆汁儿的原料是绿豆粉的一个辅料，相当于压榨出来的废料，本来应该倒掉的，可是后来人们喝了之后不但消暑解渴，还对身体有益，歪打正着，慢慢地成了一种小吃，后来还进了宫廷。清乾隆十八年（1753年），有人上殿奏本称："近日新兴豆汁儿一物，已派伊立布检查是否清洁可饮。如无不洁之物，着蕴布

图5-17　豆汁儿、焦圈、咸菜丝（闫绍伟拍摄）

募豆汁儿匠二三名，派在御膳房当差。"豆汁儿这种北京普通老百姓喜爱的民间小吃进入了皇宫，成了宫廷饮品。

作为酸香神物的豆汁儿制作工艺如何？如何食之味最佳？梁实秋先生在《北平的零食小贩》一文中给出了答案：

> 绿豆渣发酵后煮成稀汤，是为豆汁，淡草绿色而又微黄，味酸而又带一点霉味，稠稠的，混混的，热热的。佐以辣咸菜，即棺材板（即腌大白萝卜）切细丝，加芹菜梗、辣椒丝或末。有时亦备较高级之酱菜如酱萝卜、酱黄瓜之类，反而不如辣咸菜之可口，午后啜三两碗，愈吃愈辣，愈辣愈喝，愈喝愈热，终至大汗淋漓，舌尖麻木而止。北平城里人没有不嗜豆汁者，但一出城则豆渣只有喂猪的份，乡下人没有喝豆汁的。外省人居住北平二三十年往往不能养成喝豆汁的习惯。能喝豆汁的人才算是真正的北平人。

其实制作豆汁儿的原料不是什么贵重的食材，而是常见的绿豆。绿豆浸泡到可捻去皮后捞出，加水磨成细浆，倒入大缸内发酵，沉入缸底者淀粉，上层漂浮者即豆汁儿，也就是俗话说的下脚料。制作时须用大砂锅先加水烧开，兑进发酵的豆汁儿再烧开，再用小火保温，随喝随盛。熬豆汁儿是功夫，非行家不可。据说要顺着一个方向搅，掌握火候，而且熬制过程中不能添水，这样熬出的豆汁儿较为均匀且不容易澥。把豆汁儿煮到将开而未开才是恰到好处的火候。稀不成汤，稠不成粥，正如坊间流传的，稠了兑水——绝对不成；稀了加料——没这景儿。

纯正的豆汁儿除了制作工艺讲究之外，配豆汁儿的吃食也要正宗，流传至今的喝豆汁儿的标准配置是"豆汁儿+焦圈+咸菜丝"。咸菜丝非得是用北京本地的"水疙瘩"切成极细的丝，拌上现炸的辣椒油。吸溜吸溜喝两口豆汁儿，就上几根咸菜丝，再吃一口炸得酥脆的焦圈，酸、辣、烫、润、馊、甜，多一分不成，少一分不对口儿。据说，早年间喝豆汁儿是配以咸菜、焦圈和马蹄烧饼。焦圈是夹在烧饼里的，咸菜也是配烧饼吃的。老北京人、故宫博物院研究员朱家溍先生回忆豆汁儿摊时写道："吃'马蹄烧饼'夹'油炸果'就'大腌萝卜'最美。'油炸果'的果字读儿音，这是保留在北曲中的元大都音。'焦圈'一词是新北京话，从前只称'油炸果'。"现如今烧饼淘汰，焦圈保留，就流传下了焦圈泡豆汁儿的吃法。

老北京人喝豆汁儿，不分贵贱，不分贫富。上起八旗世家，下到平民百姓，无不对豆汁儿喜爱有加。民国时期有人专门乘坐小汽车来喝五分钱一碗的豆汁儿。旧时，不管什么身份的人，都可以大大方方地坐在豆汁儿摊子前吸溜吸溜地喝上一大碗。吸溜完，碗边儿略微还"挂"点儿才对。什么样的豆汁儿才对味呢？那就是酸、烫、辣缺一不可。梁实秋先生在《雅舍谈吃》中说过："豆汁儿之妙，一在酸，酸中带馊腐的怪味。二在烫，只能吸溜吸溜地喝，不能大口猛灌。三在咸菜的辣，辣得舌尖发麻，越辣越喝，越喝越烫，最后是满头大汗。"

豆汁儿虽好，但并不是所有尝过的人都能享受此口福。豆汁儿有一种特别的酸味，能享豆汁儿口福的人，嗜味的，几天不喝就馋得慌。不爱的，不解其味的，唯恐避之不及。第一次喝豆汁儿，那犹如泔水般的气味会让人难以下咽，有股馊了的味道，硬着头皮喝过几次才能体会其中滋味。不爱喝的说像泔水，酸臭；爱喝的说：别的东西没有这个味儿——酸香！①

豆汁儿的食用方法分凉喝与热喝两种。凉喝，即将生豆汁儿当冷饮直接喝，清凉解暑；热喝，即喝熟豆汁儿。有些人喜欢买生豆汁儿回家自己做。加热豆汁儿的时候要用小火勤搅和，别熬开，热到烫嘴的时候就可以喝了。还可以采用勾兑的方法，先把豆汁儿沉淀的"清酸浆"煮开，然后把生豆汁儿倒入锅中，一边兑一边喝。或者勾兑成豆汁儿粥也可以，就是加热生豆汁儿的时

---

① 曹鹏选编：《汪曾祺经典散文选》，中国广播电视出版社2009年版，第209页。

候加入适量的玉米面或碾成面状的粳米等，豆汁儿越熬越稠，味道极好。也可以勾面，就是加入一些干绿豆粉熬制，因为北京人爱喝黏糊点的豆汁儿。因为豆汁儿极易腐坏，所以无法像豆浆那样批量包装生产，只能现做现喝。豆汁儿最好下午喝，解腻刮油。夏天喝豆汁儿消食败火，冬天喝豆汁儿御寒，胃口不好的都爱喝口豆汁儿。

现在的北京聚集了天南海北的各色人等，都称"北京人"。随着人口的迁徙，定居北京多年的人，有的能入乡随俗，认同豆汁儿，有的在北京生活了几十年，始终接受不了它的味儿。新生代的北京人对那股酸腐味也并不热情。而无数来北京的旅游者仍在慕名寻找地道的豆汁儿，挑战自己的味蕾，体验老北京特有的味道。

如今北京的豆汁店比以前少很多，早年北京内城卖豆汁儿的遍地皆是。民间卖豆汁儿的，最初多是流动的、穿梭在街头巷尾的小贩，吆喝着"甜酸嘞豆汁儿喔"。挑着担子的小贩，担子的一头是大锅，另一头是个四方形木案，放着辣咸菜及碗筷，下层的木盒里放着炸好的焦圈儿。过去的北京大街小巷几乎都有豆汁儿摊，隆福寺、护国寺庙会也有较大的摊位。那些街头巷尾的豆汁儿摊，后逐渐发展成为专卖店。当年北京城里有"四大家"，它们是琉璃厂里的"豆汁儿张"、天桥的"舒记豆汁儿"、东安市场的"豆汁儿徐"和"豆汁儿何"，生意都十分红火。

现在北京好喝的豆汁儿集中在东城、西城两区，西城区的护国寺小吃、牛街宝记豆汁等，东城区天坛附近的锦馨豆汁、老磁器口豆汁，磁器口的锦芳，龙潭湖的老磁器口豆汁分店等，不一而足。锦馨豆汁可谓声名远扬，由清末姓丁的回民初创，到清宣统二年（1910年），第三代经营者丁德瑞在西花市路北火神庙门前开设固定豆汁儿摊，摊位前的两个木牌上写着"西域回回""丁记豆汁"，生意红火。因其豆汁儿好，人称"豆汁儿丁"。1958年，北京饮食业摊商合作化，将崇文门、西花市、蒜市口一带的回民商摊合并，开设了蒜市口小吃店。"豆汁儿丁"加入该店,主营豆汁儿。"文化大革命"后期,蒜市口小吃店更名为锦馨豆汁,是当时北京销售豆汁儿的饮食店中,唯一一个以豆汁作为店名的商家。锦馨豆汁继承和发扬了"豆汁儿丁"的传统手艺,1997年,在全国首届中华名小吃认定活动中,被认定为"中华名小吃"。龙潭湖分店和天坛总店人最多,据说也是最正宗、品质最稳定的。老磁器口豆汁店是能够喝到地道豆汁儿的一家老店。被人们最多提及的是天坛北门的分店,在龙潭湖等地还有其他分店。另外,后海的九门小吃、地安门的聚德华天等老北京小吃的"资深老店"里也能觅到豆汁儿的"身影"。

老北京人对豆汁儿的痴迷,引发了无数的掌故和回忆,还有许多名人作家等加入其列。据说喝豆汁儿对嗓子好,很多京剧名伶爱喝豆汁儿。京剧表演大师梅兰芳非常喜欢喝豆汁儿。抗战期间,梅兰芳蓄须明志隐居上海,他的弟子言慧珠自京赴沪演出,特地带了4斤装大瓶灌满豆汁儿,以飨师父。而梅兰芳的太太对带豆汁儿前来看望者必以国际饭店相款待。作家老舍因是旗人,最会喝豆汁儿,对豆汁儿有着深厚的感情。老舍自嘲是"喝豆汁儿的脑袋"。京味作家邓友梅曾这样形容:"就如同洋人吃臭奶酪,吃不惯者难以下咽,甚至作呕,吃上瘾的一天不吃就觉着欠点儿什么。"邓友梅还记录过《城南旧事》作者林海音1990年从台北回到北京的趣事,文章写道:林海音吃其他小吃时挺谦逊、挺稳重,可豆汁儿一上来她老人家显出真性情来了,竟一口气喝了6碗,还想要……之后她说:"这才真算回到北京了!"梁实秋先生曾经专门为豆汁儿写过一篇文章,文章中说"自从离开北平,想念豆汁儿不能自已"。李敖也写过:"回北京就俩目的,一个就是喝豆汁儿!"由此可见豆汁儿的知名度之高,影响力之大。北京人对豆汁儿的感情很特殊。郭德纲的相声更是把豆汁儿演绎得生动形象:"一把抓过来,按地上,扯着脖领子灌一碗豆汁儿,起来骂街——这是外地的!一把抓过来,按地上,扯着脖领子灌一碗豆汁儿,起来一抹嘴儿:有焦圈儿吗?——北京的!"

豆汁儿作为一种独特饮食传承至今，已列入北京市非物质文化遗产名录。豆汁儿是让人神往的，神往的是那地道的北京味儿。北京人喝豆汁儿是一种习惯，是一种时时挂念的享受，蕴含着对故乡的眷恋与忠诚。豆汁儿成为一种独特的文化脉络。

第五节　胡同里的小吃

在北京，胡同的历史由来已久。据《析津志》记载，"胡同"两字原本是蒙古语的音译，指的就是民间的街巷，元代称"三百八十四火巷"。过去，胡同是北京百姓主要的居住场所，据统计，民国时有胡同近2000条，新中国成立之初，胡同达到2550多条。坊间流传着"有名的胡同三千六，无名的胡同赛牛毛"的俗语，可见北京胡同数量之多。

胡同，是老北京的象征，承载了老北京多代人的记忆。由此也形成了多种多样的胡同文化，而胡同里的小吃一直是个热门话题。过去，北京小商贩常常游走于胡同间，有用挑担、推车兜售各种小吃的，有卖糖葫芦的，还有在胡同里开小作坊的。走在青砖灰瓦、曲曲折折的胡同里，不经意间可能就会碰到豆汁儿、豌豆黄、烧饼、油炸果等小吃，渴了可以喝老酸奶，热了可以啃老冰棍……站在老胡同旧街巷，树木掩映的胡同口总能勾起人们对吃的探索之欲。城市建设步伐的加快使北京的胡同迅速减少，胡同已经不是人们生活居住的主要场所。随着胡同的拆迁，依附于胡同的小吃也失去了存在的根基，有些渐渐淡出了人们的视野。但是过去形成的胡同小吃文化却在人们心目中未曾淡去。随着胡同的整改，胡同街巷的小吃摊等早已无处觅寻踪影，现在胡同里的小吃更多是指坐落在胡同一带的小吃街或商业街。

旧日北京曾有一句名谚提到京城的繁华之处："东四西单鼓楼前，王府井前门大栅栏，还有那小小门框胡同一线天。"门框胡同是北京历史上著名的小吃街，位于前门大栅栏的中心地段，北起廊房头条，南止于大栅栏街，南口对着同仁堂。这条狭窄的南北胡同，曾是老字号小吃荟萃的地方，复顺斋酱牛肉、爆肚冯、瑞宾楼的褡裢火烧、德兴斋烧羊肉杂碎汤、豆腐脑白、奶酪魏、羊头马、年糕钱、康家老豆腐、包子杨等很多有名的老北京小吃聚集于此。据说当年卖白水羊头的马玉昆，从教子胡同家中推着独轮车到门框胡同售卖，只要小车一到立马围满了人，供不应求。过去门框胡同人满为患，大家摩肩接踵地挤在这条狭长胡同里吃小吃。据传，昔日京剧名角在大栅栏唱完戏，一转身就到门框胡同吃一口，围观的粉丝众多。门框胡同小吃兴盛一时。由于1956年前后公私合营，很多胡同拆迁等历史原因，门框胡同逐渐没落。1985年后渐渐恢复，但是没有了昔日的盛况。随着门框胡同附近拆迁，很多老字号小吃陆续迁出，有些搬到了牛街或其他街区另起炉灶，还有一部分老字号搬到了什刹海后海的孝友胡同。在老北京传统小吃协会倡议下，11家百年老字号在后海孝友胡同合开"九门小吃"，包括爆肚冯、年糕钱、月盛斋、羊头马、恩元居、豆腐脑白、德顺斋、奶酪魏、小肠陈、茶汤李、门框褡裢火烧。后来由于种种原因，曾经因故停业一段时间的九门小吃城于2012年重新开业，重迎八方来客。更独特的是这次众多北京老字号携手成立了公司，希望以现代管理机制保护北京小吃文化。据悉，九门小吃城这次重张一改往日的传统模式，众多北京老字号传人均以股东的身份加入，注册建立了公司，致力于打造以老字号为主体的北京传统小吃文化餐饮团队。老字号小吃走上了更加规范的道路。

西四胡同是近年来较为红火的胡同小吃代表之一，由原来的西四小吃店改建而来。西四小吃店地处西四闹市区，生意红火，聚集了很多小吃，是北京市西城十大小吃名店之一。西四小吃店的改建始于20世纪90年代中期，经过改装后聚集了众多北京老字号小吃。李记白水羊头、爆肚冯、奶酪魏等都在这里安了家。奶酪魏的第三代传人魏广禄曾动情地说：我和胡同小吃谁也离不开谁，在这儿少挣点儿心里也踏实。奶酪魏源于宫廷奶酪，与西方奶酪不同，它做得很细，奶香夹杂着淡淡的酒香，口感细腻，香味醇厚。当日开张时，老舍夫人品尝了奶酪后激动地说：还是30年前那个味儿。

北京东城区南锣鼓巷很有名。南锣鼓巷历史悠久，是北京最古老的街区之一，也是北京四合院格局和胡同保存较为完整的街区之一。它位于鼓楼东南角，北起鼓楼东大街，南到地安门东大街，西边连着

图 5-18　北京南锣鼓巷

图 5-19　北京爆肚

什刹海，东边是交道口南大街。南锣鼓巷中间高、四周低，像一口倒扣的大锅，犹如人的驼背，俗名"罗锅巷"，"南锣鼓"名字源于"罗锅胡同"。"南锣鼓巷"这一称谓最早见于清乾隆年间的《京城全图》。因其东西两侧各有8条胡同，犹如蜈蚣状，因此南锣鼓巷又有"蜈蚣街"之称。南锣鼓巷几乎每条胡同都是历史遗迹，很多历史名人曾在此居住，像菊儿胡同、帽儿胡同、炒豆胡同、雨儿胡同等都有遗留下来的历史名人典故。现在的南锣鼓巷店铺林立，是一个集传统与现代于一体，历史与时尚兼具的商业街区。它融合了胡同文化、创意产业、休闲娱乐、餐饮小吃等多种元素，成为北京较为流行的特色休闲街区。就餐饮小吃来说，不仅有北京传统小吃，如北新桥卤煮老

图 5-20　位于南锣鼓巷的文字奶酪店

146

店、姚记炒肝店、北门涮肉等地道的老字号小吃，还有游客必去的文宇奶酪店，店虽小但名气大，红豆双皮奶、原味奶酪、原味双皮奶、燕麦双皮奶、杏仁豆腐、奶卷等小吃很受欢迎。另外还汇聚了多种国外风味的餐厅和创意小吃，以及酒吧一条街等。现在还定期举办胡同文化节，进行传统民俗的展示，如吹糖人、抖空竹等，特别热闹。很多外国人慕名而来，游人如织。

胡同里的小吃虽然经营方式与过去不同了，小吃的口味和花样也在不断地创新，但是胡同小吃那份平民亲切感却一直留在百姓的心中，吸引更多年轻人去探索胡同里的小吃。

第六章

饮食场所

饮食场所自古就有，在家庭饮食没有形成之前，饮食活动都是在公共领地展开。有了家庭后，公共饮食仍延续了下来，并且逐渐成为助推城市繁荣的热门服务行业。宋代以后，随着北京商业经济的兴起，餐饮跻身于龙头行业，各种风味餐馆点缀于街巷之中。北京成为中华人民共和国首都后，全国各地的饮食文化汇聚于此，一些地方风味相对集中于某片区域经营，风味一条街、餐饮一条街得以形成并不断扩展。尤其是在改革开放以后，公共饮食场所开拓的力度和势头更为强劲。簋街、星吧路、三里屯、后海、马连道、东方广场等成为人们聚餐、会饮和购置各种饮品的集中地。闻名遐迩的饮食场所已然成为北京饮食文化兴旺发达的标志。

第一节　牛街与簋街

　　牛街与簋街是北京两条以吃闻名的街区。牛街是北京清真小吃的代表，簋街是著名的北京现代餐饮一条街。两条餐饮街代表了北京不同风格的饮食。从牛街和簋街的历史变迁和现代化变革中可以追寻到北京饮食的变化与魅力，也体现出北京多元饮食文化融合下兼收并蓄、不断发展的态势。

一、牛街

　　牛街位于北京市西城区广安门内。《冈志》①小引记载了牛街的历史起源：明，宣武门之西南，地势高耸，居教人数十家，称曰"冈儿上"。居民多屠贩之流；教之仕宦者，率皆寓城内东西牌楼，号曰"东西两边"。因地势高取名"冈上"，后来又称"牛肉胡同""礼拜寺街"。历史上这一带广植石榴，附近有柳河，因此也曾被称为"柳街""榴街"。另据《冈志》记载："今燕都之回民，多自江南、山东等省份分派来者。何也？由燕王之国，护卫军僚，多二处人故也。"牛街流传着一种说法："祖先是随燕王扫北，揪着龙尾巴来的。"明代，一些回族将领和军士跟随燕王朱棣从南京来到北京，其中一些人就在牛街居住下来。回族有"围寺而居，聚族而居"的传统。牛街清真寺位于此，始建于辽统和十四年（996年），是北京最著名、最古老的清真寺。牛街清真寺像一个巨大的磁场，吸引各路回民来此。这条南北走向的大街上有犬牙交错的大小胡同共66条。而今牛街共有居民4万多人，回族大概占1/4，约12000人，是北京最大的回民居住区。北京牛街历史积淀深厚，清真小吃闻名遐迩。在这条清真小吃一条街上，小吃品种达200多种。北京城有句老话："北京小吃在城南，

---

　　① 《冈志》是一本记述北京牛街地区回族社会历史的志书，原为抄本，险失传，后经整理于1991年由北京出版社出版，书名《北京牛街志书——〈冈志〉》。

城南小吃在牛街。"牛街就是北京清真小吃的发源地，也是清真小吃聚集之处，堪称清真小吃博物馆。

牛街同姓的人多，为了区分方便，就习惯以职业、官职、商业字号、居住点等加在姓氏前头，其中以饮食业相称的较多。如切糕钱、切糕杨、馅饼周、烤肉刘、豆腐脑白、爆肚石，厨子良家、干果王家、菜芽张家、山药马家。以前牛街的街道胡同以食物命名的不在少数，像今天的输入胡同曾名"熟肉胡同"，牛街四条旧称"羊肉胡同"，牛街曾名"牛肉胡同"，还有干面胡同、糖坊胡同等。由此可以看出牛街与饮食的密切关系。牛街人的传统职业主要有3种：饮食业、珠宝业、香料业，其中比重最大的是饮食业。最初牛街因为饮食习惯的原因，部分人必须从事饮食业，便于为本聚居地的教民服务，但随着时间的推移，成为一种固定的职业。[①]回民历来善于经商，牛街很多回民代代以经营小吃为生。"两把刀，八根绳"是用来形容牛街回民的谋生手艺。有顺口溜说得好：回民小贩两把刀，一把卖牛羊，一把卖切糕。回民小贩八根绳，一副担子两头挑。"两把刀"中一把指卖切糕用的刀，北京回民擅长制作和贩卖江米糕；另一把是宰牛羊刀，回民吃牛羊肉，从事屠宰业的比较多，宰羊、宰牛都需要刀。而"八根绳"，指的是过去挑着担子走街串巷做小买卖的北京回民商贩，他们一般用一根扁担，前后各系一个筐，各以4根绳将筐系在扁担上，因此简称"八根绳"。"两把刀"既有行商又有坐商，富裕者不少，"八根绳"勉强糊口还是可以的，但是生活极不稳定。中华人民共和国成立后，牛街小商贩的生活有了质的变化，有技术的商贩被组织起来，吸收到国营、合作社营的回民小吃店、副食店工作，成了国家职工。[②]

伊斯兰教教规对饮食有很严格和详细的规定，所以清真的饮食颇有特点也干净卫生。回族的饮食多喜油炸，菜肴偏于重口味。牛街小

---

① 王卫华主编：《北京牛街回族民俗研究》，民族出版社2013年版，第132页。

② 刘东声、刘盛林等编：《北京牛街》，北京出版社1990年版，第34页。

吃，品种繁多，美味适口，堪称京城一绝。迈进牛街的肉店就有扑鼻的肉香。现在每天还有很多居民排着长队等美食，这里的面茶、羊杂、油饼、糖油饼、炸豆腐、白记年糕等都很受欢迎，来晚了就买不到了。

牛街已形成以清真餐饮业为最大特色的清真饮食商业街区，不仅分布着特色鲜明的百年清真老字号，如聚宝源、吐鲁番餐厅等，而且拥有现代模式的清真超市1个、农贸市场1个。位于清真超市一层的清真小吃城，里面有十几家柜台，卖上百种小吃，有各种切糕、焦圈、炸糕、驴打滚、小枣粽子、艾窝窝、豌豆黄、蜜麻花、糖火烧、芝麻烧饼、面茶等，还有酱牛肉、烧羊肉、卷果、松肉、羊头肉、牛口条等。花样小吃，琳琅满目。回族的切糕与新疆切糕不同，新疆切糕其实是玛仁糖。

牛街的白记年糕是北京的传统老字号，还保留着老北京清真年糕的味道，口味多样，颇受欢迎，门店外常年排着长长的队伍。现在经营各式清真年糕，其中有江米年糕、黄米年糕、荷叶甑糕、紫米年糕等；馅儿有很多种，如红豆沙、绿豆沙、黑芝麻、香芋、板栗、椰奶等。另外还有传统清真小吃比如艾窝窝、驴打滚、豌豆黄等。口感细

图6-1　牛街白记年糕外排队的场面

腻香甜。年糕的馅儿做得很细，最上层点缀着果脯，甜而不腻，一刀切下，红、白、褐等色清晰可辨，不但赏心悦目，而且唇齿留香。

牛街有一家招牌餐馆——聚宝源。聚宝源位于清真超市南边，主营涮羊肉，一直延续着铜锅、炭火这一老北京涮羊肉的传统。聚宝源秉承讲规矩、重品质的经营理念，成为牛街最火的餐馆。现在店外依然常年排着长队，很多人慕名而来。等待叫号的食客在店外，或坐或站，有的买点年糕等小吃打打牙祭，边吃边聊边等，场面蔚为壮观。聚宝源的食材很讲究，口味纯正，清汤锅底，加上葱姜，肉的鲜香展露无遗。手切的鲜羊肉鲜嫩可口，且久煮不老。小料、烧饼、酸梅汤也颇受欢迎。聚宝源随着时代发展进行了革新，加入了肥牛、黄喉之类，涮品种类日渐丰富。所以聚宝源现在依然高朋满座，生意红火。除了堂食，聚宝源还有两个外卖窗口，一个窗口专卖烧饼、包子等面食小吃，如牛肉大葱包子、羊肉韭菜包子、牛肉大葱肉饼、糖火烧、炸糕、豆馅烧饼等；另一个窗口专卖熟食，如烧羊肉、白水羊头、酱羊蹄、酱牛肝、酱牛口条、酱鸡腿、炝拌羊散丹、金钱肚、五香牛心、五香翅中、五香翅尖等。除了面食、熟食，堂外还卖生羊肉片。

牛街还有一家老字号小吃店——洪记小吃店，位置与聚宝源相

图6-2　北京家常早点（牛佳拍摄）

对，位于马路对面。洪记也是牛街的热门店铺，最早只经营小吃，这几年发展成了清真菜与小吃兼营的中型餐馆。洪记早点经营的都是老北京传统的早点品种，如油饼、油条、豆腐脑、豆浆、火烧、炸糕等，种类繁多，其中最受百姓欢迎的是油饼和豆腐脑。有顾客说，一口油饼咬下去，还是以前的味道。和聚宝源一样，洪记也有包子、馒头等面食和酱牛肉等清真熟肉制品出售。由于各家制作配方不一样，牛街上的熟肉制品味道也各有千秋。

北京小吃中回族小吃占了大部分，北京回族小吃中很多是在牛街成名的。牛街是北京清真饮食文化的一种象征、一块金字招牌。牛街饮食博采众长，以牛街名厨褚连祥为代表。他是西来顺饭庄的创始人，终身从厨，具有本民族手艺并且学习了汉族的烹饪手段，不断丰富清真菜品。清真菜的烹饪方法大致有爆、烤、涮、炖、炒、熘等。褚连祥大胆运用叉烧、白煮、爆烧、清炸等技法，创出了独特的"全羊席"，轰动一时。过去清真菜偏于口重，后来引入南味改为清淡鲜香，且甜咸适宜，为更多人所接受。牛街多元文化兼容，清真饮食不断吸收汉族饮食的技法和口味，形成了独具特色的清真饮食。

二、簋街

簋街可说是北京现代饮食的代表之一，位于东城区东直门内大街，东起二环路东直门立交桥西端，西至北新桥十字路口，长约1.5千米，是北京著名的现代餐饮一条街，兴起于20世纪90年代末。簋街所在的东直门内大街，原本并不繁华，它在明代属"北居贤坊"，称"东直门大街"。清代属正白旗，街名未变。中华人民共和国成立后改称"东直门内大街"。"簋街"这个名称的由来颇有典故。相传，早年北京东直门一带有早市，主要是贩卖杂货菜果，后半夜开市天亮后散去。摊主大多以煤油灯照亮，加上天黑，灯影的效果明显，坊间戏称为"鬼市"。从历史传说的角度看簋街得名于"鬼市"。改革开放后，东直门内大街迎来做各种生意的商家，但是很多商家开业不久就倒闭，甚至连唯一的国营百货商店也关门歇业。随后人们发现只有饭馆的生意能做下去，而且这里的饭馆白天几乎没有人光顾，但是到了晚上却门庭若市，热闹不已。之后人们就把"鬼街"的名字叫开了。

最初这条街上餐馆不算多，但晚上八九点钟以后总有来吃夜宵的顾客，以出租汽车司机为多，所以大部分门店营业到凌晨三四点钟。后来一传十，十传百，"鬼街"通宵经营的名气越来越大，24小时营业弥补了当时京城深夜少有饭店营业的空白，很多"夜出"的人找到了好去处，"鬼街"的生意自然红火起来。"鬼街"1997年初具规模，后来发展迅速，街区的店铺多半是餐馆。东城区商委曾把这里命名为"东内餐饮一条街"，但人们还是习惯称之为"鬼街"。但"鬼"字终究不雅，后来东城区委的工作人员听取多方民意，把"鬼"字改成"簋"字，2000年正式命名为"簋街"。"簋"取"鬼"的谐音，"簋"是古代食器，形状为圆口、两耳，流行于商至春秋战国时期，《说文》说："簋，黍稷方器也。""簋"是商周时期重要的礼器，宴享和祭祀时与鼎配合使用。1974年，北京琉璃河209号墓曾出土一件西周早期的"伯簋"。簋街的标志性器物，就是一件复制的"伯簋"，位于簋街东端的东直门立交桥桥头，2008年7月31日落成。簋街的命名既保留了传统的响亮招牌，又赋予其更深的内涵。

簋街汇集了京、川、湘、鲁、粤、东北、清真等多种菜系，现在颇具代表性的菜品是麻辣龙虾、香辣蟹、烤鱼、烤串、麻辣烫等。簋街商户经营品类不是一成不变的，早期有卤煮火烧、爆肚等传统北京小吃，后来被麻辣小龙虾取代，之后的馋嘴蛙、重庆烤鱼和火锅系列也竞相加入，成为簋街的主角。簋街的餐饮主打夜宵，口味以重油、重辣为主。在北京吃小龙虾，首选之地当数簋街。簋街的小龙虾店通宵达旦经营的热闹场面曾经是簋街辉煌时期的缩影。独具风味的簋街麻辣小龙虾，鲜红的虾身，麻辣辛香的风味，让见者垂涎。曾经簋街一天的麻辣小龙虾销售量就达10吨，占整个北京城麻辣小龙虾消费的1/3。以小龙虾为主打菜品的店铺中，胡大和仔仔较为出名。在胡大排队等候的食客有时会排到1000多号，场面甚是火爆。簋街价格公道，亲民的菜品和价格吸引了众多食客光顾。近几年，簋街还定期举办龙虾美食节。每当夜幕降临，簋街都会人头攒动，来一份小龙虾，喝着啤酒……特别是夏夜，簋街是举家消夏的好去处。灯火辉煌的簋街热闹非凡，成为京城夜经济的一部分。

图6-3　簋街一瞥

　　簋街餐饮的一大特色是连片经营，规模化复制现象突出，几乎一半的餐馆都在经营同类食品，高、中、低档都有，各家有份，好吃不贵，童叟无欺。在大众点评网站上搜索"仔仔"，发现在簋街附近的仔仔门店竟多达9家。胡大在簋街附近的门店有5家，同时胡大旗下新品牌"红巷子·胡大私藏菜馆"也在簋街开设了新店。不太追求差异化竞争的它们，更乐意将一款美食大规模经营，这种集中化的经营模式虽然与现在追求多样化的饮食相背离，但也形成一种气势，让人过目不忘。在北京，一说起吃小龙虾，人们肯定会想到去簋街。簋街餐饮的爆品也引领着北京乃至全国餐饮市场的走向，让簋街成为北京的一张美食名片。但另一方面，簋街也面临发展的困境，如同质化"密集效应"餐饮模式带来的发展困扰。簋街趋同的饮食特色，连片经营，规模化复制，虽然能带来大规模经营的效应，但现在北京各处的餐饮行业发展势头迅猛，出现很多特色餐饮品牌，或分散或集中在北京的各大商圈及街区。新兴的商圈大都是集餐饮、娱乐、购物于一体的消费模式，簋街连片的经营方式似乎不占优势，它的竞争力正在逐渐减弱。现在簋街生意没有前些年红火，很多商家也对此表示担忧。簋街想要发展得更好，需要新鲜血液。簋街的发展，以美食为主打，但也离不开众多特色文化与服务的支撑，需要商家与食客们共同维护支持。

第二节　庙会：边逛边吃

庙会又称庙市，是一种古老的贸易方式，多指设在寺庙内或附近的集市，一般在节日或规定日期举行。庙会在我国有着悠久的历史，源于远古时期的宗庙郊社制度，是民间广为流传的一种传统民俗活动。庙会兴于寺庙周围，伴随着佛教、道教等宗教活动产生，旧时庙会是结合佛、道两教的宗教节日而开设的，人们到庙里去，主要是为了进香、求福、祈祥。

随着社会的发展，庙会与商品交易的社会经济功能联系密切，逐渐演变成了集宗教祭祀、娱乐商业于一体的集会。人们去逛庙会，除了去烧香拜佛，还可以游玩购物。庙会的商业功能日渐突出。北京有些庙宇衰败或被拆除后，在原有庙址基础上依然定期举办庙会。比如老北京的火神庙以前每月逢四都有庙会，晚清火神庙香火中断，但定期的庙会活动继续进行。逛庙会这一悠久的民俗活动，参与者不分等级阶层，过去上自宫廷百官，下至市井庶民，无不乐而为之。人们逛庙会主要是买些土特产和日用百货，顺便看看小戏和杂耍，吃点小吃之类以供娱乐消遣。过去庙会是老百姓物质交易的主要场所，很多庙会逐渐发展成有固定日期的集市，俗称"赶庙会""逛庙会"。庙会本质上可说是一个综合性的大集市。

北京的庙会由来已久，据传起源于辽代，元、明两代进一步发展，在清朝与民国时期较为兴盛。庙会成为百姓日常生活的一大乐趣和重要的民俗活动。北京庙会名目繁多，很多庙会都有着悠久的历史。

白云观庙会兴起于元代的"燕九节"，是源于道教的节日。元代起北京的道教较为兴盛。相传正月十九日是道教先人丘处机的生日，人们为了祭奠道教先祖而设"燕九节"。每到此时，人们都会到白云观烧香、祭奠。白云观庙会成为人们正月娱乐的一大活动。

关于历史上北京的城隍庙庙会，有明人的《燕都游览志》记载道："庙市者，以市于城西之都城隍庙而名也。西至庙，东至刑部街，亘三里许，大略与灯市同，在每月以初一、十五、廿五开市，较多灯市一日耳。"

雍正年间记载"民俗终日劳苦，间以庙会为乐"。北京旧时庙会有各自不同的会期，特点不一。明清时期，北京有各种寺庙1300多座，为全国之冠。清代《京都竹枝词》描写了北京庙会繁荣的景象："东西两庙货真全，一日能销百万钱。多少贵人闲至此，衣香犹带御炉烟。"诗中的东西两庙指的是过去有东、西庙之称的隆福寺、护国寺。清末《旧京琐记》记载："有期集者，逢三之土地庙，四、五之白塔寺，七、八之护国寺，九、十之隆福寺，谓之四大庙市，皆以期集。"这里说的就是过去北京有名的土地庙、白塔寺、护国寺和隆福寺四大庙市。

据1930年的调查统计，北京城区有庙会20余处，郊区有16处。当时有"八大庙会"之说，即白塔寺庙会、护国寺庙会、隆福寺庙会、雍和宫庙会、东岳庙庙会、白云观庙会、蟠桃宫庙会、厂甸庙会。老北京还流传着"五大庙会"的说法，分别是护国寺庙会、隆福寺庙会、白塔寺庙会、土地庙庙会、花市庙会。民国时期的北京城几乎天天有庙会。据统计，20世纪30年代，隆福寺庙会规模最大。据1935年出版的《北平庙会调查》一书记载，隆福寺庙会期间，庙内共有摊位460户，庙外有商摊486户，总计946户。护国寺和白塔寺的集市商摊也多达700余家。

可以说，过去北京城一年365天几乎每天都有庙会。北京人把逛庙会当作生活中的一大乐趣，人们在庙会上烧香、购物、娱乐，走着逛着，不免饥肠辘辘，庙会上各种美味小吃，颇具吸引力。庙会的娱乐性和聚众性吸引人们边逛边吃，乐在其中，流连忘返。

北京庙会上的小吃由来已久，且以花样繁多闻名遐迩。据史料记载，早在元代，北京庙会就有了肉饼、八宝莲子粥等小吃的雏形。随着饮食的不断发展，明清庙会上的小吃日趋丰富。到了民国时期，庙会上的小吃发展到了极致。

过去庙会上经营饮食的一般都是浮摊，支个棚子，桌椅摆好就可以开张了，食物现做现卖。小贩或挑担或推着小车售卖，人们围拢而来，站立而吃。民国时期，北京庙会上的饮食集制作、品尝和买卖于一体，小贩们边做边卖边吆喝，好不热闹。当时北京城各处的小吃经营比较分散，庙会起到了"聚拢"的作用，将北京城里和周边地区的小吃汇集在一起"集体亮相"，使得北京百姓大饱口福、大饱眼福。

人们逛庙会的同时，可以品尝到各种风味的小吃。庙会上的小吃应有尽有，饱享口福是人们热衷于庙会的原因之一，所以庙会上各种吃食摊子自然就座无虚席了。庙会成为检验北京传统小吃的场域，售卖品种也全面而又生动地展示了北京民间饮食文化。

北京人讲究顺节气的饮食习惯，庙会上的小吃也循着四季变化而不断地变换花样。百姓喜爱的年糕、元宵等也会在春季庙会上出现；夏日炎炎，冰凉适口的杏仁豆腐、可口的凉粉、清爽的酸梅汤成为人们在庙市上解暑消夏的美味；秋日里，栗子糕、糖炒栗子等就会出现在庙市上；隆冬时节，热腾腾的盆糕、羊肉杂面、卤煮火烧等吃了不仅饱腹感强，还能驱寒保暖。过去庙会中的清真年糕摊售卖品种也会因季节而异，夏季有冰镇凉糕、粽子；春秋是炸糕、凉糕、江米藕、艾窝窝、驴打滚等。春季是吃豌豆黄的大好时节，过去三月三蟠桃宫庙会上，小贩们推着独轮车或者三轮车，车上放着提前做好的豌豆黄，上面罩上湿蓝布，不断吆喝着："豌豆黄儿哎——大块的！"

过去老北京庙会总会出现几款固定的北京传统小吃，驴打滚就是其中之一。它分为制坯、和馅、成型3道工序。做好的驴打滚外层沾满豆面，呈金黄色，豆香馅甜，口感绵软。包括驴打滚在内的年糕摊是庙会的常摊，过

图6-4 北京小豆凉糕（牛佳拍摄）

去白塔寺庙会、护国寺庙会，进东门的第一个小吃摊就是年糕摊，出售黄白年糕、豌豆黄、驴打滚、粽子、凉糕、江米藕、元宵、卷果、茶菜等。其中茶菜既不是茶也不是菜，而是炸白薯片，拌以蜜糖，点缀青红丝、山楂糕条，颜色鲜艳。茶菜属于清真小吃，年糕摊上常年有售。还有一种小吃名叫糖耳朵，又叫蜜麻花，形如耳朵甜如蜜。前人惊呼："耳朵竟堪作食耶？"糖耳朵是一种清真小吃，因形状如耳朵而平添几分趣味，是小孩子喜欢的一道小吃糕点。孩子们有时会吃得满脸糖渍。老北京庙会上的固定传统风味小吃还有灌肠。《故都食物百咏》中提到灌肠说："猪肠红粉一时煎，辣蒜咸盐说美鲜。已腐油腥同腊味，屠门大嚼亦堪怜。"灌肠的传统做法是把淀粉加红曲灌到猪肠子里，而如今北京庙会、集市上卖的灌肠多是用淀粉加红曲，不再用猪肠子，而是团之为肠形，蒸熟成"粉灌肠"。将煎好的灌肠蘸上蒜汁，用小竹扦扎着一片片吃，是老北京人最喜欢的灌肠吃法。糖葫芦是北京庙会上不可缺少的象征性的食物，是老北京庙会上最常见的传统小吃之一。过去厂甸庙会上的冰糖葫芦颇有特色。大糖葫芦有一米多长，选大而红的山里红用荆条穿起来，然后蘸上或刷上饴糖，白里透红，十分好看。据说这种一米多长的大糖葫芦只有厂甸庙会才有。过去北京的厂甸庙会颇为繁盛，它是旧时唯一一个不以寺庙道观命名的庙会。厂甸庙会所依托的是位于北京市西城区南新华街一带的火神庙、吕祖祠和土地祠3座

图6-5　老北京糖葫芦（徐秋爽拍摄）

小庙。[①]

历史上，厂甸庙会原本是灯市。《帝京景物略》记载："灯市者：朝逮夕，市；而夕逮朝，灯也。市在东华门东，亘二里。"也就是白天的称为"市"，夜晚的称为"灯"。清初，"灯归城内，市归琉璃厂"，将"灯"与"市"分布在不同的地方。而"厂甸即市之一，时在雍正乾隆中，以书画古董南纸为最多"，因此厂甸又被称为"文市"。《帝京岁时纪胜》记载了厂甸灯市在清朝时繁荣的景象："每于新正元旦至十六日，百货云集，灯屏琉璃，万盏棚悬，玉轴牙签，千门联络，图书充栋，宝玩填街。"厂甸庙会源于火神庙等几座庙宇，这些庙宇定期举行庙会，厂甸庙会规模日趋庞大，特别是春节期间尤为兴旺，汇集了北京的各路小吃。民国时期有记载道：

> 从1918年开始，每年农历正月初一至十五日，以厂甸及附近的海王村公园[②]为中心，举办大型庙会。庙会期间，琉璃厂东西街口、南北新华街口及吕祖阁、大小沙土园等处的摊贩连成一片。海王村公园水法池前的广场开辟为茶社，由几家茶社联营，游人可以在这里品茗休息。茶社四周，设有北京风味小吃，有年糕、豆腐脑、元宵、炸糕、小豆粥、豆汁、灌肠、面茶、蜂糕、艾窝窝、冰糖葫芦等，生意兴隆。[③]

厂甸成了北京风味小吃荟萃的地方，口味多样，品类繁多，甜的、咸的、荤的、素的、稀的、干的、炸的、煮的、烤的、烙的、蒸的、切的、拌的，无所不包。老厂甸庙会直到20世纪60年代中期止，成为老北京几代人的回忆。有北京人回忆20世纪60年代厂甸庙会的场景：

---

① 这3座庙现已改作他用或被拆除了。

② 现中国书店所在地。

③ 北京市政协文史资料委员会选编：《风俗趣闻》，北京出版社2000年版，295页。

在蓝色粗布棚里面，不光是小吃，还有喝茶的棚子，里面热气腾腾，高朋满座，嘻嘻哈哈，一天下来没几个钱进项，可摊主也乐此不疲。厂甸里这些摊位代表着一种文化氛围——"找乐"。庙会本身就是调剂，除了财富还有精神，吃的比重微乎其微。北京的春节冷得上牙打下牙，不吃东西还往嘴里灌凉气呢，在这样的条件下吃东西，这不是找罪受？至少不是光我这么以为，因为在这些个小吃摊位拉过长条凳坐下，甩开腮帮子大嚼的人稀稀拉拉，那时候还不兴烤串儿，只是炸焦圈、芝麻烧饼、豆腐脑、豌豆黄、红豆粥、豆汁、扒糕，还有一种老米粥上面撒层芝麻酱的。吃客相对的稀少意味着逛庙会的主要目的在游玩观赏而不在吃喝，逛完庙会使自己更文雅更体面而不是其他。[1]

厂甸庙会这一北京春节期间的标志性庙会于2001年恢复。据统计，2001年逛厂甸庙会的达到200多万人次。2006年，厂甸庙会被列入国家第一批非物质文化遗产名录。过去厂甸庙会的传统标志，如大串冰糖葫芦、大风车、传统的北京小吃等又回到了北京百姓的身边，极大地丰富了京城百姓的新春娱乐活动。

现在北京的庙会多集中于正月初一至正月十五。庙会上一般有文艺演出、非物质文化遗产展演、游艺互动、精品年货、传统小吃等供大众娱乐。庙会集参与性、观赏性、游玩性于一体，向着多样化、多层次性发展。现在每年正月北京庙会依然很多，如地坛庙会、厂甸庙会、龙潭庙会、八大处庙会、大观园红楼庙会、凤凰岭庙会、护国寺庙会等。庙会上最稳定的摊子要数小吃摊了。有的庙会大部分的摊位给了小吃摊，可见小吃的受欢迎程度。在众多庙会中，"吃在地坛"的说法由来已久。每年地坛庙会小吃城内汇集南北各地风味小吃达上

① 张征：《北京往事》，中国青年出版社2012年版，第31页。

百个品种，包括来自台湾的美食，比如台北西门町的阿宗面线、台湾烤香肠、酥炸花枝丸、蚵仔煎等，颇受人们欢迎。

现在北京庙会上的饮食越来越丰富，各地小吃汇聚于此。人们在庙会上可以吃到天南海北各处的美食，如新疆的烤串、烤馕，江南的锅盖面、扬州炒饭，川北的凉粉、担担面，山城的小汤圆、龙眼包，广式点心、河粉，云南的过桥米线、竹筒饭，海南的椰子制品，等等。小吃的风味突出，种类齐全。"庙会人特别多，特别拥挤，但不去就觉得少了点什么，可能就是过年的仪式感。"这是一位北京"80后"姑娘在逛庙会期间发出的感慨。

经过长期发展，庙会这种集宗教祭祀、娱乐游艺和商贸交易于一体的民俗活动，已经深入老百姓的生活，成为年节里必不可少的生活乐趣。

第三节　斋、堂、铺和茶棚

一、斋、堂、铺

北京商业饮食文化发达，清代杨静亭《都门纪略》记载："京师最尚繁华，市尘铺户，装饰富甲天下，如大栅栏、珠宝市、西河沿、琉璃厂之银楼缎号，以及茶叶铺、靴铺，皆雕梁画栋，金碧辉煌，令人目迷五色，至肉市酒楼饭馆，张灯列烛，猜拳行令，夜夜元宵，非他处所可及也。"北京饭庄林立，饮食业的发达促进了商品的交换和流通，奠定了市井百姓的民间餐饮格局。

北京最早的餐馆，又叫菜馆或炒菜馆。"餐馆"是近代以来的称呼。北京的餐馆兴于明代，清中叶得到空前发展。餐馆数量不仅多，而且经营范围广泛。既有专门服务王公贵族、宅门富商的饭庄，也有适合市井百姓的饭铺、茶馆等。旧日的斋、堂、铺，从现代意义上讲都是"餐馆"的别称。

堂的规模较大。清代中后期，王公大臣和八旗子弟吃喝之风渐浓，经常大摆筵席，京城出现了一种既可吃饭也可听戏的场所，人们称之为"堂"。"堂"内的装饰环境较为豪华，菜品丰富，讲究排场。资料显示，清代乾隆年间，京城中的"堂"由4家增加到33家。"八大堂"为福寿堂、庆和堂、聚寿堂、天福堂、燕寿堂、会贤堂、惠丰堂、同福堂。后来出现"十大堂"的称谓。1915年京师商会统计，"堂"字号饭庄有65家。此外还有"八大居""八大楼"这样的经营模式灵活、规模宏大的饭庄。除了规模较大的饭庄餐馆，一般的饭馆分为面食馆和兼营吃食的茶楼、茶馆、二荤馆（铺）等。面食馆，如包子铺、饺子铺、馅饼铺等，专营面食。二荤馆（铺），店内有烙饼、油条等主食和荤素酒菜供应。另有一种风味馆，如淮扬馆、山东馆、四川馆。

二、茶棚、茶馆

北京过去的茶馆、茶铺众多，功能多样，不仅销售茶水，还兼售多种茶点、小吃，以供客人休闲娱乐、联络感情。到茶馆喝茶的人，不管是达官贵人、富商士绅，还是脚力车夫、工匠苦力，都把茶馆当作家之外重要的活动地点。老北京茶馆草根气息十足，充斥着市井的烟火味，是北京特有的文化场所。北京的茶肆历史悠久，《宛署杂记》有对明代北京四月民俗活动的描述："十二日耍戒坛，冠盖相望，绮丽夺目，以故经行之处，一遇山坳水曲，必有茶棚酒肆，杂以妓乐，绿树红裙，人声笙歌，如装如应。从远望之，盖宛然图画云。"可见当时茶肆之多。明代街头茶肆内，说书、口技、相声、杂技，到处可见。清代的茶馆更为普遍，茶馆售茶和饮茶方式多样。民国时期，北京街巷店铺众多，尤以茶馆居多。旧时北京茶馆种类繁多，有大茶馆、清茶馆、书茶馆、棋茶馆、茶酒馆、野茶馆、鼓书茶馆、茶社茶棚等18种。

老北京过去的茶摊、茶棚较为普遍。很多是季节性的"茶棚子"，是"流动性"的摊位，所有的家当都在手推车或大板车上拉着，什么铁壶、陶碗、茶叶罐、竹竿儿、帆布、火炉子、高矮桌，到街上找一处背阴靠墙的地方，把车上的东西一卸，用竹竿儿把帆布棚子支起来，再在靠墙根儿的地方安上炉子生火烧水，放上铁壶，高矮桌摆放齐全，然后把装满茶叶土[①]的茶叶罐、陶碗等必需品放在高桌上，"茶棚子"就建好了，可以开张营业了。过往行人可以坐在茶棚下喝口茶，歇歇脚，休整片刻。两个铜板的大碗茶下肚，清凉爽口，回甘悠长。大碗茶不是沏的，而是放在水里煮的。卖大碗茶者将茶叶末乃至茶叶土装在小布袋里，放在锅里煮，水开了，茶味也出来了。过去茶棚不仅在街面上做商业经营用，还是逢年过节、红白喜事、庙会等特殊日子里必不可少的。

过去满族在北京有种茶棚老会，也叫清茶老会，是满族民间的茶

---

①　茶叶在储存、搬运过程中产生的渣子，经多次筛过之后剩下的粉状似土的部分。

社组织。茶棚老会在露天搭起茶棚，专在这样特殊日子供过往行人歇脚喝茶。现在广渠门一带还有这样的茶棚老会。过去夏季什刹海循例开办荷花市场，沿河两岸搭有茶棚，时人谓之"水座儿"。北海公园的茶社、北岸仿膳茶社等都要搭上凉棚，以便设座卖茶。还有一些在寺庙外搭设的"暖棚""粥棚"，以供无家可归的乞丐或赤贫的百姓。过去北京庙会众多，一年到头不断，每逢妙峰山庙会、三月三蟠桃宫庙会等大型庙会，一路茶棚林立，施粥舍茶。过去北京的茶棚、茶社接地气，粗粗的茶水碗碰撞间默默充斥着人情味。

过去老北京的茶馆功能多样、用途有别，店内设置不一。清末民初，北京的茶馆遍及街头巷尾。《燕市积弊》中说："北京中等以下的人，最讲究上茶馆儿，所以这地方茶馆极多。"下面列举几个茶馆类型，让大家对老北京过去的茶馆有大致的了解。

大茶馆。大茶馆人多，地方大，店面十分宽敞，房间多，陈设讲究。大茶馆集饮茶、饮食、娱乐、聚会于一体，品茶、会友人、谈生意，都可以在大茶馆完成。大茶馆标志性物件是大搬壶和红炉。大搬壶是大茶馆里一景，红铜大壶悬于屋梁之下，中贮沸水，随时取用，让人过目不忘。红炉，烤糕点用的烤炉，所制点心有月饼、萨其马等。柜台上还预备一些干果碟儿和京式大、小八件儿的点心，铺里还备有简单的吃食，像卤肉面、肉丁馒头等。

野茶馆。野茶馆是民国时北京茶馆中极具特色的一类茶馆。20世纪三四十年代，清末留下来的大茶馆已经衰落，代之而起的是中小型的各类茶馆，在城外四郊关厢的岔路口或靠近大车道的地方，散布着一个个野茶馆。村落中的人家，临街盖上三四间瓦房或草房，夏天在外面搭上简单的芦席凉棚、喝茶的茶座。屋内或凉棚下，有用砖石砌的长方形平台，这就是桌子，两边摆上两条长板凳。凉棚的一面围着矮的篱笆墙，还种上一些花草。房檐底下着几个鸟笼子。[1]野茶馆虽

---

[1] 傅惠：《老北京城外的野茶馆》，《北京文史资料》第58辑，北京出版社1998年版，第228页。

简陋些，但茶具都是开水烫过的，讲究干净卫生。野茶馆夏季生意最好，春秋平平，到了冬季天寒地冻的时候，大部分野茶馆就歇业了。野茶馆与自然相融，颇有特色。

书茶馆。书茶馆可以听戏、听评书。这类茶馆上午卖清茶，下午和晚上则约请说评书、唱鼓词的艺人来说唱。茶客中既有失意的官僚、在职的政客，也有普通市民，三教九流，五行八作，什么人都有。茶客们通常是边听书，边品茶。室内还有小贩到桌前卖五香瓜子、干咸瓜子、白瓜子、五香栗子、焖蚕豆、煮花生米、冰糖葫芦等小食品。堂倌在台下请顾客点唱，手持一把纸折扇，纸扇两面书写着鼓词曲目。茶客指定某演员唱曲，需要另付给演员茶钱。

清茶馆。这类茶馆专卖茶水。方桌木凳，十分清洁。小型茶壶、几个茶碗。春、夏、秋三季，茶馆门口高搭天棚。冬天，顾客多在屋内喝茶聊天。每日晨5时左右即开门营业，茶客有些是悠闲老人，如清末遗老、破落户子弟，更多的则是城市贫民和劳苦大众。中午以后，清茶馆的茶客换了一类，有走街串巷收买旧货的打鼓小贩，一面喝茶，一面在同行间互通信息；有放高利贷的，通过介绍人在茶馆里借钱给穷困者，从中盘剥；还有拉房纤儿的房屋牙行，以茶馆作为交换租赁、买卖、典押房屋消息的聚会之处。[1]

棋茶馆。内部设施较为简陋的茶馆。棋茶馆可以下棋，茶资外不另付租棋费。茶客多为底层百姓和无业人士，是消磨时光的好去处。

除了以上几类茶馆，还有些茶酒馆兼卖酒，其他小贩会零售些羊头肉、驴肉、酱牛肉、羊腱子等，一般大众化的茶馆是前堂卖吃食，后堂卖茶水。有些门外春、夏、秋三季搭各式凉棚。规模较大的茶馆一般建有戏台，京剧、评书、京韵大鼓等曲艺会在中午或晚上演出，很多名角最初是从茶馆唱出名气来的。

茶客来自各行各业，经商的、拉车的、八旗子弟、政客官僚等。

---

① 赵荣光主编，万建中、李明晨著：《中国饮食文化·京津地区卷》，中国轻工业出版社2013年版，第175页。

茶馆不仅是供人们品茗休息的场所，还是人们交流、娱乐、消遣的好去处。茶馆是个聚人气的地方，从早到晚闲不下来，茶客不断。早起有从城外散步遛鸟回来的老人到茶馆喝茶休息，日间有小贩、生意人边喝茶边交流信息，晚上还有通宵达旦品茶聊天的。有的人在茶馆一坐就是一天，达到"日夕流连，乐而忘返"的程度。

老舍的名剧《茶馆》有过对旧日茶馆场景的经典描述："这里卖茶，也卖简单的点心和饭菜。玩鸟的人们，每天在遛够了画眉、黄鸟等之后，要到这里歇歇腿，喝喝茶，并使鸟儿表演歌唱。商议事情的、说媒拉纤的也到这里来。那年月，时常有打群架的。但是总会有朋友出头给双方调解；三五十口子打手，经调解人东说西说，便都喝碗茶，吃碗烂肉面（大茶馆特殊的食品，价钱便宜，做起来快当），就可以化干戈为玉帛了。总之，这是当日非常重要的地方，有事无事都可以坐半天。"

老舍先生曾说："茶馆是三教九流会面之处，可以多容纳各色人物。一个大茶馆就是一个小社会。"茶馆是一种媒介，茶馆文化是平民文化的一种代表。形色不一的人，各种人情往来的事，都呈现在包容开放的场域中。地域文化、风土人情、活泼生动的大众生活相比比皆是。老舍先生笔下的《茶馆》就是一个微观的北京社会。

新中国成立之后，茶棚、茶馆等越来越少，多数茶馆衰微，但老舍茶馆声名远播，成为北京的名片之一。老舍茶馆是20世纪80年代新建的茶馆，以老舍先生的名字命名，按其名著《茶馆》中的场景构造布局，京味十足，享誉中外。老舍茶馆的前身是尹盛喜创办的青年茶社。1980年，尹盛喜率领二十几个待业青年在前门大街开办青年茶社，靠着卖二分钱一碗的大碗茶起家。后来，大碗茶被人们亲切地称为"老二分"大碗茶，给人们带去很多方便与清凉，成为时代的记忆符号。

老舍茶馆作为展示京味文化的大舞台，融入四合院、八仙桌、太师椅、大戏台、铜壶等多种元素，仿照老舍《茶馆》的布局，融合过去的书茶馆、餐茶馆、清茶馆、大茶馆、野茶馆、清音桌等老北京茶馆特色，将传统戏曲、北京小吃、中国茶文化汇集到一起。老舍茶馆成为最地道的北京茶馆的代表，吸引众多中外宾客慕名而来。宾客们通过看京戏、品茉莉花茶、吃北京小吃，体味最具京味儿的茶文化。老舍茶馆还为大中小学生及幼儿园的孩子们开办京味儿大课堂，让孩子们通过赏京戏、尝京点、喝京茶，全方位体验京味儿茶文化。老舍茶馆一直没有忘记北京大碗茶的平民、朴素的情结，始终恪守"大碗茶广交九州宾客，老二分奉献一片丹心"的理念，无论严寒酷暑，员工始终坚守户外茶摊售卖"二分钱"大碗茶。客人进店前都要在门前的茶摊喝上一碗热腾腾的茉莉花茶，体味一下老北京人的情怀。以老舍茶馆为代表的具有新的经营理念的北京茶馆还在延续着老北京茶馆平民、质朴、饱含人情味且京味十足的茶文化。老北京茶馆虽没有往日比比皆是的场景了，但是它是京味儿文化中不可替代的一部分，是展示老北京生活文化的窗口之一，还在发挥着作用。现在，除了北京最有名的老舍茶馆、老舍茶馆·四合茶院（又称前门四合茶院）之外，比较有名的还有前门大碗茶、德云社茶舍、张一元天桥茶馆等，另外，一大批茶艺馆、茶楼兴起，多达数百家。除茶馆外，茶文化主题的Mall兴起，首次将博物馆、茶艺馆、科普课堂和商场4种功能融合在一起，创造了很好的茶文化体验和普及的形式。

三、以酒吧为代表的新兴场域

20世纪80年代后期，酒吧进入人们视野，逐渐代替茶馆，成为人们娱乐消闲的好去处。酒吧是由西方传入的娱乐场所，但是其原理与老北京茶馆如出一辙，是集饮食、品茗、娱乐于一体的休闲场所。

20世纪80年代，北京的第一家酒吧在朝阳区南三里屯开业。而后三里屯附近酒吧如雨后春笋般冒出，散布在胡同内，逐渐形成规模，名满京城，有"三里屯酒吧街"之称。三里屯的酒吧最初模仿西方酒吧的模式，卖酒水和播放轻音乐。随着酒吧越来越多，酒吧中又加入乐队驻唱等娱乐新元素，三里屯逐渐成为北京夜生活的首选地，吸引各界人士工作之余来酒吧放松一下,小饮几杯。三里屯酒吧街也成为来北京的国内外游客必去体验的街区之一。

另一处兴起较早的酒吧坐落在后海一带。据说,后海林立的酒吧是从2003年开始,逐渐增多,渐成规模的。后海的酒吧散落在胡同

图 6-6　三里屯酒吧街(张羽辰拍摄)

图 6-7　酒吧内景(张羽辰拍摄)

巷陌,夜晚伴着什刹海旖旎的风月,后海岸上酒吧的灯火通明。夜晚置身后海酒吧,能强烈地感受到传统与现代的遥相呼应。夏天,沿河边排满酒吧的藤椅方桌,成为市民消夏娱乐的好去处。如世界杯期间,后海的酒吧成为北京最具规模的看球场地,几乎每家酒吧都提前为聚拢来的球迷准备了大屏幕和看台。球迷可以聚在一起,喝着啤酒,观看精彩的比赛,同时欣赏什刹海美丽的风光。在酒吧日趋同质化的

情况下，后海酒吧也在创新，如北岸百龄坛酒吧就推出过年夜饭体验的项目。现在北京酒吧分布较广，形式多样，工体西门、朝阳公园、亚运村等地的很多酒吧作为后起之秀引领酒吧业，成为"90后""00后"消费群体的新选择。酒吧的兴盛让人感受到北京作为现代化国际大都市的年轻与活力。

第七章

节令饮食

北京作为千年古都，凡事讲究规矩。饮食也是如此。北京人吃东西讲究时令，吃必以时，不时不食。什么季节吃什么、喝什么，那是不含糊的。如同不到重阳节花糕不上市，不到立秋烤涮不上市的讲究一样。《黄帝内经》指出，顺四时则生，逆四时则亡。"顺应节气""不时不食""天人合一"的饮食观念渗透北京人的日常生活，成为一种自然而然的饮食习惯。

第一节 北京节令饮食概说

一、二十四节气与北京

一年有二十四节气，顺应节气的生活方式是应中国人"天人合一"的价值观念而产生的顺应自然的生活智慧。早在古代农耕社会条件下，人们为了提高农业生产，总结出了二十四节气。我国二十四节气的历史由来已久，早在春秋战国时代，中国古人就通过观察日月运行的规律，根据月初、月中的日月运行位置和天气及植物生长等自然现象之间的关系，把一年平均分为24等份，并且给每等份取了专有名称。

战国后期《吕氏春秋》一书的"十二月纪"中就有了立春、春分、立夏、夏至、立秋、秋分、立冬和冬至等8个节气名称。这8个节气，是二十四节气中最重要的节气，它标示出季节的转换，清楚地划分出一年的四季。从考古中发现的出土文物考证，中国西汉时期就已经采取节气注历了。汉代著作《周髀算经》一书，就有"八节二十四节气"的记载。到了西汉的《淮南子》一书，就有了和现代完全一样的二十四节气的名称，这是中国历史上关于完整二十四节气较早的记录。

二十四节气是对自然变化的归纳、整理，指导着农业的生产生活，决定对农作物的适时播种与收割，与百姓生活息息相关。民间流传的《二十四节气歌》中说道："春雨惊春清谷天，夏满芒夏暑相连，秋处露秋寒霜降，冬雪雪冬小大寒。立春花开，雨水来淋，惊蛰春雷，蛙叫春分。清明犁田，谷雨春茶，立夏耕田，小满灌水。芒种看果，夏至看禾，小暑谷熟，大暑忙收。立秋之前，种完番豆，处暑莳田，白露耘田。秋分看禾，寒露前结，霜降一冷，立冬打禾。小大雪闲，等过冬年，小寒一年，大寒团圆。"二十四节气可以概括出全年的季节、天文、天气和物候、耕种生产的变化规律，是一种科学知识体系，影响着中国人的思维方式，并指导着社会实践。二十四节气是我国珍贵的文化遗产，2016年入选世界非物质文化遗产名录。

北京雄踞华北平原，环山抱水，可谓"幽州之地，左环沧海，右拥太行，北枕居庸，南襟河济，诚天府之国"。北京气候四季分明，春季干旱，夏季酷热多雨，秋季天高气爽，冬季寒冷干燥。优越的地理位置，独特的气候特征成就了北京具有地区特色的农耕生产习俗。受到地域气候与政治文化等因素的影响，北京顺应节气的饮食生活带有宫廷、士绅、市井相融合的滋味。"不时不食"的饮食理念深入人心，成为人们饮食生活的价值理念，指导着人们的饮食生活。

二、明、清、民国至当代的北京节令饮食

北京作为古都，形成了颇具优势的宫廷饮食特色。从宫廷的饮食规制和特点中可以对北京历史上饮食节律窥探一二。如，《明宫史》[①]记载了明代宫廷一年四季各节令的饮食和风俗活动。摘录其中的一部分一探究竟：

> 正月初一日正旦节。自年前腊月二十四日祭灶之后，宫眷内臣，即穿葫芦景补子及蟒衣。各家皆蒸点心储肉，将为一二十日之费。……正月初一日，五更起，焚香放纸炮……饮椒柏酒，吃水点心，即"扁食"也。或暗包银钱一二于内，得之者以卜一岁之吉。是日亦互相拜祝，名曰"贺新年"也。所食之物，如曰"百事大吉盒儿"者，柿饼、荔枝、圆眼、栗子、熟枣共装盛之。又驴头肉，亦以小盒盛之，名曰"嚼鬼"，以俗称驴为鬼也。立春之前一日，顺天府于东直门外"迎春"。凡勋戚、内臣、达官、武士，赴春场跑马以较优劣，至次日立春之时，无贵贱皆嚼萝卜，名曰

---

① 源于明代刘若愚的《酌中志》，后有明人吕毖选其中的第十六卷到二十卷校勘重印后名《明宫史》。

"咬春"。互相请宴，吃春饼和菜……初七"人日"，吃春饼和菜。自初九日后，即有耍灯市买灯，吃元宵。其制法用糯米细面，内用核桃仁、白糖为果馅，洒水滚成，如核桃大，即江南所称汤圆者。十五日曰"上元"，亦曰"元宵"，内臣宫眷皆穿灯景补子蟒衣①。灯市至十六日更盛，天下繁华，咸萃于此。……斯时所尚珍味，则冬笋、银鱼、鸽蛋、麻辣活兔，塞外之黄鼠、半翅鹖鸡，江南之蜜柑、凤尾橘、漳州橘、橄榄、小金橘、风菱、脆藕，西山之苹果、软子石榴之属，冰下活虾之类，不可胜计。本地则烧鹅鸡鸭、烧猪肉、冷片羊尾、爆炒羊肚子、灌肠、大小套肠、带油腰子、羊双肠、猪肾肉、黄颡、官耳、脆圆子、烧笋鸡、糟腌鹅鸡、炸鱼柳、蒸煎鲦鱼、酒煮鹌鹑……凡遇雪，则暖室赏梅，吃炙羊肉包、浑酒、牛乳……十九日名燕酒，是日也……二十五日曰"填仓"，亦醉酒饱肉之期。

二月初二日，各宫门撤出所安彩妆。各家用黍面枣糕以油煎之，或以面和稀摊为饼，名曰"熏虫"……清明之前，收藏貂鼠帽套领狐狸等皮衣，食河豚，饮芦芽汤以解热。各家煮过夏之酒。此时吃鲊，名曰"桃花鲊"②。

三月初四日，宫眷内臣换穿罗衣。清明……凡各宫之沟渠，俱于此时疏浚之。竹篾排棚大木桶，及天沟水管，俱于此时油舱③之，并铜缸亦刷，换以新汲水也。……二十八日，东岳庙进香，吃烧笋鹅；吃凉糕，糯米面蒸熟加糖、碎芝麻，即糍粑也；吃雄鸭腰子，大者一对可值五六分，传云食之补虚损也。

四月初四日，宫眷内臣换穿纱衣。……初八日，进"不落夹"，用苇叶方包糯米，长可三四寸，阔一寸，味与粽同

---

① 补子蟒衣：指旧时官服。

② 此处的桃花指古代一种鱼加工成的熟食品。

③ 油舱：用油涂抹封闭。

也。是月也，尝樱桃，以为此岁诸果新味之始。吃笋鸡，吃白煮猪肉，以为"冬不白煮，夏不爊"也。又以各样诸肥肉、姜葱蒜挫如豆大，拌饭，以莴苣大叶裹食之，名曰"包儿饭"。造甜酱豆豉。……二十八，药王庙进香，吃白酒，冰水酪，取新麦穗煮熟，剥去芒壳，磨成新条食之，名曰"捻转"，以尝此岁五谷新味之始也……

五月……初五日午时，饮朱砂、雄黄、菖蒲酒，吃粽子，吃加蒜过水面。赏榴花，佩带艾叶，合诸药画治病符。……夏至伏日，戴草麻子叶。吃"长命菜"，即马齿苋也。

六月初六日，皇史宬、古今通集库晒晾。……初伏、中伏、末伏亦吃过水面，吃"银苗菜"，即藕之新嫩秧也。初伏日造曲，惟以白面用绿豆黄加料和成晒之。立秋之日，戴楸叶，吃莲蓬、藕，晒伏姜，赏茉莉、栀子、兰、芙蓉等花。

七月初七日，宫眷穿鹊桥补子，宫中设七巧子，兵仗局伺候乞巧针。十五日"中元"，甜食房进供佛菠萝蜜，……是月也，吃鲥鱼为盛会，赏荷花，斗促织……

八月，宫中赏秋海棠、玉簪花。自初一日起，即有卖月饼者。加以西瓜、藕，互相馈送。西苑蹝藕①。至十五日，家家供月饼瓜果，候月上焚香后，即大肆饮啖，多竟夜始散席者。如有剩月饼，仍整收于干燥风凉之处，至岁暮合家分用之，曰"团圆饼"也。始造新酒，蟹始肥。凡宫眷内臣吃蟹，活洗净，蒸熟，五六成，群攒坐共食。……食毕，饮苏叶汤，用苏叶等件洗手，为盛会也。凡内臣多好花木，于院宇之中……有红白软子大石榴，是时各剪离枝。甘甜大玛瑙葡萄，亦于此月剪下。缸内着少许水，将葡萄枝悬封之，可留至正月色尚鲜。

九月，御前进安菊花。自初一日起，吃花糕。宫眷内臣

---

① 蹝藕：蹝（xǐ）通"屣"，靸着鞋走。这里指靸着鞋在西苑池塘中采藕。

自初四日换穿罗重阳景菊花补子蟒衣。初九日"重阳节"，驾幸万岁山登高或兔儿山旋磨台登高，吃迎霜麻辣兔、菊花酒是也，糟瓜茄，糊房窗，制诸菜蔬，抖晒皮衣，制衣御寒。

十月初一日颁历。初四日，宫眷内臣换穿纻丝。吃羊肉、爆炒羊肚、麻辣兔、虎眼等各样细糖。凡平时所摆玩石榴等花树俱连盆入窖。吃牛乳、乳饼、奶皮蒸窝、酥糕、鲍螺，直至春二月方止也……

十一月，是月也，百官传戴暖耳。……此月糟腌猪蹄尾、鹅肫掌。吃炙羊肉、羊肉包、扁食、馄饨，以为阳生之义。冬笋到，即不惜重价买之。每日清晨吃爛汤，吃生炒肉、浑以御寒。

十二月初一日起，便家家买猪腌肉。吃灌肠、吃油渣，卤煮猪头、烩羊头、爆炒羊肚、炸铁脚小雀加鸡子、清蒸牛乳白酒糟蚶、糟蟹、炸银鱼等，醋熘鲜鲫鱼、鲤鱼。钦赏腊八杂果粥米。是月也，进暖洞熏开牡丹等花。初八日，吃腊八粥。先期数日将红枣槌破泡汤，至初八早，加粳米、白米、核桃仁、菱米煮粥，供佛圣前、户牖、园树、井灶之上，各分布之。本家皆吃，或亦互相馈送，夸精美也。二十四日祭灶，蒸点心办年，竞买时兴锦缎制新衣，以示侈美富豪。三十日，岁暮守岁。乾清宫丹墀内，自二十四日起，至次年正月十七日止，每旦昼间放炮，遇风大暂止半日、一日……

以上是《明宫史》对明代宫廷12个月中饮食生活较为细致的描述。明代定都南京，繁盛在北京。《明宫史》所描述的宫廷饮食生活，也是当时北京饮食生活一个侧面的体现。此外，据孙承泽《思陵典礼记》(《借月山房汇钞》)记载，明代宫廷喜欢食品"荐新"，其中素食、果蔬占了很大比重。正月：韭菜、生菜、鸡子、鸭子；二月：芹菜、薹菜、蒌蒿、鹅；三月：茶、笋、鲤鱼；四月：樱桃、杏子、青梅、王瓜、雉鸡；五月：桃子、李子、来禽、茄子、大麦仁、小麦面、鸡；六月：莲蓬、甜瓜、西瓜、冬瓜；七月：枣子、葡萄、鲜菱、芡实、雪梨；八月：藕、芋苗、茭白、嫩姜、粳米、粟米、稷米、鳜鱼；九月：橙子、栗子、小红豆、砂糖、鲂鱼；十月：柑子、橘子、山药、兔、蜜；十一月：甘蔗、荞麦面、红豆、鹿、兔；十二月：菠菜、芥菜、鲫鱼、白鱼。《明宫史》与"荐新"礼制不仅体现了明代顺应季节的饮食风尚和节庆中的饮食生活，也从侧面呈现出北京各季的果蔬时鲜。可见在明代甚至更早的时候，人们已经在探寻天人合一、医食同源、顺应四时的饮食生活规律。

清代各季饮食与明代大同小异，节庆饮食大体承明制。《帝京岁时纪胜·时品》中写了一年12个月荐新时蔬：

正月荐新品物，除椒盘、柏酒、春饼、元宵之外，则青韭满馅包、油煎肉三角、开河鱼、看灯鸡、海青螺、雏野鹜、春橘金豆、斗酒双柑。至于梅萼争妍，草木萌动，迎春、探春、水仙、月季，百花接次争艳矣。

二月，菠薐于风帐下过冬，经春则为鲜赤根菜，老而碧叶尖细，则为火焰赤根菜。同金钩虾米以面包合，烙而食之，乃仲春之时品也。至若丁香菜、寿带黄、杏花红、梨花白，所谓万紫千红总是春。

三月采食天坛之龙须菜，味极清美。香椿芽拌面筋，嫩柳叶拌豆腐，乃寒食佳品。黄花鱼即江南之石首。至于小葱炒面条鱼，芦笋烩鲥花，勒鲞和羹，又不必忆莼鲈矣。

四月，荐新菜果，王瓜樱桃，饱丝煎饼，榆钱蒸糕，蚕豆生芽，莴苣出笋，乃时品也。花名玫瑰，色分紫鹅黄；树长娑罗，品重香山卧佛。青蒿为蔬菜，四月食之，三月则采入药为茵陈，七月小儿取作星灯。谚云：三月茵陈四月蒿，五月六月砍柴烧。

五月，小麦登场，玉米入市。蒜苗为菜，青草肥羊。麦青作撵转，麦仁煮肉粥。豇豆角、豌豆角、蚕豆角、扁豆角，尽为菜品；腌稍瓜、架冬瓜、绿丝瓜、白茭瓜，亦作羹汤。晚酌相宜。西瓜、甜瓜、云南瓜、白黄瓜、白樱桃、白桑椹。甜瓜之品最多，长大黄皮者为金皮香瓜，皮白瓢青为高丽香瓜，其白皮绿点者为脂麻粒，色青小尖者为琵琶轴，味极甘美。桃品亦多，五月结实者为麦熟桃，尖红者为鹰嘴桃，纯白者为银桃，纯红者为五节香，绿皮红点者为秋秸叶，小而白者为银桃奴，小而红绿相兼者为缸儿桃，扁而核可作念珠者为柿饼桃。更有外来色白而浆浓者为肃宁桃，色红而味甘者为深州桃。杏除香白、八达杏之外，有四道河、海棠红等杏，仁亦甘美……

六月，盛夏食饮，最喜清新，是以公子调冰，佳人雪藕。京师莲实种二：内河者嫩而鲜，宜承露，食之益寿；外河坚而实，宜干用。河藕亦种二：御河者为果藕，外河者多菜藕。总以白莲为上，不但果菜皆宜，晒粉尤为佳品也。且有鲜菱、芡实、茨菇、桃仁，冰湃下酒，鲜美无比。其莲藕芡菱，凉水河最胜，有坊曰十里荷香……

七月，禾黍登，秋蟹肥，苹婆果熟，虎喇槟香。都门枣品极多，大而长圆者为璎珞枣，尖如橄榄者为马牙枣，质小而松脆者为山枣，极小而圆者为酸枣。又有赛梨枣、无核枣、合儿枣、甜瓜枣。外来之密云枣、安平枣……红子石榴之外有白子石榴者，甘如蜜蔗，种出内苑。梨种亦多，有秋梨、雪梨、波梨、密梨、棠梨、罐梨……山楂种二，京产者小而甜，外来者大而酸，可以捣糕，可糖食……

八月，中秋桂饼之外，则卤馅芽韭烧麦，南炉鸭，烧小猪，挂炉肉，配食糟发面团，桂花东酒。鲜果品类甚繁，而最美者莫过葡萄。圆大而紫色者为玛瑙，长而白者为马乳，大小相兼者为公领孙。……盖柿出西山，大如碗，甘如蜜，冬月食之，可解炕煤毒气。白露节苏州生栗初来，用饧沙拌炒，乃都门美品……

九月，茰囊辟毒，菊叶迎祥，松榛结子，韭菜开花。新黄米包红枣作煎糕，荞麦面和秦椒压饸饹。板鸭清煮，嫩蟹香糟。草桥荸荠大于杯，卫水银鱼白似玉。

十月，铁角初肥，汤羊正美。白鲞并豚蹄为冻，脂麻灌果馅为糖。冬笋新来，黄斋才熟。至于酒品之多，京师为最。煮东煮雪，醅出江元，竹叶分清，梨花湛白……

十一月，时维长至，贡物咸来：北置则獾狸狍鹿，野豕黄羊，风干冰冻；南来则橙柑橘柚，香橼佛手，蜜饯塘栖。荐新时品，摘青韭以煮黄芽；祠祭鲜羹，移梅花而烹白雪。欣一阳之来复，遂万有以萌生。

十二月，皇都品汇，丰年为瑞，薄海承平。汇万国之车书，聚千方之玉帛。……聚兰斋之糖点。

清代节令饮食的一大特色是满族饮食风味涌入北京。据清代富察敦崇《燕京岁时记》载："每至十二月，分赏王大臣等狍鹿。届时由内务府知照，自行领取。三品以下不预也。"皇帝向满、蒙古、汉八旗军的有功之臣颁赐东北野味。北京城内分设关东货场，专门出售东北的狍、鹿、熊掌、驼峰、鲟鳇鱼，使东北风味的应季食物也出现在北京季节性的饮食中。

民国初年流传着"不时不食"的掌故。有一个叫贡王四的买卖人，靠卖蜜供发了家，在过去老北京商圈里是个成功的生意人。家中有个不成器的儿子，刚到元宵节，想吃烧羊肉，点名想要西斜街、后泥洼把口洪桥王的烧羊头。据说，洪桥王是当时北京西城很有名的一家羊肉床子，很多人买洪桥王带汤的烧羊肉回家下杂面吃。洪桥王任凭贡王四怎么来人劝说，高价诱惑，愣是本着"不时不食"的规矩，没做出破例的买卖。因这个掌故后来流行起了一句歇后语："洪桥王的烧羊肉——不是时候。"

近现代以来北京的四季饮食大体承前，集宫廷、市井、多民族风味饮食风尚于一体。素有"北京通"之称的崔岱远先生在《京味儿》一书中写道：

对于北京人来说，什么时令吃什么点心，那是一点都不能含糊的。刚过了年，人们还依旧浸润在那热烈的气氛中，什锦馅的元宵就已经上市了；早春二月，护城河边的柳条刚刚显出些柔软，小孩子们就开始吃上了大米馅的太阳糕；三月初三吃的是黄琼一样细嫩的豌豆黄；四月里，自家后院中的藤萝花做馅制成的酥皮儿藤萝饼散发着阵阵幽香，而用妙峰山产的鲜玫瑰花做馅制成的散发着浓香的酥皮的玫瑰饼也开始上市了；端午节里的粽子按规矩必须是江米小枣儿的，而且是用马莲拴紧了苇叶来包；七月里，火热的太阳照在青瓦灰砖上，四合院里的人们吃的是祛暑的绿豆糕、水晶糕；中秋节的风开始让人感觉到利落，饽饽铺里的各色月饼却让人有些目不暇接，眼花缭乱；九九重阳，西山仿佛笼罩在红霞里，这时节最好吃的当然是花糕；当院里的柿子树上只剩下几个大盖柿的时候，冬天来了，就又该吃蜂糕和喇嘛糕了；飘雪的时节，一两尺高，成坨的蜜供又摆上了各家各户的八仙桌……不只是为了解饱和解馋，而是一种对四时变化的感悟和憧憬……①

作为地道北京人的崔先生为我们展示了现代北京人顺应节气、时令的饮食风尚。

以上从明—清—民国的历史维度并结合当代看北京节气中的饮食，可以发现，北京饮食生活一直崇尚顺应四时、医食同源、天人合一的饮食理念。

---

① 崔岱远：《京味儿》，生活·读书·新知三联书店2009年版，第102～103页。

第二节　节气中的时鲜

一、春

春多馥，夏多苦，秋多辣，冬多咸。春天是充满生机的季节，也是一年之始。北京人春天除了踏青，还有"吃春"之食俗。怎么"吃春"呢？

（一）立春、咬春、春饼

立春，又叫打春，是一年中第一个重要的节气。立是"开始"的意思，自秦代以来，中国就一直以立春作为春季的开始。立春也象征着春耕的开始，立春之日自古就有鞭春牛、吃春饼、咬春吃萝卜的习俗。立春之时多在正月，天气寒冷，萝卜破土还带冰碴，咬春吃萝卜是延续古人嚼菜根之意。古人有"咬得草根断，则百事可做"之说。早在晋代，人们就有吃"春盘"一说，到了唐代开始出现"春饼"的称谓，明朝宫廷就有了吃"春饼""咬春"的食俗。清代此食俗深入民间。

很多关于北京的典籍中都有立春习俗的记载。《燕京岁时记》记载道："打春即立春，在正月者居多。立春先一日，顺天府官员至东直门外一里春场迎春。立春日，礼部呈进春山宝座，顺天府呈进春牛图。礼毕回署……买萝卜而食之，曰咬春，谓可以却春困也。"

《康熙宛平县志》记载道："立春前一日，迎春于东郊春场，鼓吹旗帜前导，次田家乐，次勾芒神亭，次春牛台，引以耆老、师儒、县正佐官，而两京兆列仪从其后。次晨鞭春，遵古送寒气之意也。是日五鼓，具数小芒神、土牛，官生舁献大内诸宫，曰进春。"

《北平风俗类征·岁时》中记载："是春月，如遇立春……富家食春饼。备酱熏及炉烧盐腌各（种）肉，并各色炒菜，如菠菜、韭菜、豆芽菜、干粉、鸡蛋等，而以面粉烙薄饼而食之。"吃春饼一般用饼子裹着菜，菜中可加入豆芽、咸菜、韭黄、菠菜等，再配上"盘子菜"，就是肘子、酱肉等熟食，可佐以甜面酱或咸酱配食。现在春饼成为一道北京的小吃，一年到头都可以买到。春卷也是北京百姓平日常吃的一道美食。

（二）春日豌豆黄

春天是吃豌豆黄的季节。"豌豆黄儿，大块的咧！……"每年春天的三月三，北京满大街都是吆喝着卖豌豆黄的。豌豆黄最早从民间传入宫廷，经过改良又回归民间。宫廷的豌豆黄来自清宫御膳房，御膳房的厨师将民间的"小枣糙豌豆黄儿"进行改良，挑选上等的白豌豆，焖烂之后过细箩，筛好后加入白糖桂花，待凝固后切成块状。据说慈禧太后很喜欢吃。民间的豌豆黄与宫廷的豌豆黄差别较大。民间的"小枣糙豌豆黄儿"用的是普通的白豌豆去皮，焖烂，放糖炒，再加入石膏水和煮熟的小枣，搅匀放入大砂锅内，待其凝固冷却后从砂锅中扣出，切成菱形块状。过去一到春天，北京的大街小巷，庙会以及胡同等地充斥着卖豌豆黄的小贩。小贩一边招呼着买主，一边熟练地掀起罩在大砂锅上的湿白布，切出黄澄澄、香喷喷，如同黄金糕一样的豌豆黄。豌豆黄能从农历的三月三开春一直卖到农历五月。

图7-1　豌豆黄（闫绍伟拍摄）

（三）树芽、野菜、春花

春天还是吃树芽、野菜的季节。清明时节，是春耕春种的大好时节，时间大致在农历三月上旬，公历4月5日左右。《岁时百问》写道："万物生长此时，皆清洁而明净。"故谓之清明。清明才是真正春天的开始，许多树开始发芽。有些新生的树芽也被北京人当作应季的时蔬享用。香椿芽就是北京人非常喜爱的一味应季的时蔬，坊间流传着"雨前香椿嫩无丝"的说法。谷雨前香椿芽肥短脆嫩，味佳。《本草纲目》中记载："椿树皮细腻而质厚并呈红色，嫩叶香甜可以吃……味苦，性温，无毒……"香椿芽主治慢性消化不良，有祛胃里积液等功效。北京人能把香椿吃出"花"来，吃香椿还一定拣最嫩的部分吃，俗称"香椿芽儿"。吃法有腌香椿、香椿芽儿拌面筋、香椿芽儿拌粉皮儿、香椿摊鸡蛋等。北京还喜欢炸香椿鱼。经过油炸的香椿，香味被油温泼出，尝一口唇齿留香，而且越吃越香，可谓"春香"扑鼻了。似乎很多春天"刚发的芽"都可以被北京人拿来吃，如嫩柳叶拌豆腐被誉为"寒食佳品"；花椒芽、柳芽等，淋上麻油和香醋，或者浇上姜汁、蒜泥、黄酱等食用，吃起来神清气爽，鲜嫩爽口，被当作治愈"春困"的良方。

图7-2　香椿芽（牛佳拍摄）

图7-3　北京家常香椿鸡蛋饼（牛佳拍摄）

野味也是不可错过的一种时鲜。春季开始之时，憋了一冬，苦于无鲜货可尝的人们终于可以初尝野味了。立春过后，地里的野菜开始返青。有人从地里挖一些如苦麻儿、荠菜、曲麻（苣荬）菜之类的野菜到市上销售。《都门竹枝词》有诗云："瓦鸭填鸡长脖鹅，小葱盖韭好调和。苦麻根共茼蒿菜，野味登盘脆劲多。"民间有"春天吃曲麻菜、苦麻儿等苦菜可以败火"之说。三四月间很多人挖荠菜吃。荠菜是大众喜食的一种野菜，吃法繁多，有荠菜馄饨、荠菜饺子、荠菜炒鸡片、荠菜炒冬笋等。荠菜吃起来像菠菜但比菠菜口感嫩滑，有种没有"被驯化"的野味的鲜美。荠菜一般在农历三月开花，相传农历三月三是荠菜花的生日，过去北京农村流传的谚语说："三月三，荠菜花儿赛牡丹；女人不插无钱用，女人一插米满仓。"荠菜开花之后，还可食用，但这时候的荠菜相比没开花的嫩荠菜已经老了，不适用于包饺子，但可以蒸煮加入调料拌食。龙须菜味极清美，可素烹、荤炒、凉拌，还可腌成酱菜。"老北京人三月天讲究到天坛城根儿挖龙须菜吃，沾沾仙气儿。"虽是坊间戏言，但龙须菜确是春日美味之一。春天还有枸杞头，将枸杞初生小芽以香油素炒，或用开水浸泡用来拌豆腐，味道更佳。

四月，花期至，所谓"吃春花"就是把春季开的某些花作为食材。北京的四合院内有很多高大的槐树、榆树。春天，槐树花、榆钱皆可食用。不仅树上开的花可食，像玫瑰花、藤萝花等皆可作为食材。北京春天的"花糕"真是花样繁多。

槐树花可以包包子，槐树花加猪肉做出的包子香味扑鼻。用嫩榆钱、酸面加糖可以做成榆钱糕。但榆钱是发物，多吃容易发病。四月还流行食玫瑰花饼。据传，乾隆皇帝就喜食玫瑰花饼。北京的玫瑰花，以京西妙峰山的最好。"一花两色浅深红"的玫瑰花，色彩艳丽，花朵大，花味浓郁持久。玫瑰花味甘，性温，有理气解郁、舒肝养心的功效。春末夏初的时节，玫瑰花饼作为应季的食物，是馈送好友的佳品。藤萝花盛开多半在仲春淡雅幽香，香味持久。北京春季吃榆钱糕、藤萝饼等应季糕点的历史较长。《燕京岁时记》中记载："三月榆钱出时，采而蒸之，合以糖面，谓之榆钱糕。以藤萝花为之者，谓之藤萝饼。皆应时之食品也。"藤萝饼，是北京有名的传统小吃，皮酥松软，美味可口，具备浓重的鲜藤萝花的幽香味。唐鲁孙在《中国吃》一书中写出了藤萝饼的甘甜美味：

> 要说好吃，藤萝饼跟翻毛月饼做法一样，不过是把枣泥豆沙，换成藤萝花，吃的时候带点淡淡的花香。平时净吃枣泥豆沙，换换口味似乎滋味一新。还有一种是把藤萝花摘下来洗干净只留花瓣，用白糖、松子、小脂油丁拌匀，用发好的面粉像千层糕似的一层馅，一层面，叠起来蒸，蒸好切块来吃。藤萝香松子香，糅合到一块儿，那真是冷香绕舌，满口甘沁，太好吃了。[①]

看了唐鲁孙回忆的藤萝饼的美味，不由得流出口水来。

（四）春日时鲜

四五月的暮春时节，青菜类有新鲜的小葱、嫩黄瓜、春水萝卜、小白菜儿、青蒜苗、西葫芦、莴苣菜、扁豆、茴香、韭菜等。葱，产自初春，羊角葱是春季新上市的一种小葱，切碎拌豆腐，腌而食之，味鲜美。小葱是老北京人吃春饼、烙饼卷盒子菜必不可少的"时鲜儿"。新鲜的嫩黄瓜也是备受欢迎的时蔬，古代有把黄瓜比作小人参之说。清代李静山《增补都门杂咏》记载：

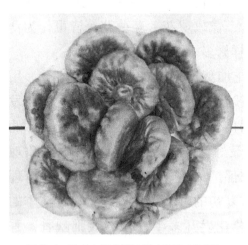

图7-4　北京家常韭菜馅饼（徐秋爽拍摄）

---

①　唐鲁孙：《唐鲁孙系列·中国吃》，广西师范大学出版社2004年版，第30页。

"黄瓜初见比人参，小小如簪值数金。微物不能增寿命，万钱一食是何心？"

菠菜是春季的一种主要蔬菜，被称为"赤根菜"。菠菜在暮春时节大量上市，有拌菠菜、炒菠菜、菠菜炒鸡蛋、菠菜汤等多种吃法。春季菠菜价格便宜、新鲜可口，加上供应充足，以至于北京人开玩笑说：吃菠菜太多会把脑门儿吃绿了！有的人一买就是一大筐。食用不尽，可在谷雨前后将其晒成干，以备菜淡季享用。

四五月，新鲜的水果陆续上市。樱桃、桑葚、青水杏、蜜桃、甜瓜、西瓜等水果纷纷摆上了鲜果床子。甜瓜香脆可口，沿街小贩吆喝着：青皮脆、羊角蜜、哈密酥、倭瓜瓢、老头乐。各种称呼其实都是用来形容新上市甜瓜的香脆劲儿。樱桃和桑葚一般摆一起卖，红的紫的颜色鲜艳夺目，煞是好看。

小民、喜乐在《故都乡情》一书中回忆了在北平生活的岁月，写满了对北平生活的眷恋。文中提到了当时北平春季的果蔬：

作家徐徐曾说过："北平是一个离开了使人想念，居住着使人留恋的地方！"每个人对北平的看法不同，好坏也各异，但却一致认为那是个适合住家的地方。特别在四季分明的气候中，按季节吃的零食、水果，最令人怀念。

每年到四五月的时候，樱桃和桑葚就上市了。这两种在暮春一齐上市的小水果，颜色又是同样的鲜艳：樱桃亮红，桑葚妮紫。卖的人将两种小果子，放在一片片心形的杨树叶子上。小孩买的时候，用叶子托着，一颗一颗地送口里吃。老北平的樱桃很小，晶莹可爱如一颗颗小宝石，桑葚似紫玛瑙，衬托在浓绿色白杨叶子上，色彩真是艳丽夺目。……北平的杏儿种类很多，仅颜色就有白、红、橘黄——也是正宗杏黄三种。个儿也有大小，最大的杏有四公分，仅比水蜜桃小一点儿。在北平吃杏儿也分三期：小青杏儿极酸必须夹蜜同吃，脆嫩清香，第一期。第二期的杏在树上已经红了，摘下来卖，酸甜有水，十分开胃。第三期熟透了的大杏，皮薄核小，极甜，咬个小洞儿一吸一兜儿蜜汁，甘洌芬芳真过瘾。……犹记得祖父在世时，瞧我们小孩吃夹了蜜的青杏儿，就皱起眉头，撇着嘴说他的牙都倒啰！可见有好酸。现在想起来还流口水呢！[①]

小民先生生于北京，长于北京，童年北京的印象，永生不忘，将暮春季节交替时出现的樱桃、桑葚还有北京特有的大青杏儿写得入木三分，尤其是"酸倒牙"的青杏儿让人一下就记住了北京"春的味道"。

（五）莼羹鲈脍，鱼的盛宴

除了果蔬味儿之外，北京春天还有海味儿、鱼味儿。北京不靠海，海产品多从外地运来。海水鱼等海产品多来自渤海湾的天津，胶东半岛的烟台、青岛，以及秦皇岛等沿海地区。虽然北京不靠海，但北京境内河湖交错，潮白河、永定河、拒马河、温榆河，四大河流孕育了丰富的水生动物。当代《怀柔县志》记载怀柔地区有66种鱼类、两栖类水生动物资源，《房山县志》记载房山区有20余种野生鱼类、两栖类水生动物资源。鲫鱼、鲤鱼、鲇鱼以及虾、螃蟹、甲鱼等水产资源丰富，为京郊的传统名产。现在交通四通八达，各类海鲜、水产品应有尽有，但是在过去交通没那么便利、物资不充沛的时代，京城的鱼市并不发达，有专门的鱼行和市场。比如，崇文门外的鲜鱼口就是因鱼商聚集而得名。西河沿、东单、西单、东四、西四、菜市口、鼓楼等地区都有水产品交易市场。通州鼓楼地区及京城周边的城镇也有小型水产品交易场所。鱼市有活鱼、冰冻鱼、海味品等。经营形式有零售店铺，也有商店代理批发；有从产地直接进货经营，也有渔民、商贩摆摊或挑担走街串巷地叫卖。有字号的鱼品、海味品商店多

---

① 小民、喜乐：《故都乡情》，中国友谊出版公司1984年版，第23~24,30~31页。

集中在东单、西单、鼓楼、大栅栏、西河沿等地区。[①]

旧时，春日"海味儿"开市，北京市面上黄花鱼上市，看到黄花鱼上市，就已是桃柳争妍、草长莺飞的时候了。黄花鱼，又名石首鱼，渤海产居多。北京黄花鱼多从天津渤海湾运来。每年三四月黄花鱼大量上市，价格实惠，普通人家都可买来尝鲜。黄花鱼分大黄花、小黄花两种。大黄花鱼肉肥厚但略粗老，小黄花肉嫩鲜美、刺多。黄花鱼做法很多，或熏或炸，还可以做成糖醋鱼、干炸鱼、烩鱼羹、红烧鱼等。黄花鱼肉如蒜瓣，比淡水鱼鲜嫩，有时也称为蒜瓣鱼。每年春光明媚、花红柳绿的好时节，正是吃蒜瓣鱼的好时候，以大青蒜头伴食黄花鱼——对味，食之真乃人生一大乐趣。

淡水鱼中广受欢迎的是鳜鱼，又称为花鲫鱼。此鱼四时皆有，三月最肥，且无刺。诗词中"桃花流水鳜鱼肥""万点桃花半尺鱼"均是对鳜鱼的赞美。鳜鱼清蒸是最鲜嫩的，可用口蘑、脂肉提鲜。做整条鱼的话，清蒸、醋熘、红烧、酱汁等都可以。分成块做如滑熘、瓦块、糟熘、锅塌鱼、高丽鱼条、抓炒鱼等，再冠以醋熘、红烧、酱汁、五柳的口味即可，做法与黄花鱼相同，是北京最常吃的鱼。

鱼是北京人餐桌上很重的一道菜，有"无鱼不成席"之说。北京还流行着一道较为有名的鲁菜——醋熘鱼片。醋熘鱼片是北京很多著名鲁菜饭庄的招牌菜，也深得北京人的喜爱。北京人王世襄在《从香糟说到"鳜鱼宴"》一文中写道："最好是用鳜鱼，其次是鲤鱼或梭鱼。鲜鱼去骨切成分许厚片，淀粉蛋清浆好，温油拖过。勺内高汤兑用香糟泡的酒烧开，加姜汁、精盐、白糖等作料，下鱼片，勾湿淀粉，

图 7-5　仿膳饭庄的龙舟鱼（郝致炜拍摄）

①　杨铭华、焦碧兰、孟庆如：《当代北京菜篮子史话》，当代中国出版社 2008 年版，第 130 页。

淋油使汤汁明亮，出勺倒在木耳垫底的汤盘里。鱼片洁白，木耳黝黑，汤汁晶莹，宛似初雪覆苍苔，淡雅之至。鳜鱼软滑，到口即融，香糟去其腥而益其鲜，真堪称色、香、味三绝。"文中将鳜鱼的做法和口味都描写得详细且入木三分，让人忍不住做来吃。

　　说到鱼总能让人联想很多，如年年有余、吉庆有余。每个筵席都要有鱼这道菜，鱼是吉祥如意的象征物。提到鱼，也会让人联想到自己的故乡，如"莼鲈之思"的典故。《世说新语》载张翰"见秋风起，因思吴中菰菜羹、鲈鱼脍，曰：'人生贵得适意尔，何能羁宦数千里以要名爵？'遂命驾便归"。这是说张翰因"秋风起兮佳景时，吴江水兮鲈鱼肥"，想念家乡"莼羹鲈脍"，就辞官南归了。虽然是一种政治智慧的表现，也体现了浓浓的思乡之情。20世纪80年代至90年代，很多久居台湾的作家纷纷加入了怀念故都的行列。梁实秋先生《两做鱼》中写道：

　　　　鱼的做法很多，我最欣赏清炸、酱汁两做，一鱼两吃，十分经济。

　　　　清炸鱼说来简单，实则可以考验厨师使油的手艺。使油要懂得沸油、热油、温油的分别。有时候做一道菜，要转变油的温度。炸鱼要用猪油，炸出来色泽好，用菜油则易焦。鱼剖为两面，取其一面，在表面上斜着纵横切而不切断。入热油炸之，不须裹面糊，可裹芡粉，炸到微黄，鱼肉一块块地裂开，看样子就引人入胜。撒上花椒盐上桌。常见有些他处的餐馆做清炸鱼，鱼的身分是无可奈何的事，只要是活鱼就可以入选了，但是刀法太不讲究，切条切块大小不一，鱼刺亦多横断，最坏的是外面裹了厚厚一层面糊。两做鱼另一半酱汁，比较简单，整块的鱼嫩熟之后浇上酱汁即可，惟汁宜稠而不粘，咸而不甜。要撒姜末，不须的作料。[1]

---

① 梁实秋：《雅舍谈吃》，江苏凤凰文艺出版社2019年版，第24页。

久居中国台湾的唐鲁孙、齐如山等都曾写过在北平做鱼的文章。齐如山在《官席与火候菜》一文中写道："糟熘鱼片。此亦是火候菜，但差几秒钟还没什么大的关系，但这种菜要看手艺，鱼片熘熟之后，还要保存齐整，不许破烂，行话曰见棱见角；若一破碎，那就成了烂豆腐了。"可见小小食物，迎着味蕾，迁出时代变化，勾勒出乾坤，更是把浓浓的思乡之情通过"鱼"展现得淋漓尽致。鱼的象征意义明显。作为文化符号，鱼的内涵是相当丰富的。不知这些久居台湾的先生们在想念北平的饮食的同时，有没有"莼鲈之思"的感怀。

二、夏

（一）夏日果蔬旺

夏季是蔬菜旺季，新鲜的冬瓜、倭瓜、黄瓜、西葫芦、柿子椒、小尖椒、圆白菜、莴笋、海茄子、芹菜、韭菜、茴香、土豆、洋葱头、毛豆、芸扁豆、豌豆角等时蔬大量上市，种类丰富。夏天不仅蔬菜多，水果也是应有尽有。北京地区夏、秋两季水果品种丰富，产量大，且随产随销。旧时的北京有很多果局、果摊、果挑，还有拉"虎皮车"的专门卖水果。这些成为老北京街头的风景线之一，是旧日古城风韵的一部分。前清时期只有果局，果局汇集南鲜北果、河鲜时物，是很好的果蔬集散地和果蔬买卖场。果局可世代经营，比如果局子刘、果王等，第一代创好了基业，子孙后代接着做。果局讲究各有存货，自办窖货，不卖劣果。后来出现了季节性的果摊、果挑等。果挑又称京挑或乡挑、山背子，一般指近郊的农民挑着新鲜的水果走街串巷卖水果，夏天卖带霜"虎拉车"即闻香果，还卖苹果、沙果梨、酸梨等。

中国台湾作家小民、喜乐，对20世纪二三十年代北平街上的果摊有深刻的印象。他们在《故都乡情》一书中回忆道："距八月节还有半个来月，北平街头摊子一天比一天多了。除了月饼摊，还有'熏'得整条街喷香的水果摊。水果摊支着一把大布伞，老蓝布垫在梯形罐子上，摆着苹果、石榴、柿子、大蜜桃、鸭梨、沙果……种类繁多。"[1]书中描述的夏秋季的四九城飘着瓜果香气，似乎隔着文字就能闻到扑鼻的瓜果香，可见古城风情之浓香馥郁的一面。

（二）河鲜儿、荷叶粥

北京河塘交错，夏日里很多河鲜儿一跃成为应季的果蔬。河鲜儿即河塘之中所产的各种"果实"。这些果实采上岸之后随即下街去卖，谓之"卖河鲜儿"。北京本地所产的此类果蔬有鲜藕、菱角、老鸡头（包括鸡头米）、莲蓬、慈姑等。过去一般农历七月，市上便有卖菱角、莲蓬、老鸡头的了。老鸡头学名芡实，《燕京岁时记》记载："七月中旬则菱芡已登，沿街吆卖，曰：'老鸡头才上河。'盖皆御河中物也。"过去，老鸡头在京城及郊区的河塘里均可见到，它属睡莲科，大大的叶子像荷叶一样浮在水面上，全株长满了刺，因果实形状像鸡头而得此名。夏末秋初鲜藕上市。鲜藕既可以生吃，也可以做菜、包饺子，还可当作一些果品、小菜的制作原料，如江米藕、果脯和酱八宝咸菜等都少不了它。

什刹海附近十里荷塘，藕、鸡头米、菱角等河鲜儿较多，过去靠近什刹海一带的会贤堂就地取材，做的"河鲜冰碗"很有名。这种应季的时鲜配料是鲜莲子、鲜藕、鲜菱角、鲜鸡头米还有鲜核桃仁、鲜杏仁、鲜榛子，加入蜜钱，用嫩荷叶托着冰碗。北京夏日酷热难耐，来一份冰碗别提多么消暑了。

夏日家中亦备荷叶粥。荷叶粥一定要用粳米熬制并加入"二仓"，荷叶盖于锅中皱皮纸上，加锅盖焖。若想吃甜粥需在盖荷叶之前把糖放入粥里，则味道甜香合一。如果后加则味道相差甚远。等粥凉了后，荷叶的绿汁由顶溢出，荷叶的香味融入米粒中，清香扑鼻，入口即化。荷叶粥乃夏日清凉祛暑的一道家常美羹。

---

① 小民、喜乐：《故都乡情》，中国友谊出版公司1984年版，第90～91页。

(三)撑夏、夏至面

立夏之后有"撑夏"的习俗。俗语道："人靠饭撑，屋靠人撑。""撑夏"是指人在夏天出汗，消耗得多，提醒人们增加营养，补充体力。如江米蒸肉丸子，就是"撑夏"的食物，与南方粉蒸肉相似。

夏至面，鸡蛋、茄子、虾米做卤配以白煮肉同食。北京城区流传的民歌唱道"打花巴掌儿呔，正月儿正，老太太爱逛莲花儿灯。打花巴掌儿呔，五月儿五，老太太爱吃烤白薯。打花巴掌儿呔，六月六，老太太爱吃白煮肉。"清爽透亮的白煮肉加上面条，筋道有力，也是夏日的美食之一。

夏日入了伏天，北京流传的谚语说道："头伏饺子二伏面，三伏烙饼摊鸡蛋。"这源于农耕时节的体力补充。夏季是农忙的季节，人们田间劳作辛苦，干粮和耐饿的主食为最佳选择。伏天也是夏季最热的时间，通常十天为一伏。炎热的伏天，很多人不愿做繁杂的饭，多以饺子、面条为主食。北京流行头伏吃饺子；二伏吃炸酱面或打卤面，过去很多人自己在家里做抻面，鸡蛋打卤面居多；三伏天吃烙饼摊鸡蛋，加上盒子菜同食。

说到夏日的面，除了炸酱面和打卤面之外，还有一道非常受欢迎的面——烧羊肉汤面。有的人家夏日会去羊肉床子买些烧羊肉，外带一些肉汤回来做烧羊肉汤面。唐鲁孙在《故园情·看到鲜花椒蕊，想起了烧羊肉》一文中回忆北平的烧羊肉："洪桥王的烧羊肉在西城也是赫赫有名的一份羊肉床子，听说他家烧羊肉的老汤，比白魁的老汤还要来得年高德劭。同时洪桥王后院有个地窖，人家每年一过烧羊肉的季儿，一年滚一年，保存的老汤就下窖啦。尤其洪桥王家有一棵多年的花椒树，金风荐爽，玉露尚未生凉，烧羊肉一上市，恰好正是花椒芽壮苗，嫩蕊欣欣的时候，凡是买烧羊肉带汤的，他知道准是买回去下杂面吃。（地道北京人有个习气，烧羊肉汤买白魁的一定是下抻条面，买洪桥王的一定是下杂面，南方人说北平人吃东西都爱'摆谱儿'，就是指这些事情说的。）"①烧羊肉汤面是过去老北京不可多得的夏令美食，想必勾起了许多老北京人的馋虫了。

老北京夏至除了吃面外，还有"尝黍"的食俗。民间流传的谚语说道："夏至尝黍，端午食粽。"古时候夏至这天皇帝要举行尝黍的仪式。古时候祭祀祖先的主要供品是黍和鸡。尝黍是指将黍米用竹叶包成牛角状，祭祀完成之后，蒸而食之。夏至尝黍是吉祥庆丰收的象征。

图 7-6　稻香村的夏季糕点——小暑冰糕

（四）消夏必备西瓜、酸梅汤

北京夏天还有必不可少的，那就是西瓜和酸梅汤。

西瓜历史悠久，是早年从西域引进的品种。于杰、于光度所著《金中都》之"农业"一节记载："西瓜色如青玉，子如金色或黑麻色，北地多有之。契丹破回鹘始得此种，以牛粪覆而种之。结实如斗大，而圆如匏，味甘可生食。"西瓜是夏日必备的解暑"饮料"。一般六月初开始，陆续上市，西瓜有三白、黑皮、黄沙瓤、红沙瓤等不同

---

① 唐鲁孙：《唐鲁孙系列·故园情》，广西师范大学出版社2004年版，第190页。

品种。以前北京夏天的西瓜摊多，切开的西瓜有的像莲花瓣，有的如驼峰。炎炎夏日走在大太阳地里，随地可食。现在北京的夏天，西瓜也是必不可少的消夏水果，超市、水果摊店等均有，有的还切成长条状售卖。

酸梅汤，是消夏必备饮品。酸梅汤发源于北京，清代以前就有用乌梅煮汤的传统，后经过清宫御膳房的改进，成为清宫异宝，并流传至民间。《本草纲目》记载："梅实采半黄者，以烟熏之为乌梅。"乌梅可治咳嗽、霍乱等病，是祛热送凉、安心止痛的佳品。《清稗类钞》记载："酸梅汤，夏日所饮，京津有之，以冰为原料，屑梅干于中。其味酸，京师卖酸梅汤者，辄手二铜

图7-7　信远斋的桂花酸梅汤饮料

盏，颠倒簸弄之，声锵锵然，谓之敲冰盏，行道之人辄止而饮之。"

酸梅汤以酸梅合冰糖煮之，再加入玫瑰、桂花、冰水，喝上一碗酸梅汤清凉镇齿。现在北京很多餐饮店都有酸梅汤出售，以信远斋和九龙斋的酸梅汤较为有名。信远斋是一家传统老字号。过去信远斋的酸梅汤是在半夜里熬出后，倒入青花白大瓷缸中，镇在老式绿漆大木桶中，第二天出售，镇齿凉。据说信远斋的酸梅汤每天只卖两缸，卖完即止，每年从端午起售到上元节为止，只卖70天，广受欢迎。信远斋门楣上方悬挂两块大字匾额，分别书写"信远斋""蜜果店"，是清朝末代皇帝溥仪的老师朱益藩为信远斋亲笔所书。他还特意为信远斋写了以"信远"为藏头的对联："信风开到途縻径，远浦芬来兰慧香。"

除此之外，待到夏秋之交，老北京果品中的"白花藕、脆枣儿、白葡萄"素有"三绝"之称。

三、秋

（一）秋日螃蟹肥

北京秋天流行吃螃蟹，持蟹赏菊，各种螃蟹都有。过去河螃蟹多以天津胜芳镇的"胜芳螃蟹"为主。螃蟹到京后，正阳楼和其他大饭庄挑选"尖儿货"，在东单牌楼、西四牌楼等鱼床上售卖。现在的北京秋日里，中秋前后吃螃蟹的风气依然很盛，南方大闸蟹广受市民的欢迎。螃蟹清蒸居多，蟹性寒，蒸时放姜块，蘸以姜醋汁。在秋季做蟹肉馅料的蒸食，如烧卖、烫面饺。还有醉蟹，用"灯笼子儿"小蟹做成。小蟹放入瓮内，内洒烧酒、料酒、花椒盐水、香料等，生腌至醉透，是下酒的佳肴。

（二）贴秋膘之白水羊头

立秋有贴秋膘之说。三伏已然入秋，讲究贴伏膘，有"伏日饮食，格外滋补"之说。北京人到了三伏头一天会做些好吃的，改善伙食。秋季是农作物成熟的季节，要吃烙饼摊鸡蛋或一些荤食，以便下地秋收。这也是一年中，吃得最饱的季节，坊间流传道："家里没有场里有，场里没有地里有，地里没有山上有，不管哪里总是有。"无论如何都能做到"秋饱"。

过去北京立秋之后，一些作坊就从羊肉铺里购进羊头，开始做白水羊头。白水羊头是北京秋冬必不可少的一道下酒菜，很多北京人喜食。白水羊头的做法就是白水煮羊头，锅中什么调料也不放。一般最老的羊头在锅的最底下，浮在最上面的是最嫩的羊头。羊头要趁热片，片好后撒上椒盐蘸着吃。椒盐是提味的关键。李庆堂在《白水羊头》一文中专门介绍了白水羊头、椒盐的制作方法：

> 立秋后，作坊从北平的羊肉铺里进羊头。进来羊头后，晚上伙计们就开始燎毛、洗、煮、拾掇。然后下锅煮，一锅最多能煮一百二三十个。煮羊头的锅上口是缸，下边是铁

锅。一是装的羊头多，二是缸煮比锅煮好，煮出来的羊头干净，漂亮，不黑。锅里就用清水，不放任何作料，要不然怎么叫白水羊头呢！煮时直接把羊头码在锅里，码的时候把羊头鼻梁骨靠脑门儿部位贴着锅，不粘锅也不会煮黑。煮得用手一按脸子是软的，就跟发面馒头刚出锅似的；……那火候最合适，拆的时候骨头上保证不粘肉。煮完羊头后就拆骨，拆完后再重新洗一过儿，凉凉后，用刀子刮净，去毛。自己分的羊头，自己拆骨处理，个人拾掇个人的。

吃白水羊头时撒的椒盐也很讲究。我们李记白水羊头撒的椒盐是用几味中药配制的，吃着又香还特对白水羊头的味。我们配制的椒盐中最主要的是盐和花椒，还有丁香、豆蔻、砂仁、肉桂、甘草等十来味中药。配制椒盐时，先用灶膛的火灰把砂锅烘热，在砂锅里的盐中间留个窝窝，把选好的中药埋在盐里边，用灶膛火灰烘一个来钟头。这样烘出来的盐特别好，焦里透黄，挂着糊头儿。椒盐味道特别香，与众不同。这是因为椒盐里含有丁香、砂仁等中药成分，还具有健脾开胃的功效。当时，磨椒盐的方法比较原始，用两块特制的石头互相擦，把椒盐磨得特别细。[①]

现在做白水羊头的老字号有羊头马、白水羊头李。这两家片羊头是斜着下刀，叫"坡刀"。羊头片出来薄如纸，透亮。其中羊头马始于清道光年间，迄今有近200年的历史。清朝的雪印轩主在《燕都小食品杂咏》中有赞美羊头马白水羊头的诗句："十月燕京冷朔风，羊头上市味无穷，盐花撒得如雪飞，薄薄切成如纸同。"可见切羊头的刀工技艺之精湛。金受申先生在《老北京的生活》一书中回忆老北京的白水羊头时也赞誉过羊头马的白水羊头："北京的白水羊头肉为京市一绝，切得奇薄如纸，撒以椒盐屑面，用以咀嚼、掺酒，为无上妙

---

① 韩淑芬主编：《老北京》，中国文史出版社2018年版，第192～193页。

图 7-8　白水羊头

品。清真教人卖羊头肉的只有一处，地在廊房二条第一楼后门裕兴酒楼门首，人为马姓。自煮自卖，货物干净，椒盐中加五香料，特别香洁。"白水羊头现在作为北京的名小吃，依然是秋日北京百姓贴秋膘的佳选。

（三）秋日果蔬丰

秋季是丰收的季节，果蔬物产充沛。倭瓜、角瓜、节菜（即早熟白菜，"节"指的是八月节，即中秋节）、柿子椒、秋黄瓜已经上市。小贩此时会选择一些经过泡制的菜到市上售卖，如黄豆芽儿、绿豆芽儿。农谚说"头伏萝卜二伏菜"，是说"数伏"后才能种萝卜、芥菜、白菜。秋季是水果大量收获和上市的季节，市面上的果品非常丰盛。临近八月十五，水果更加丰盛，红绿交错，香气扑鼻。小贩们吆喝着："快买团圆果子来——过节！"坊间流传着八月"果子节"之说。秋日所售的果品以"北鲜"为主，如沙果、虎拉车（闻香果）、鸭梨、鸭广梨、京白梨、沙果梨（酸梨）、糖梨、红白石榴、脆柿子、葡萄、嘎嘎枣、大白枣、老虎眼枣、大小酸枣、郎家园甜枣、苹果、洋苹果、槟子、红白海棠、秋果、晚桃、果藕、西瓜等。[①]秋季里，各种瓜果梨枣都可以买来尝尝鲜儿。过去老北京四合院里，各家买回来新鲜的瓜果蔬菜相互馈赠，以补空缺。新玉米面棒楂熬的黄澄澄的粥加上新高粱米蒸成的红米饭，再配以各种新鲜果蔬，北京人可以一饱口福。

还有很多水果在霜降之前已经采摘完毕，各种耐贮藏的梨、苹果等大宗水果已经入窖，只有柿子在霜降之后才开始大量采摘。那些厚皮、耐贮存的"盖柿"，采摘之后并不马上出售，而要在较长时间的贮藏中自然脱涩，到深冬才大量上市。北京的柿子名扬华夏，早在宋代，京郊所产的"密云柿"就已经销售到了当时的东京汴梁。

秋季"煮毛豆""煮花生"。过去农历八九月，京郊的农民会把毛豆、花生拉到菜场售卖。毛豆、花生煮熟后，趁热放入花椒、大料、食盐，捞出即可食用。秋天的毛豆、花生用盐水煮起来是人们喜食的别具特色的下酒小菜。夏末秋初，在簋街，点上一盘盐水煮毛豆、煮花生，点些烤串，来份小龙虾，是现代北京人夏秋季休闲饮食的不错选择。

秋日里北京有一道特色应季菜——烧茄子。崔岱远先生在《京味儿》一书中就回顾了他烧茄子的做法：

> 烧茄子是典型的时令菜，这个季节吃正当时。过了这半个月，茄子里面长了籽，同样的做法就烧不出那个味儿了。这就是"不时不食"的道理。餐厅里也能见到烧茄子，而且挺便宜。不过劝您别点，因为多数餐厅做得像没放土豆的地三鲜，辜负了这道菜的名字。地道的烧茄子做起来费油、费工夫，食材却只用茄子和蒜，肯定比肉还贵。准备烧时，先把茄子切成韭叶宽的大片，平摊着晾干。还要剥好半头蒜，用刀拍碎了再切成末儿。注意，是拍碎，而不是切碎，这很

① 常人春、高巍：《北京民俗史话》，现代出版社2007年版，第146页。

关键，否则就不出味儿。炒锅加素油，油要多放，一锅茄子怎么也得大半斤油。旺火把油烧到八成热，再把晾好的茄子片推进去煎。不多时，油几乎全被吸进茄子里，这时候加些盐，把茄子里的水分杀出来，再改小火慢慢煸，时不时地用铲子翻炒，要把茄子煸透、煸匀，这需要一定的工夫……①

茄子是秋季的应季菜，或炒或煸或蒸食都是不错的时蔬，蒜泥配蒸茄子也是很多人喜食的一道菜。

北京一带流行立秋"咬秋"的习俗。清人张焘《岁时风俗》记载："立秋之时食瓜，曰咬秋，可免腹泻。"过去"咬秋"在北京很流行，人们提前将南瓜、西葫芦等晒好，在立秋这天吃下，有消暑，避免痢疾、腹泻等功效。

秋日宜食北京鸭。北京的鸭子贯穿三季，春、秋、冬三季是吃北京烤鸭最好的季节。春冬，鸭子比较肥嫩，秋天天高气爽，无论湿度还是温度都利于制作烤鸭。有谚语道："秋高鸭肥，笼中鸡胖。"

四、冬

（一）冬日果蔬、暖洞子

冬天是蔬菜淡季，但鲜菜仍不下十数种。有大白菜、卫青萝卜、心里美、大红袍萝卜、胡萝卜、象牙白萝卜、土豆等。北京很早冬季有类似于现在蔬菜大棚的温室种植技术，早在明代就有文献记载："王瓜出燕京者最佳，种之火室之中，逼生花叶，二月初即结小实。"清代称为"暖洞子"或者"焙火炕"。清人夏仁虎在《旧京琐记》中记载："有所谓洞子货者，盖于花洞中熏焙而出，生脆芳甘，其价尤巨。王瓜一茎，食于岁首或值一二金。"在北京近郊丰台一带，有技术高超的菜农，向阳地里挖地窖，有时候用火烘，暖洞子就是这么来

---

① 崔岱远：《京味儿》，生活·读书·新知三联书店2009年版，第75～77页。

的。在滴水成冰的北京冬季，暖洞子里能培养出青韭、扁豆、韭黄和蒜黄、黄瓜等蔬菜。这些反季蔬菜在过去很少，一般专供御用，老百姓难得一见，到了清末民初才出现在民间，但价格贵得离谱，一般老百姓很少买。过去冬季水果不多，一般冬季所卖的水果都是经过贮藏的。

十月栗子、白薯上市。街市上很多卖糖炒栗子的，栗子用黑沙炒熟，味道甘美。冬日里流行吃烤白薯，烤白薯在铁皮桶改造成的铁炉子里烤熟，趁热卖。烤好的白薯冒着热气，淌出蜜汁，街上飘着烤白薯的香味儿。十月还有金橘、海棠这样的应季水果。

（二）蒸冬蒸冬，扬场有风

老北京冬季还有"蒸冬"的食俗。"蒸冬"就是蒸窝头。窝头的用料不太一样，平日一般用玉米面或高粱面蒸。"冬至不蒸冬，穷得乱哼哼"的谚语则是提醒人们冬至节不要忘记蒸冬。坊间还流传民谣说"蒸冬蒸冬，扬场有风"，意思是冬天蒸冬，等到第二年夏秋两季扬场时就会有风，把辛苦劳动打来的粮食扬得干干净净，风遂人愿，蕴含祈祷来年风调雨顺之意。

（三）冬日腌菜系列

辣菜，作为岁末年菜的一种，是隆冬季节北京家庭必备的一种酱菜。辣菜用料为芥菜头或芜菁。芜菁北方又叫蔓菁（读如"蛮荆"），与芥菜头相似，原属同科。清吴其浚《植物名实图考》称："蔓菁根圆味甘而大，芥根味辛而小，形微长，北地呼为芥疙瘩；酱渍者为大头菜。腌而封之，辛辣刺鼻，谓之闭瓮菜。"辣菜的做法是将芥菜头或蔓菁洗净，切成薄片，用锅煮软（但不可煮烂），捞入坛内，以辣盐水没过薄片为度。红萝卜擦成丝儿，密封三四天即成。盛上一碗，加些酱油、醋、白糖，滴几滴香油，吃起来别有风味。辣菜有祛腥消腻、开胃之功。辣菜吃起来比芥末味道要冲一些，而且是一冲到底，冬日里吃口辣菜下饭，辛辣之味，冲鼻而上，直抵脑门，眼泪直流，不仅通窍，嘴里也体验了炸裂式的酸爽。一口辣菜下嘴，暖意骤然升起，一种无法表达的畅快之感油然而生。除了辣菜之外，北京人冬天习惯腌菜，一般霜降之后，用萝卜、瓜茄、芹芥等腌菜。

（四）冬日涮肉、火锅子

北京是大陆性气候，四季分明，春吃糖醋黄鱼，夏吃水晶豆肘，秋吃胜芳河蟹，冬食火锅。冬天最受欢迎、最流行的当数涮羊肉火锅了。老北京涮肉最大的特色是铜锅和炭火。过去老北京一进农历十月，暖炉子生起来，开始了火锅涮肉的季节。

据传，涮羊肉源于蒙古，元朝定都北京后，涮羊肉在北京长盛不衰，文献中有记载。明宋诩《竹屿山房杂部》的《养生部》写道："生爨羊：视横理薄切片，用酒、酱、花椒沃片时，投宽猛火汤中速起。"

图 7-9　老北京铜锅涮肉（徐秋爽拍摄）

入清后，涮羊肉成为宫廷菜肴的一部分。据清宫档案记载，千叟宴不论一等宴席还是次等宴席，都备有火锅和羊肉片。涮羊肉直到清末才流入民间，成为广受百姓喜爱的美食。

老北京涮羊肉其实有别于现在流行的火锅，火锅有各种味道的底料，而涮羊肉一定是铜锅清汤，汤底放上葱、枸杞之类的作料。而下料也是有先后顺序的，一般先下带肥肉的肉类，把肥肉涮在汤里，叫"肥肥汤"，其用意就是增加锅中的油脂，之后再涮瘦肉或者青菜会更加鲜美。老北京涮羊肉的材料也很有讲究，像涮肉的主角羊肉，可以细分成多种，比如大三叉、上脑、羊筋肉、磨裆等，位置不同，肥瘦有别而口感不一。手工切的鲜羊肉，要达到肉铺在盘子里没有血汤，扣过盘子，羊肉要粘着盘子不掉才算好。调料基本上是芝麻酱、韭菜花、豆腐乳、香油、醋、酱油、辣椒油、葱花、香菜、卤虾油等，多是根据自己的喜好搭配享用。

马背上兴盛起来的少数民族政权已经湮没在历史长河中，但源于蒙古族的涮羊肉，却深入北京百姓心中，融入北京饮食文化之中。现在北京一年四季都能吃上涮肉或者火锅，很多清真店铺里有铜锅涮肉，还有专门的铜锅涮肉店。火锅类店铺更多，海底捞、重庆火锅等应有尽有，但是涮肉锅、火锅在冬季吃还是最适合的。滴水成冰的冬季，在屋里吃热乎乎的涮羊肉，三五好友小聚，小酌片刻，恐怕是冬日里最自在的时刻了。

（五）冬储大白菜的日子

北京人冬春季食用最多的当家菜就是大白菜。郊区菜农砍白菜都是在立冬节前后一两天。农谚说"立冬不砍菜，必定得害"。冬储大白菜由来已久，早在清代李光庭《乡言解颐》中记载："立冬出白菜，家有隙地，挖掘数尺，用横梁覆以柴土，上留门以储菜，草帘盖之。俗以豆腐为白虎，白菜为青龙，遂以'青龙入洞'。梯以出入，不冻不腐，此乡村之法也。"冬储大白菜在北方很普遍。大白菜是北京冬日非常重要的菜，特别是在计划经济时代，大白菜是家家户户的当家菜。20世纪60年代至90年代初期，北京冬天可食蔬菜中，大白菜占据很大一部分。

过去，北京人家家要储存相当数量的大白菜，少则几十斤，多则几百斤。人们想出很多办法储存大白菜，以供冬、春两季食用。比如找院子里某个角落码放整齐，或者挖个小菜窖存放。那时一到大白菜上市的时节，街头巷尾就会出现人们忙碌的身影。据20世纪七八十年代出生的北京人回忆称："小时候一到冬天，冬储大白菜、冬储蜂窝煤弄得跟全民运动似的，家家都忙活起来。街道都有菜站，那几天总会看到大卡车一趟一趟穿梭于胡同街道，往菜站运白菜。工作人员穿着蓝布大褂，戴着白布帽子、套袖在那儿卸货。……那个时候大白菜也是分等级的，一等菜最好也最贵，其次是二等菜和三等菜。听家里大人说，一等白菜长得瓷实，分量足、菜帮子白，二、三等白菜用手一掐就显得暄腾了许多。"虽然现在物质条件丰富了，一年四季蔬菜不断，白菜已经成为全年都会出现的常见菜，但是还有不少家庭在冬天储存一定量的大白菜，以备食用。

大白菜作为老北京人冬日里主打的家常菜，有多种做法。白菜馅的饺子、醋熘白菜、渍酸菜等。过去砂锅居的招牌菜就是酸菜白肉。冬天喝酸菜汤可以去火，老北京人家中都有渍酸菜的缸，凉拌菜心、芥末墩儿、泡腊八蒜的醋坛子都放白菜帮子。现在一年到头都能吃到大白菜，大白菜成为北京人餐桌上不可或缺的菜。

（六）"顺四时"深入人心

现在人们的菜篮子丰盛了，大白菜作为当家菜的时代已经过去。一年四季蔬菜品种丰富，东西南北物流四通八达，国内外货物源源不断地供应，各种果蔬应有尽有。南方的榨菜、茭白、苔菜、红提，还有进口水果，如越南的火龙果、印度的青苹果、泰国的山竹、墨西哥的牛油果、美国的蛇果、加拿大的车厘子等，大小商场均有销售。"咬春""撑夏""咬秋""蒸冬"等传统食俗，大都从北京地区人们的饮食生活中渐渐淡化，但顺应节气的饮食习惯还在。北京春夏秋冬四季，人们还是倾向于买当季的果蔬，仍保留典型的岁时食俗。春天，人们仍刻意去菜市场买春笋、香椿、荠菜等初春食物，感受春天气息。北京人在春天还要吃春饼，白面做成的春饼又薄又软，用春饼抹甜面酱、卷洋葱吃。讲究一些的人家还保留吃春饼就

"合菜"①的吃法，从初春吃到春末，即"从头吃到尾"，叫"有头有尾"，取吉利的意思。吃春饼的时候，全家围坐一起，把烙好的春饼放在蒸锅里，随吃随拿，图的是吃个热乎劲儿。夏天，人们还是会选择酸梅汤、西瓜和各种时鲜果蔬，过个舒服、清凉的夏天。盛夏的"头伏饺子二伏面，三伏烙饼摊鸡蛋"的食俗还是人们较为重视和尊重的食俗。秋天，莲蓬、菊花茶、新粮茶果陆续上市。冬季有萝卜和热气腾腾的应季小吃上市。

在中国传统饮食文化中，"食疗""医食同源"的说法较为普遍。通过饮食调节人们的身体，具体的饮食内容根据气候和季节的不同做出调整。春天天气多变，乍暖还寒，这个季节应多吃清淡易消化的食品；夏季酷热多雨，人的腠理开泄，暑湿之邪最易乘虚而入，所以在饮食上应注重清热除湿，不宜食用温补燥热的食物，少吃辛辣，多吃果蔬；秋季夏暑未尽，凉风时至，秋燥易伤津液，因此，要及时补充水分，饮食以滋阴润肺为佳；冬天天气寒冷，是进补强身的最佳时机，日常饮食要以温热性食物为主，最宜食用滋阴潜阳、热量较高的食物以及青菜、菇类等蔬菜。这些理念已经深入北京百姓的心中，成为四季饮食习俗的根源。

这些岁时、节令的食俗源于农耕文明。千百年来先民们日出而作，日落而息，耕耘在这片土地上。他们恪守农时，敬畏自然，创造了"节气"，经历了春的升发、夏的耕耘、秋的收获、冬的收藏。北京人恪守农耕民族的风范，顺应一年四季的变化，把节令食俗发挥得淋漓尽致。

附1　北京春季各节气饮食表

立春	雨水	惊蛰	春分	清明	谷雨
春饼、小菠菜、青韭	鸭子	油炸糕	龙须菜、香椿芽拌面筋、小葱炒面鱼儿、嫩柳叶拌豆腐	黄瓜、桑葚、榆钱蒸糕	蒜苗、玉米、八达杏

---

① 合菜就是用时令蔬菜的菜心切成丝，再加韭黄炒成菜。

附2 北京夏季各节气饮食表

立夏	小满	芒种	夏至	小暑	大暑
果蔬、鸭子	—	—	打卤面、炸酱面、三合油拌面	—	—

附3 北京秋季各节气饮食表

立秋	处暑	白露	秋分	寒露	霜降
白水羊头、秋蟹、茄子、毛豆	南炉鸭、挂炉肉、韭菜、烧卖	松子、榛子、黄米、栗子	韭菜花、红枣	—	柿子、腌菜（如芹菜、萝卜、茄子）

附4 北京冬季各节气饮食表

立冬	小雪	大雪	冬至	小寒	大寒
大白菜、荞面	羊肉汤、猪皮冻	涮羊肉	饺子	辣菜	—

第三节　节庆中的佳肴名点

节日是中国传统社会生活中的重要内容。它犹如民俗的一扇窗口，通过它可以洞察一个民族的文化遗产和历史积淀。北京作为千年古都，在中国节日饮食发展过程中具有重要地位。北京节日饮食作为中国节日饮食的一个缩影在清代已经完全定型。历史上中国的一些节日饮食的规范和名称都是在北京确立的。节日期间的饮食最为活跃、丰盛。重农时，守节令，是中国农耕文化独有风景。长期的农业生产生活，形成很多独具特色的传统节日，大大丰富和活跃了人们的生活。春节吃年糕，"糕"取"高"的音，年年高；元宵节吃汤圆，中秋节吃月饼，全家团圆，饱含人们对美好生活的向往……节日为我们展现了迷人多彩的世界，以独特的风姿呈现着美好生活。节日饮食也为我们留下美好生活的印记。本节以北京传统的大小节日食俗为切入点，以此探寻节日饮食背后所承载的丰富历史文化内涵。

一、春节食俗

春节，又称新年，古代称元旦、元日、元朔、元辰等。百节年为首。在众多传统节日中，春节是我国最隆重、最富有民族传统特色的节日。春节被人们寄予美好的愿望，人们通过春节的各种活动，求吉避凶，纳福迎祥。春节期间的饮食也是传统节日中最丰盛的。

俗语说：进了腊月就是年。过去老北京人一进腊月就开始为迎接新年做准备。北京流传着很多关于过年的童谣，比如："小孩儿、小孩儿你别馋，过了腊八就是年。""腊八粥喝几天，哩哩啦啦二十三；二十三，糖瓜粘；二十四，扫房日；二十五，冻豆腐；二十六，去买肉；二十七，宰公鸡；二十八，把面发；二十九，蒸馒头；三十儿晚上熬一宿，大年初一满街走。""糖瓜祭灶，新年来到；丫头要花儿，小子要炮；老头儿要顶新毡帽。""三星在南，家家拜年；小辈儿的磕头，老辈儿的给钱；要钱没有，扭脸儿就走。"

童谣将"元旦"①之前风俗习惯都唱了起来。

（一）腊八粥

农历十二月八日，俗称"腊八"。腊八节是腊月的第一个节日。这一日有庆腊八节、喝腊八粥的习俗。腊八粥源于佛教，在中国历史久远，早在宋朝就有记载。周密《武林旧事》记载："初八日，则寺院及人家用胡桃、松子、乳蕈、柿、栗之类做粥，谓之腊八粥。"

清代，每年腊八，宫廷御膳房有"炒粥"习俗。"炒粥"是指用百样米熬制，加入白果，在冰糖白蜜的沸汁里炒制，比萨其马还要酥甜。炒粥或熬粥的目的是供佛，撒供后全家享用。清代，喝腊八粥的食俗已经深入民间，家家户户都做腊八粥，这一食俗流传至今。腊八粥有很多做法，可根据个人喜好，加入品种丰富的杂粮。过去一到腊月，米店会出售"腊八米"，这种米掺杂着芸豆、红豆、豌豆、绿豆、豇豆、小米、大米、高粱米等。有的人家还会加入薏苡、米仁、松子、核桃仁、红枣等，总之品种多多益善。

清富察敦崇《燕京岁时记》记载了腊八粥的食谱和制作过程："腊八粥者，用黄米、白米、江米、小米、菱角米、栗子、红豇豆、去皮枣泥等，合水煮熟，外用染红桃仁、杏仁、瓜子、花生、榛穰、松子，及白糖、红糖、琐琐葡萄，以作点染。切不可用莲子、扁豆、薏米、桂圆，用则伤味。每至腊月七日，则剥果涤器，终夜经营，至天明时则粥熟矣。除祀先供佛外，分馈亲友，不得过午。并用红枣、桃仁等制成狮子、小儿等类，以见巧思。"

唐鲁孙在《酸甜苦辣咸》一书中回忆民国时期北平的腊八粥，认为"北平的腊八粥最考究"，他写道：

腊八节熬腊八粥的习俗，黄河两岸、大江南北以至珠江

---

① 元旦：旧时指农历岁首第一天，即正月初一。元是"初""始"的意思，旦指"日子"，元旦合称即是"初始的日子"。当代元旦则指的是公元纪年的岁首第一天，即1月1日。

流域，好像都很普遍。以我个人喝过的腊八粥来说，恐怕属北平的腊八粥最考究。北平是辽金元明清五朝的都城，人文荟萃，饭食、服御自然和别处不同。北平的腊八粥的粥料，小米、玉米糁儿、高粱米、秫米、红豆、大麦仁、薏仁米都是不可少的谷类。拿粥果来说，干百合、干莲子、榛穰、松子、杏仁、核桃、栗子、红枣也是不可或缺的。同时还要先把红枣煮滚剥皮去核，枣子皮再用水煮，盛出汤来倒在锅里一块熬粥，柔红枣香，既好吃又美观。干果中的百合、莲子是要跟粥料一齐下锅的；至于其他粥果，像红枣、栗子、松子，可以另外放着；杏仁、核桃、榛穰，怕风吹干，可用糖水养着，等粥上桌，多种粥果可以随意自己来放。……豪门巨族所熬的腊八粥，除供佛祭祖之外，还要馈赠亲友，果粥一罐未免寒酸，于是还得配上两菜两点，说是献佛余馂，自然菜点全是净素。……因为粥黏而且硬，须用马勺随时兜底搅动，否则极易焦枯煳底，甚至于表面冒热气，里面尚有冰碴儿，所以北平人说熬腊八粥要凭真功夫，热腊八粥要好耐性，不是身历其境，是不知个中诀窍的。[1]

现在腊八粥的花样繁多，大可根据自家的喜好配料。大部分北京人腊八节这一天还是延续了喝腊八粥的习俗。腊八节这一天有些寺庙舍粥，很多市民一早排队只为喝上一碗腊八粥，这成为现在过腊八节的一种风尚。如广化寺连续舍粥20多年，大锅粥里的料有70多斤，两个小时熬一锅，一共要熬20锅左右，11个大殿内的80个供桌上都放满了盛着腊八粥的保温桶，整个寺庙粥香扑鼻。有人说自己虽然不信佛教，但是喝上一碗粥，希望自己新的一年有个好兆头。腊八节除了喝腊八粥之外，民间还有泡"腊八蒜"的习惯。腊八蒜的食材很简单，就是醋和大蒜瓣儿。泡好的腊八蒜是碧绿的，

① 唐鲁孙：《唐鲁孙系列·酸甜苦辣咸》，广西师范大学出版社2004年版，第96页。

如同翡翠一样，吃起来嘎嘣脆，又辣又酸又甜，可谓色味俱佳。做上一罐头瓶的腊八蒜，可以吃上整个冬天了。

（二）腊月二十三祭灶

老北京有谚语道："送信的腊八粥，要命的关东糖。"说的是喝完腊八粥，年岁逼近，吃了腊月二十三祭灶的关东糖，就临近大年了。每年腊月二十三、二十四是祭祀灶神的节日，在我国民间影响很大，传承至今。一般北方腊月二十三祭灶，南方腊月二十四祭灶，谓之"小年"。旧时，北京差不多家家户户都有灶王爷的神位。传说灶神是玉皇大帝封的"九天东厨司命灶王府君"，负责掌管各家的灶火，又称灶王爷。清代潘荣陛在《帝京岁时纪胜·十二月·祀灶》中记载了清朝年间北京祭祀灶神的情况："二十三日更尽时家家祀灶，院内立杆，悬挂天灯。祭品则羹汤灶饭、糖瓜糖饼，饲神马以香糟、炒豆、水盂。男子罗拜，祝以遏恶扬善之词。"相传宫廷在小年这一天还用黄羊祭祀，民间则用南糖、关东糖、糖饼和清水一碗、草料一碟，设香炉祭祀灶王爷。民间流行的谚语有"灶王爷，本姓张，一碗凉水三炷香。上天言好事，下界保平安"等。这一天"请"①来灶王爷像，贴在灶台之上。用粘牙的麦芽糖祭灶，一是为了让他美言，上天多说好话，二是为了糊住灶王爷的嘴。过去，主持祭灶的一般是家中的男性，女性不能主持祭灶。有的富裕一点的家庭这一天在院子里供上"天地桌"即方桌，放在正房的屋檐下，用红纸写"天地神祇之位"，每天早晚焚香礼拜，从除夕接神起开始正式祭祀，直到过了正月十五方才撤桌。

老舍先生曾在《北京的春节》一文中写过老北京祭灶的习俗：

> 二十三日过小年，差不多就是过新年的"彩排"。在旧社会里，这天晚上家家祭灶王，从一擦黑儿鞭炮就响起来，

---

① 用"请"以示尊敬。

随着炮声把灶王的纸像焚化，美其名叫送灶王上天。前几天，街上就有多多少少卖麦芽糖与江米糖的，糖形或为长方块或为大小瓜形。按旧日的说法：有糖粘住灶王的嘴，他到了天上就不会向玉皇报告家庭中的坏事了。现在，还有卖糖的，但是只由大家享用，并不再粘灶王的嘴了。

现在北京腊月二十三这天依然是较为重要的一个节日，大家一般煮吃饺子以示庆贺。过了小年，很多北京人家就开始忙着买年货、备年菜①了。

（三）备年菜

过年准备年菜的习俗，古已有之。《清稗类钞》中记载："元日至上元，商肆例闭户半月或五日，此五日中，人家无从市物，故必于岁杪烹饪，足此五日之用，谓之年菜。"年菜的丰俭豪奢，由各家情况自定。年菜一般从腊月中下旬开始筹办，有的富裕人家专门请厨师回家做。平常百姓家大致会准备些红烧肉、炖羊肉、炸丸子、粉蒸肉之类的家常菜。无论贫富，老北京人都会备上芥末墩儿、豆儿酱、豆豉豆腐、酱瓜4种年菜。腊月里天气寒冷，需提前预备些易储存的年菜，这4种年菜不仅过年的时候吃，而且可以吃上整个冬天。这4样酱菜都是很好的下菜饭，清新爽口，平时不用加热，就着馒头、米饭、面条等主食即可食用，有"四宝长寿菜"之称。

芥末墩儿，主料是大白菜，过年吃得油腻，来块芥末墩儿解腻、爽口，最好不过。芥末墩儿还是老北京年夜饭里必有的"首席"凉菜，其做法是将大白菜剥去老叶，取菜心部位，横切成4～5厘米高的菜墩儿，在开水里煮。等白菜煮软了捞出沥干，卷成卷儿，放进干净的砂锅中，再一层层撒上芥末粉，芥末上撒上盐、白糖和白醋，准备好两片大白菜叶，把焯水后的大菜叶盖在芥末墩儿上面，盖好砂锅

---

① 年菜指腊月里将正月节日期间享用的饮馔提前准备好。

盖，密封好，第二天即可食用。

豆儿酱，主要原料有猪皮、豆腐干、水发青豆、胡萝卜、腌水疙瘩等。将猪皮洗净，切好后和花椒、大料、葱、姜等作料一起下锅煮。猪皮快煮烂时，加入青豆和豆腐干、胡萝卜和腌水疙瘩切成的小方丁同煮，并加入盐、酱油。熬熟后凉凉，可凝固成冻。猪皮富含胶原蛋白，荤素搭配，口感筋道，口味极佳。

豆豉豆腐，是正月佐餐下酒的美味小吃。把卤水豆腐切块炸至焦黄捞出，用北京的豆豉放锅里加入葱姜煸炒，再把炸好的豆腐放到锅里，加入汤炖。汤收得差不多就可以起锅了。咸甜可根据个人口味调整。豆豉豆腐放凉后食用，上桌时撒上香菜，可从腊月吃到正月。

酱瓜，是老北京春节家宴上必不可少的配菜。老北京人在过年时，往往都要以肉丝炒酱瓜丝来佐餐。酱瓜与豆儿酱、豆豉面筋、芥末墩儿、辣菜都有清口的口感，用它来"压桌"颇能体现节日气氛。

图 7-10　芥末墩儿

图 7-11　红烧肉（徐秋爽拍摄）

北京人现在做年菜，各家根据口味爱好而定。但有必做的几样：炸丸子、白煮肉、红烧肉、炒三香菜（胡萝卜、芹菜、白菜切丝，用羊肉酱炒）、炒素什锦、猪皮冻。等过了小年临近春节的时候，家家户户都会筹备些年菜，以备正月宴请亲友时食用。

图 7-12　北京家常炸丸子（王馨宁拍摄）

（四）除夕夜，年夜饭

除夕夜供上一盆饭，年前烧好，过年食用，叫作"隔年饭"。象征年年有余，一年到头吃不完。隔年饭一般用大小米混合在一起，北京俗语叫"二米子饭"，是"有金有银，金银满盆"的"金银饭"。除夕夜包饺子，素馅的用来敬神，肉馅的自食。老舍回忆北京年夜饭的饺子时说道："大年三十父亲独自包着素馅的饺子。除夕要包素馅饺子是我家的传统，既为供佛，也省猪肉。"年糕是过年必备的食物，寓意"年年高""吉祥如意"。

年夜饭是一年之中最隆重的一顿饭，举国皆然。北京坊间流传的谚语道："宁可穷一年，不能穷一餐。""打一千、骂一万，不要晚了三十儿晚上这顿饭。"透过谚语可以看出北京人对年夜饭的重视和偏爱。孟繁佳在《旧京大年三十守一宿、老佛爷煮饽饽及守岁仪式》一文中写到老北京普通人家的年夜饭："年夜饭是北京人过春节最隆重的晚宴了。那前些日子宰公鸡、割白肉、蒸馒首、做好的'年菜'，在这除夕夜也是首次品尝，一家老小团聚在一起，举杯共庆，尽情欢娱，荤素此刻一概不忌。这年夜饭可算是倾全家之力，冷荤里什么肉冻儿、鱼冻儿、鸡冻儿，大件儿里扣肉、米粉肉、红烧肘条、红白丸子、四喜丸子，都是头天做好的。清口菜里，心里美的萝卜、糖醋白菜、芥末墩儿，还有咸菜类的肉丁炒咸黄瓜丁、肉丝炒酱瓜丝、肉丝炒干佛手等。最后主食就是煮饽饽①，羊肉白菜、腊肉韭菜、三鲜馅的。这时从腊八泡制的腊八蒜和腊八醋就添上了主席。到了黎明前，这顿饭才真正到了尾声，一锅用红枣、栗子、青红丝、葡萄干做成的江米年夜饭吃完，一宿没合眼的人们开始出门四处拜年去了。"可见北京人的年夜饭是一年中最丰盛的一餐。

图 7-13　北京人的年夜饭（张羽辰拍摄）

（五）正月食俗

岁首第一日曰元旦，即大年初一。农历新年第一天，自古以来都是最受重视、最重要的一天。《帝京岁时纪胜·正月》开篇就写了过去"元旦"的风俗：

> 除夕之次，夜子初交，门外宝炬争辉，玉珂竞响。肩舆

---

① 老北京人对饺子的旧称。

簇簇，车马辚辚。百官趋朝，贺元旦也。闻爆竹声如击浪轰雷，遍乎朝野，彻夜无停。更间有下庙之拨浪鼓声，卖瓜子解闷声，卖江米白酒击冰盏声，卖桂花头油摇唤娇娘声，卖合菜细粉声，与爆竹之声相为上下，良可听也。士民之家，新衣冠，肃佩带，祀神祀祖；焚楮帛毕，昧爽合家团拜……则镂花绘果为茶，十锦火锅供馔。汤点则鹅油方补、猪肉馒首、江米糕、黄黍饦；酒肴则腌鸡腊肉、糟鹜风鱼、野鸡爪、鹿兔脯；果品则松榛莲庆、桃杏瓜仁、栗枣桂圆、楂糕耿饼、青枝葡萄、白子岗榴、秋波梨、苹婆果、狮柑凤橘、橙片杨梅。杂以海错山珍，家肴市点。纵非亲厚，亦必奉节酒三杯。若至戚忘情，何妨烂醉！俗说谓新正拜节。走千家不如坐一家。而车马喧阗，追欢竟日，可谓极一时之胜也矣。

从除夕开始接神、祭祖、吃年夜饭，正月初一拜年，初二迎财神，初五"破五"，初七庆"人日"，正月里还要走亲戚，直到正月十五元宵节闹花灯。春节期间人们比平日里还要繁忙。

可以说饺子贯穿着整个春节，是春节食俗的重要组成部分。过小年吃饺子，除夕吃饺子，大年初一至初五吃饺子。过年时，无论菜肴丰俭豪奢，主食肯定是饺子。饺子又名"交子"，"更岁交子"之意。旧时称为"煮饽饽"，有"勃勃兴起"之意。

老北京人过年的饺子有两种馅，一种是荤馅儿，一种是素馅儿。

荤馅儿的饺子一般有羊肉白菜、猪肉韭菜、牛肉酸菜、牛肉芹菜，三鲜馅的如海参、虾仁、玉兰片，以及鸡、鸭、口蘑丁等。

素馅儿饺子，也叫全素煮饽饽。炸豆腐、炸排叉儿、大白菜、黄花、木耳、蘑菇、胡萝卜为馅儿。

老北京人除夕至初五连吃6天的饺子，6天之内不能煎炒烹炸，不准生米下锅。《帝京岁时纪胜·禁忌》中记载道："元旦不食米饭，惟用蒸食米糕汤点，谓一年平顺，无口角之扰。不洒扫庭除，不撮弃渣土，名曰聚财。人日天气晴明，出入通顺，谓一年人口平安。"除夕夜素馅饺子用来祭神，接祖上供用。初一食素饺子，象征全年"吃斋"。据说，除夕、初一午夜交子之时，诸神下界，考核人间善恶。吃素馅的，谓之举善之家，神仙才能保佑平安吉祥。

图 7-14　北京家常饺子（曹佳佳拍摄）

以前还流行在饺子中包入金银小锞，食之者一年顺利吉祥之说。清富察敦崇的《燕京岁时记·元旦》记载初一吃饺子的食俗："是日，无论贫富贵贱，皆以白面作角而食之，谓之煮饽饽，举国皆然，无不同也。富贵之家，暗以金银小锞及宝石等藏之饽饽中，以卜顺利。家人食得者，则终岁大吉。"

过年煮饺子的时候，特别是除夕夜，饺子破了不能说"破了"，而要说"挣了"。除夕夜包饺子，全家齐动手，谓之"捏福"。饺子包成元宝状，有招财进宝之意。过去除夕夜能听到家家户户剁饺子馅的声音，此起彼伏地回响在胡同里。

《天咫偶闻》中记载春节期间的食俗："正月元日至五日，俗名'破五'，旧例食水饺子五日，北方名'煮饽饽'，今则或食三日、二日，或间日一食，然无不食者，自巨室至闾阎皆遍，待客亦如之。"

过去老北京的习俗还有初五之前妇女不得出门，初六才能回娘家，出来串门走亲戚。过去有些南方人不懂老北京的规矩，初五之前来家中拜年的，一律被挡。过了正月初一，初二至初五可以吃肉馅饺子。老北京的习俗，正月初一到初五这5天里不得以生米为炊即不下生（就是不蒸饭，煮饺子除外）。使得老北京人家十之八九都吃饺子，兼做几样凉菜。以至于梁实秋先生在《北平年景》一文中回忆道："吃是过年的主要节目。年菜是标准化了的，家家一律。'好吃不过饺子，舒服不过倒着'，这是乡下人说的话，北平人称饺子为'煮饽饽'。城里人也把煮饽饽当作好东西，除了除夕宵夜不可少的一顿之外，从初一至少到初三，顿顿煮饽饽，直把人吃得头昏脑涨。"

祭祖、祭神也是过年的重要组成部分。很多接神、祭神仪式与食物有关，所谓"人、神同乐"。明代《谷山笔麈》云："御赐颁及，无问服食时鲜，即一鱼一蔬，皆顿首拜受，焚香献之祖考，乃敢尝尔……记不清的人间事，忘不得的是祖宗。"人们都选最好的食物献祭神灵、祖先。

清代《京都风俗志》中记载除夕接神："除夕，人家或有祀先，或焚冥钱。早晨，官府有谒上司之仪，谓之'拜官年'。都人不论贫富，俱多市食物。晚间铺肆灯火烛天，烂如星布，游人接踵，欢声满道。人家盛新饭于盆锅中以储之，谓之'年饭'。上簪柏枝、柿饼、龙眼、荔枝、枣、栗，谓之'年饭果'，配金箔、元宝以饰之。家庭举宴，少长欢喜，儿女终夜博戏玩耍。妇女治酒食，其刀砧之声，远近相闻。门户不闭，鸡犬相安。或有往亲友家拜贺者，谓之'辞岁'。"

农历正月初七为"人日"。这一节日在中国已经有2000多年的历史，也称"人胜节"或"七元"，这是受道教的影响。东方朔《占书》有云："岁正月一日占鸡，二日占狗，三日占猪，四日占羊，五日占牛，六日占马，七日占人，八日占谷。"坊间流传说，正月初七如果天气晴朗是吉祥的象征，代表这一年出入顺利、人口平安、风调雨顺。清代，北京人在"人日"要吃春饼、"盒子菜"，而且要在院子里做煎饼，谓之"熏天"。老北京人吃烙饼卷"盒子菜"（指酱肘花、小肚之类的熟肉菜），有的用甜面酱、羊角葱做底衬，有的以十香菜和青韭做底衬。

（六）正月十五食元宵

农历正月十五是元宵节，又称上元、元夜。以前老北京从正月十三到正月十七是灯节，正月十五为正灯节。受道教影响，有天宫、地宫、水宫三元之说。天宫主赐福，生于正月十五，故为上元。由于这是一年中第一个月圆之夜，须举行大庆大祭仪式。西汉文帝时始定元宵节，东汉明帝敕令元宵节点灯，唐代逐渐普及民间而成灯节，明清尤盛，沿袭至今，成为欢乐祥和的习俗。

元宵节吃元宵，是我国的节日饮食习俗。据传，元宵始于我国宋代。宋代诗人姜白石有一首《咏元宵》诗写道："贵客钩帘看御街，市中珍品一时来。""市中珍品"就是元宵。

说起"元宵"的称谓，民国初年还有一则典故。袁世凯复辟帝制，因为"元宵"的音同"袁消"，下令将"元宵"改成"汤团"，九龙斋的掌柜没注意，在门口亮出了"新添什锦元宵"的牌子，结果被传去教训了一番，一时成为笑谈。1913年的正月十五，当时的报人景定成写有一首《洪宪杂咏》诗云"偏多忌讳触新朝，良夜金吾出禁条。放火点灯都不管，街头莫唱'卖元宵'"，以此讽刺袁世凯。

老北京从正月初八祭星就开始吃元宵。祭星就是祭祀顺星，传说每人每年有一位值年的星宿，正月初八是"诸星下界"的日子，家家户户举行祭祀仪式，以得到星神的庇佑。仪式完成后一家团聚在一起吃元宵。老北京正月十五这日不仅要闹花灯、吃元宵，还要祭神，并以元宵、蜜供、果品等献祭。《天咫偶闻·卷十》记载："十五日食汤团，俗名元宵，则有食与否。又有蜜供，则专以祀神，以油面作荚，砌作浮图式，中空玲珑，高二三尺，五具为一堂，元日神前必用之。果实蔬菜等，亦叠作浮图式，以五为列，此人家所同也。"

老北京的元宵馅儿花样繁多，主要有咸、甜两种口味。甜味的元宵馅有豆沙、山楂白糖、桂花白糖、芝麻白糖、枣泥等，咸味的有荠菜、三鲜、猪肉等，都是现做现卖。

总的来说，正月的饮食丰富多彩，通过前期精细的准备筹划，以及过节期间美味佳肴的汇集，使得正月的饮食成为一年中最具特色、最丰盛、寓意最吉祥的盛宴。正如坊间流行的童谣："新春正月过大年，吃点喝点解了馋。初一饺子初二面，初三盒子团团转；初四吃米饭，初五的饺子要素馅儿；初六初七需吃鸡，初八初九牛羊肉；初十吃顿棒子粥；十一吃鱼，十二吃鸭；十三围坐吃对虾，十四大碗打卤面；十五家家闹元宵，打春要吃春卷卷鸡蛋。"这首童谣大体反映了北京正月初一至正月十五整个春节期间的饮食民俗。

（七）蜜供、杂拌儿

一般人家还有一些必备的春节名点，比如广受大众喜爱的蜜供与杂拌儿。

蜜供是老北京过年必不可少的点心，多用于上供，是天地桌、灶神前、佛堂前、祭祖前等必备的上供名点。晚清《道咸以来朝野杂记》中说："蜜供，素食也，为岁终供佛之用。以面条为砖，砌成浮屠形，或方或圆，或八角式。大者高数尺，小者数寸，外以蜜罩匀，大都摆样子者，不可食。"蜜供其实是一种蘸了糖的糕点，是北京人农历新年时，敬神、供佛、祭祖必摆的供品，所谓"心到神知，上供人吃"。蜜供并非不可食用，只是旧时的生活水平有限，人们舍不得吃。蜜供完成祭祀的任务之后，人们大可享用。

张恨水在《年味忆燕都》中提到蜜供：

我先提一件事，以见北平人过年趣味之浓。远在阴历七八月，小住家儿的就开始"打蜜供"了。蜜供是一种油炸白面条，外涂蜜糖的食物。这糖面条儿堆架起来，像一座宝塔，塔顶上插上一面小红纸旗儿。塔有大有小，大的高二三尺，小的高六七寸，重由二三斤到几两。到了大年三十夜，看人家的经济情形怎样，在祖先佛爷供桌上，或供五尊，或供三尊，在蜜供上加一个打字云者，乃打会转出来的名词。就是有专门做这生意的小贩，在七八月间起，向小住家儿的，按月份收定钱，到年终拿满价额交货。这么一点小事交秋就注意，可见他们年味之浓了。

蜜供是用油和好半发面，然后切成长约寸余的面条，油炸后蘸上蜜，叠搭起来。这种造型面点有方形的，有圆塔状的，高度最高可达一米。蜜供讲究5碗（份）为1堂，俗称"成堂蜜供"。蜜供的大小依不同场合的用途来决定，丰简由人。蜜供每"堂"必是5个或3个，是因有"神三鬼四"烧香上供的规矩，供品绝不能出现4个的。传统的蜜供有红白之分，通常面中间夹杂着红线的称为红供，红供是用来敬神礼佛的；面中没有红线的称为白供，白供常常用来祭祖。每年过年在神像、佛像、财神爷像、祖先像前，都摆上一堂5个的蜜供，灶王爷前一般是摆一堂3个的蜜供。这些蜜供的下面都要用一个大的月饼做托，过了正月十五，到正月十八前后才撤下。撤下的蜜供大家分而食之。蜜供是旧时小孩子们最喜欢的大年零食。

图7-15　首都博物馆展出的塔式蜜供

蜜供敬佛祭祖是过大年很重要的事情，无论贫富都要准备，不可怠慢。蜜供一般要提前向蒸食铺或糕点铺预订。过去点心铺为了照顾一些不富裕的人家，通常用一种"零存整付"的方法让顾客放心订购，即订购者把想要定制的蜜供的类型、大小、轻重，在年初时就谈妥，然后订购者每月都交一定的预付款，有些类似于现在的分期付款，到年底拿蜜供的时候款也结清了。旧时糕点铺还出售一种叫"蜜供坨"的蜜供糕点，就是将搭垒蜜供塔时剩下的条块状的碎蜜供粘到一起，便宜地出售给百姓，很受平民人家特别是小孩儿的喜爱。腊月里的点心铺忙得不可开交，有专人负责送客供他们挑着大圆笼，上面盖着黄布，圆笼周围写有点心铺的店铺名字，送到购买者家的佛堂里。临近新年之际走在胡同巷陌的蜜供挑子成为旧时一景。

"杂拌儿"是老北京人对果脯蜜饯的俗称。旧时过了腊月二十三，街上就会搭上棚，应时的年货正式开卖。其中，数量最大、品种最多的就要数杂拌儿了。《红楼梦》中袭人家里招待宝玉，袭人给宝玉拿了几粒松子仁，吹去细皮给他吃。对待焙茗就不会这么细致了，最方便的，就是捧一大捧杂拌儿放在他的衣袋里，让他自己摸着吃。杂拌儿，简而言之就是把一些甜的干果、芝麻糖之类的东西混合在一起。大体上有梅子、蜜枣、瓜条、山楂糕、米花糖、花生粘、核桃粘、油枣、枇杷条、糖莲子、虎皮花生、虎皮杏仁等。过去的杂拌儿分为粗杂拌儿、中杂拌儿、细杂拌儿3种。细杂拌儿质量最好，过去只有皇宫、王府中的达官贵人才能消费得起，梨脯、桃脯、杏脯……对水果进行蜜渍加工制成，是典型的果脯通称；中杂拌儿同样以这些果脯为代表，加入一些冬瓜条，做法相同，但是规格略低一些；而普通百姓能消费得起的杂拌儿是粗杂拌儿，包括杏干、山楂片、花生粘、鱼皮豆等。杂拌儿也是对过去北京冬季鲜果供应不足的一个补充。虽然现在物质丰富了，但是杂拌儿依然还是北京人过年必备的食物。有人回忆道："以前不管家里多穷，年前都要想办法置办些杂拌儿，这才是过年。""过去能吃饱饭就不易了，但为了过节，长辈仍会费尽心思买些杂拌儿，让孩子们体味年味，品味亲情。"杂拌儿成为几代北京人春节不可替代的甜蜜记忆。杂拌儿还是春节走亲访友、探望老人的佳品。精挑细选的杂拌儿装在盒子里包装好，东西不多但却精致。亲朋好友过年来串门，作为本家会端出一个食盒，也叫果子盒，里面分装不同口味的杂拌儿，以示本家招待客人的热情。现在果盒里的内容悄然发生着变化，五颜六色的杂拌儿掺杂其中，有橙色的杏干、黄色的苹果脯和海棠干、红色的山楂条、紫红色的蜜枣、绿色的青梅和白色的冬瓜条等，大家会根据自己喜爱的口味添加购买，杂拌儿营造出的甜甜的年味留在北京人的年俗里。

二、二月二"龙抬头"

出了正月，大地回暖，新一年的春耕、农忙活动开始了。农历二月初二是老北京重要的民俗节日，人们把这一日称为"龙抬头"或"春龙节""农头节"。二月二的食俗有吃油炸糕、饺子、春饼、龙须面等。《京都风俗志》写道："二日为土地真君生辰，城内外土地神庙香火不绝，游人亦众，又有放花盒、灯、香供献，以酬神者，俗谓此日为'龙抬头'。"

据传，二月二前后，大地解冻，万物复苏，为了能使"龙"顺利地"抬头"，饮食多与"龙"有关。此日饮食，皆以龙名，如饼谓之龙鳞，饭谓之龙子，面条谓之龙须，扁食（饺子）谓之龙牙之类。这一天还有吃猪头肉的食俗。猪头多用来做祭奠祖先的供品，平日里不能随便吃。到了二月二这天，猪头用来上供龙王，所以，二月二这天，老北京人也会拌上一盘猪脸打打牙祭。

三、清明食俗

清明是二十四节气之一，旧时称为三月节，时间大概在阳历每年4月5日前后。每年一到清明，气温升高，雨量充沛，万物清净明洁。《岁时百问》中说道："万物生长此时，皆清洁而明净。"故谓之"清明"。清明前后正是播种的好时节，农谚有"清明前后，种瓜点豆""清明下种，谷雨插秧"之说。清明作为农历节气之一，因寒食、禁火、扫墓习俗的加入，而成为节日。寒食节与清明节本为两个节日。寒食节的时间在冬至后的105天，相传，寒食节是为祭奠介子推，寒食避火，不能开火做饭，只能吃冷食。唐朝时，清明节与寒食节合而为一。清明节踏青、扫墓祭祖成为传统习俗，流传至今。清明节兼有节日和节气两重内涵。

冷食

清明节除了扫墓、慎终追远之外，还流行吃冷食。吃冷食的饮食习俗由寒食节而来，后来逐渐成为清明食俗的一部分。北京小吃中有"寒食十三绝"，包括马蹄烧饼、螺丝转儿、馓子麻花、姜丝排叉、驴打滚、糖火烧、艾窝窝、糖卷果、糖耳朵、豌豆黄、焦圈、硬面饽饽、芝麻酱烧饼。

图 7-16　艾窝窝（闫绍伟拍摄）

四、端午食俗

农历五月初五为端午节，又名端阳节、重午节、解粽节等。老北京人称为"五月节"。端午节是我国民间传统三大节日之一[1]。

端午节因"端"与"初"同义；"五"同"午"相通，按地支顺序推算，五月为"午"月，故初五作"端午"，因午时为"阳辰"，

---

[1]　我国三大传统节日包括春节、端午节、中秋节。

亦称"端阳"。唐代以前，有"端五节""重五节"之称。因唐太宗生日为八月初五，为避"五"字之讳，故改"端五""重五"为"端午""重午"。

端午节历史悠久，起源众说纷纭，相传是为了祭奠屈原而设，还有起源于恶月、恶日之说等。端午节风俗大致分为两类：一类是以祭祀爱国人物（屈原、伍子胥）为文化内涵的风俗，如划龙舟、吃粽子等；另一类是以趋吉辟邪为文化内涵的风俗，如挂艾蒿、菖蒲，喝雄黄酒等。

端午节在战国时期已经初步形成，到魏晋时期定型，大约在唐朝时，被确定为正式的节日，经2000余年的传承演变，今日仍是我国重大民俗节日之一。端午节有吃粽子、插艾蒿、喝雄黄酒、赛龙舟的习俗。坊间流传的有关民谣"五月五，是端阳。门插艾，香满堂。吃粽子，撒白糖。龙船下，喜洋洋。"反映了端午习俗。

北京一带流行着"善正月、恶五月"之说。五月天气湿热，俗称"恶月""毒月"，五日又称"恶日""毒日"，五月初五，为恶月恶日，人们最为忌讳。据传，农历五月是阳气最盛的时节，各种毒虫出，病毒瘟疫开始流行。每年此时，人们格外小心，从事一些趋吉辟邪的活动。人们挂菖蒲、艾蒿，吃粽子，喝雄黄酒，以此来驱邪避恶。《帝京景物略·卷二》记载京城端午趋吉辟邪的习俗："五月五日之午前，群入天坛，曰避毒也。过午后，走马坛之墙下。无江城系丝段角黍俗，而亦为角黍。无竞渡俗，亦竞游耍。"

图7-17　2019年端午节北京东岳庙民俗活动

（一）角黍——粽子

北京端午节有吃粽子、五毒饼、桑葚、樱桃，挂菖蒲、艾蒿，佩戴香囊等习俗。《帝京岁时纪胜》中记载京师端午节的习俗："家家悬朱符，插蒲龙艾虎，窗牖贴红纸吉祥葫芦。幼女剪彩叠福，用软帛缉缝老健人、角黍、蒜头、五毒老虎等式，抽作大红朱雄葫芦，小儿佩之，宜夏避恶。家堂奉祀，蔬供米粽之外，果品则红樱桃、黑桑葚、文官果、八达杏。午前细切蒲根，伴以雄黄，曝而浸酒。饮余则涂抹儿童面颊耳鼻，并挥洒床帐间，以避虫毒。饰小女尽态极妍，已嫁之女亦各归宁，呼是日为女儿节。"

图 7-18　端午节祭品

端午节最重要的食俗是吃粽子。粽子作为端午节的特色食品，最初是用来祭祀的。粽子来源于古代的"角黍"，角黍即角形的粽子，黍是我国北方的一种农作物，一般在五月成熟。古人认为动物的角是人神沟通的中介，所以古人将黍米包成类似牛角的形状，作为祭祀的供品，以求风调雨顺、五谷丰登。粽子距今有2000多年的历史。明代的李时珍在《本草纲目·谷部四》中对粽子有过注解："古人以菰芦叶裹黍米煮成，尖角如棕榈叶心之形，故曰粽，曰角黍。近世多用糯米矣，今俗五月五日以为节物相馈送，或言为祭屈原作此投江以饲蛟龙也。"

北京的粽子，又称江米粽，用江米制成。粽子的做法是用粽叶包成小三角形，个头小巧，包得严实，枣小，核细，有的冷的粽子吃到嘴里凉得牙根儿直哆嗦。粽子除了小枣的，还有豆沙、枣泥、奶油、腊肉、火腿等，总的来说，分为咸、甜两种馅。过去端午节前后，街上推车的小贩一般都吆喝："江米小枣的粽子。"曾有诗描写北平卖粽子的情景："江米包来粽叶香，大家准备过端阳；赚钱哪管人辛苦，小贩街头叫卖忙。适逢初夏气清和，食品当然要揣摩；巷尾街头真热闹，推车吆喝枣儿多。"[①]

（二）五毒饼、樱桃、桑葚

北京端午节的饮食习俗除了吃粽子外还要吃五毒饼、玫瑰饼、樱桃、桑葚等。《燕京岁时记》中记载北京端午节民俗写道："京师谓端阳为五月节，初五为五月单五，盖端字之转音也。每届端阳以前，府第朱门皆以粽子相馈贻，并副以樱桃、桑葚、荸荠、桃、杏及五毒饼、玫瑰饼等物。其供佛祀先者，仍以粽子及樱桃、桑葚为正供。亦荐其时食之义。"

北京端午节特有的五毒饼其实是玫瑰饼的一种，上面刻有蝎子、蜘蛛、蟾蜍、蜈蚣、蛇的形象。相传吃了五毒饼，这些虫子就不能出来害人，灭虫免灾。传说五毒饼源于元朝末年，有江西的道人来京师遨游。正值瘟疫横行之时，不幸染病，晕倒在一家饽饽铺前。

① 潘惠楼：《北京的饮食》，北京出版社2008年版，第250页。

饽饽铺的掌柜将其救下，亲奉汤药，将他治愈。道人痊愈之后离开后，为答谢饽饽铺掌柜的救命之恩，用朱笔画了一道灵符，加盖龙虎山乾坤太乙真人金印，派人专程送来。原来这位道人是江西贵溪龙虎山一带的得道高人。掌柜将其灵符视为珍宝，贴在后柜的房梁上。饽饽铺里刻模子的工匠，对梁上的灵符留心日久，照着灵符的样子，刻出了模子来。于是用模子烙制了枣泥馅的糕点，这批糕点不加纱罩也无蚊虫扰，

图 7-19　稻香村端午节出售的五毒饼

且不论放在什么地方都如此。于是掌柜给其取名为"五毒饼"，在端午节出售，大家听说这五毒饼不招苍蝇等蚊虫，还能驱邪避疫，于是，糕点一上市就被争相抢购，十分畅销。北京的其他饽饽铺竞相效仿，都卖五毒饼，虽然没有灵符可模仿，但是把蝎子、蜘蛛、蟾蜍、蜈蚣、蛇的形象刻在了模子上，成为名副其实的"五毒饼"。自此端午节吃五毒饼的习俗在北京流传至今。

端午节前后流行吃樱桃和桑葚，据说，吃了可以避免误食苍蝇，吃了白桑葚则不会误食蛆虫。

五、中秋食俗

农历八月十五中秋节，自古以来就是中国人非常重视的一个民俗节日。古代把秋季3个月分为孟、仲、季3部分，八月中旬，恰在三秋之半，所以中秋又叫仲秋。中秋节前后秋高气爽，丹桂飘香，中秋当日举家团圆，共食月饼并拜月、祭月。

（一）中秋拜月

老北京人有中秋当晚设坛拜月的习俗。北京拜月、祭月习俗由来已久，明、清时期，宫廷的拜月、祭月习俗就非常隆重。据说北京的月坛就是明嘉靖九年（1530年）修建的，是专供皇家祭月之处。清康熙皇帝每年中秋都要到承德避暑山庄举行祭月大典，而且在七旬时兴建戒得堂，是中秋赐福吃月饼的地方。清朝慈禧太后曾在颐和园拜月祭神。

关于中秋节为什么拜月、祭月，民间有很多传说。其中有"八月十五天门开"的传说。据说，很久以前，有个孤儿给地主家做工，辛苦十几年，仍孤身一人。八月十五这一日，他不幸染病，不能干活了，地主就将其扫地出门。他无家可归，只好在山下的一棵桂树下躺着。正在他悲苦无依的时候，从月宫中降下一位美貌的仙女，出现在他面前。只见仙女用袖子一挥，3个茅屋即刻出现在他面前，茅屋内锅碗瓢盆等生活用品齐全，还有锄头、犁头等农具。他喜出望外，便用月宫仙子赐予的农具自食其力，春耕秋收，从此过上了幸福的生活。后来这件事情渐渐传开，人们每逢八月十五都会在室外摆上鲜果等供品祭拜月亮，祈求"天门重开"，得到月宫娘娘的恩赐，风调雨顺，生活幸福。

老北京人对祭月、拜月相当重视。清《燕京岁时记》记载了民间拜月的习俗："每届中秋，府第朱门皆以月饼果品相馈赠，至十五日月圆时，陈瓜果于庭以供月，适时也，皓月当空，彩云初散，传杯洗盏，儿女喧哗，真所谓佳节也。"中秋节当夜，皓月当空，人们在院中设置香案，摆上月饼、西瓜、苹果、红枣、李子、葡萄、毛豆角等时令果蔬上供，花筒中放些鸡冠花、毛豆枝作为点缀，以示喜庆、吉祥，有的挂着月宫的画，有的供奉兔儿爷。其中月饼和西瓜是必须上供的食物，月饼象征着团圆，西瓜多切成莲花瓣的形状，以示"花好月圆"之意。《北平岁时志·八月》详细记载了老北京拜月的习俗：

图7-20 北京兔儿爷

八月中秋夕，月上东方时，宫中亦供月宫，名圆月，王公庶家之妇女，亦皆有此礼节，但贫富不同，供品因之亦有等差，大内供品，由内膳房备办，王公府第，则由家务处备办，士大夫则令家人开单购买，供品则为大月饼一个，或一套，一套者，乃五个或七个九个，如宝塔状。鲜果则为西瓜、枣、栗、花生、苹果、沙果、石榴、柿子、藕、鸡冠花、大萝卜、毛豆、烧酒、清茶。正中设月光神马，上绘五彩月宫，丹桂下立玉兔。宫中所用者彩画特工，人家所用者，多为印版添色者，且有大小之分。

中秋拜月，老北京还有"男不拜月、女不祭灶"的讲究。因为月亮属阴，所以主持拜月仪式的一定是女性，但并不是说男性不参与，一般都是全家参与拜月，只是由女性主祭，女性先拜，男性后拜而已。撤供后，全家老幼围坐在院子中，分享月饼瓜果。

（二）中秋果子节

秋季是收获的季节，很多水果成熟，因此中秋节又被老北京人称为"果子节"。中秋前后，正逢瓜果大量上市，因此，中秋又称为

"果子秋"。《京都风俗志》记载北京中秋节卖水果的盛况："前三、五日，通衢大市，搭盖芦棚，内设高案盒筐，满置鲜品、瓜蔬，如：桃、榴、梨、枣、葡萄、苹果之类，晚间灯下一望，红绿相间，香气袭人，卖果者高声卖鬻，一路不断。"

有些中秋的水果颇有新意。果农在果子还未成熟时在果子向阳的一面贴上"福""寿""佛"等图案的剪纸，等果子长成之后把剪纸撕下，果子上就印有"福""寿""佛"等字样，这些果子很适合馈送亲友。

唐鲁孙在《南北看》一书中回忆北京的中秋节果品之丰富时写道：

> 八月的中秋节，在北平可算是大节气，这时候庄稼刚忙完，天气不冷不热，各式各样的水果，如苹果、石榴、蜜桃、鸭梨、鸭儿广、大小白梨、沙果、虎拉车（似苹果而小）、大白杏、沙营葡萄、玫瑰香、枣儿、莲蓬、藕，还有老鸡头（芡实）全部上市，真是鹅黄姹紫、嫩红新绿、五光十色、各尽其妙，不用说吃，就是瞧着也让人痛快。北平管中秋又叫果子节，可以说名副其实，一点儿也不假。[①]

（三）中秋月饼

月饼，原是中秋祭拜月亮的一种供品，后来演变成中秋节的节令食物。月饼形如圆月，象征团圆、丰收。因此，月饼也成为馈赠亲友的礼品。宋代大诗人苏东坡曾赞誉其为："小饼如嚼月，中有酥与饴。"明田汝成《西湖游览志》记载："八月十五谓之中秋，民间以月饼相馈，取团圆之意。"明沈榜《宛署杂记·民风》记载："八月馈月饼。士庶家俱以是月造面饼相馈，大小不等，呼为月饼。市肆至以果

① 唐鲁孙：《唐鲁孙系列·南北看》，广西师范大学出版社2004年版，第82页。

为馅，巧名异状，有一饼值数百钱者。"清代以后，月饼的制作更加讲究，制作技法进一步提升。形状各异，除圆形外还有月牙形、方形等。还有福禄寿禧等各种喜庆的文案，馅料有五仁、蛋黄、凤梨、枣泥等。

中秋节，老北京很多糕点店铺都出售富有特色的月饼。"红"与"白"是很多人记忆中的老北京月饼，指的是"自来红""自来白"两款传统月饼。

自来红以烫面制成，使用植物油，里面放有多种果仁，还有北京"青丝、红丝"（杨梅和陈皮），而且要有冰糖，烤出来颜色较深，外皮上打一个红色圆圈，圈内扎着几个小孔，以示"自来红"。据说，早年老北京做自来红最地道的是聚庆斋，月饼买回来放在瓷盘里不用一天的工夫就能从月饼里渗出一层香油。可谓真材实料，货真价实。

自来白则是冷水和面，使用猪油，馅料为枣泥、澄沙、豌豆、山楂、白糖等。外皮呈白色。红色小戳做印记，以示"自来白"。由于自来白是用猪油制作的糕点，属于荤品，不能拿来祭月上供。但无论自来红还是自来白，都是中秋馈赠亲友的美食佳品。正如《北平歌谣》里唱的："紫不紫，大海茄，八月里供的是兔儿爷。自来白，自来红，月光码儿供当中，毛豆枝儿乱哄哄，鸡冠子花红里个红，圆月儿的西瓜皮儿青，月亮爷吃得哈哈笑，今夜的光儿分外明。"

现在月饼花样越来越多，有传统的老北京自来红、自来白，还有很多南派月饼，如苏式月饼、广东月饼等，还有巧克力馅儿的月饼、冰激凌馅儿的月饼、水果馅儿的月饼，各种口味应有尽有，大街小巷随处可以买到。人们会根据自己的口味进行选择。

中秋节源于我国农耕社会的农业生产劳作。我国古代有"春祈"和"秋祀"的活动，以祈求农业生产顺利，丰收吉庆。中秋节正值丰收的季节，人们庆祝中秋节，除了团圆之外，也希望来年风调雨顺，五谷丰登。中秋吃月饼就融入了"秋祀"的内涵，月饼象征丰收。民谚说："吃月饼、念月饼，明年是个好年景。"现在中秋节依然还延续着祈丰收、庆丰收的文化内涵。

六、重阳花糕

重阳又叫"重九"，指的是农历九月初九。"九"为阳数之极，两个"九"重合，称为"重阳"。重阳节前后，秋高气爽，天地澄明。各地流行着登高、插茱萸、赏菊花的习俗。唐人王维的《九月九日忆山东兄弟》脍炙人口："独在异乡为异客，每逢佳节倍思亲。遥知兄弟登高处，遍插茱萸少一人。"提起重阳节，不由得让人与登高望远、思乡心切联系起来。登高有"辟邪"和"辞青"之说。

北京重阳节有登高、赏菊、喝菊花酒、敬老、吃花糕、食烤肉、涮羊肉的习俗。《帝京景物略·卷二》中记载："九月初九……面饼种枣栗，其面星星然，曰'花糕'。糕肆标纸彩旗，曰'花糕旗'，父母家必迎女来食花糕。"文中描述的是最简单的重阳糕，发面饼加上枣与栗子。花糕，是重阳节的一种传统节令食品。"糕"取"高"的谐音，有步步高升、兴旺发达之意。不仅自家食用，还可用来赠送亲友，意为步步高升、吉祥如意。重阳节这天又称女儿节，出嫁的女儿这一天会回娘家看望父母，与家人同食花糕，饮菊花酒。民谚说道："中秋刚过了，又为重阳忙。巧巧花花糕，只为女想娘。"

北京重阳吃花糕的习俗由来已久，随着花糕制作工艺的不断改良，重阳花糕品种越来越多。"老北京的重阳花糕一类是饽饽铺里烤制成熟的酥饼糕点，如槽子糕、桃酥、碗糕、蛋糕等；一类是四合院里主妇们、农村妇女们用黄白米面蒸的金银蜂糕，糕上有花生仁、杏仁、松子仁、桃仁、瓜子仁。此外，还有用油脂和面蒸的糕、将米粉染成五色的五色糕。也有的在花糕中夹铺着枣、糖、葡萄干、果脯，或在糕上撒些肉丝，再贴上'吉祥'或'福禄寿禧'字样，并插上五彩花旗。"[①]

现在重阳花糕也是广受欢迎的时令糕点。北京著名糕点老字号稻香村，每年秋季上市的重阳花糕一直是时令糕点中的特色产品。稻香

---

① 肖东发主编，李勇编著：《九九踏秋：重阳节俗与登高赏菊》，现代出版社2015年版，第98页。

村的重阳花糕不仅美观，口味也十分正宗。重阳花糕外观为3层，入口即可品尝到面皮、桂花儿、青梅、枣泥饼、核桃仁、桃脯、山楂糕共7味食材。现在重阳佳节到来之时，北京人还是会买些重阳花糕馈赠亲友，慰问老人。

七、冬至如大年

冬至是二十四节气之一，在每年阳历12月22日前后。这一日北半球白天最短，夜晚最长。冬至日后，白日渐长。民谚有"吃了冬至饭，一天长一线"的说法。冬至吃馄饨之俗，始于春秋，盛于唐、宋，流传至今。冬至被认为是个吉利的日子，民间流传着"冬至如大年"之说，称呼冬至为"亚岁"。

因为冬至时最冷，民间有不吃馄饨会冻掉耳朵、孩子们冬至吃馄饨有益聪明的说法。《中华全国风俗志》云："冬至日，做馄饨为食，取天开于子，混沌初分，人食之可益聪明。"冬至，阴极而阳始，天气寒冷，吃一碗热气腾腾的馄饨可祛寒。清杨静亭在《都门纪略·馄饨》诗中对馄饨大加赞赏："包得馄饨味胜常，馅融春韭嚼来香。汤清润吻休嫌淡，咽后方知滋味长。"

馄饨古代用于祭祖。馄饨，原为混沌，也有写作暗肫、浑屯等。混沌本为阴阳不分，浑为一气之象。因为这种天象正合了馄饨是把若干作料混合在一起之特征，故称"混沌"。《资暇集》云："馄饨，以其象浑沌之形。"《方言笺疏》云："混沌义并与馄饨相近，盖馄饨叠韵为浑屯。"冬至食馄饨，大概因古人认为天地混沌如鸡卵状的缘故。《燕京岁时记·冬至》载："按《汉书》：'冬至阳气起，君道长，故贺。夏至阴气起，故不贺'。又《演繁露》：'世言馄饨是塞外浑氏屯氏为之。言殊穿凿。夫馄饨之形有如鸡卵，颇似天地浑沌之象，故于冬至日食之。'若如《演繁露》二氏为之之言，则何者为馄何者为饨耶？是亦胶柱鼓瑟矣。"

《燕京岁时记》记载："冬至郊天令节，百官呈递贺表，民间不为节，惟食馄饨而已。与夏至之食面同。故京师谚曰'冬至馄饨夏至面'。"清潘荣陛《帝京岁时纪胜》亦有记载："长至南郊大祀，次旦百官进表朝贺，为国大典。绅耆庶士，奔走往来，家置一簿，题名满幅。传自正统己巳之变，此礼顿废。然在京仕宦流寓极多，尚皆拜贺。预日为冬夜，祀祖羹饭之外，以细肉馅儿包角儿（即馄饨）奉献。谚所谓'冬至馄饨夏至面'之遗意也。"

老北京人吃馄饨，首在看重其汤，民间流行"喝馄饨"之说。有的人家会在冬至前一日，以猪骨、母鸡、鸭子、牛肉炖好高汤，第二日将馄饨放入浓汤锅一煮，盛馄饨的碗内提前备好酱油、醋、紫菜、葱花、金钩虾仁、鲜豌豆苗等，待馄饨出锅，再往碗里浇上热汤，冬日里美美地吃上一碗馄饨、喝上热腾腾的馄饨汤，既暖和又养胃。现在馄饨种类繁多，有肥肠粉馄饨、三鲜馄饨、白汤大馅儿馄饨、高汤馄饨等。在冬至前后，人们似乎陷入"馄饨阵"，什么样的馄饨都有，丰俭由人，任君选择。在北京做馄饨比较著名的老字号"馄饨侯"，在鼓楼、和平里、西四等地都有店铺，广受欢迎。

节日随着时间的变化不断变换，由春节到冬至，从春季到冬季，实现了一年四季的轮回，节日饮食也随着时间的变化不断提醒着我们顺四时的规律。

当代出现很多值得关注的新现象。由于社会生活环境的转换，当代社会的年节食俗文化内涵已经发生变化，如祭祀活动大大减少，人们对于年节饮食中所具有的民俗含义已经不太关注，整个社会的民俗心理已经发生了根本性的变化。随之而来的是，各种岁时食俗中增加了许多娱乐因素，年轻人参与就更是好奇和尝鲜的心理所致。同时具有较为浓郁的商业色彩。节日文化被商家营造成消费节，以食物为主打，如"粽子节""月饼节"等，文化内涵被弱化。民间还有到饭店定制年夜饭的习俗，除夕夜吃年夜饭、看春晚成为20世纪80年代之后流行的年节民俗。节日文化内涵悄然发生着变化，这与当代的生产、生活方式紧密相关。节日是我国民间文化的宝库，越来越受到国家和民间的保护和重视。很多传统节日已列入我国的非物质文化遗产名录。根据2013年12月11日《国务院关于修改〈全国年节及纪念日放假办法〉的决定》第三次修订，规定每年的春节放假3天，清明节、端午节、中秋节各放假一天。通过法定节假日维持和弘扬传统节日，对节日传承有积极的延续性意义。

第八章

北京饮食与语言民俗

语言是历史文化的活化石，是文化生活的重要组成部分。著名民俗学家钟敬文先生将民间语言承载民俗事象的方式归纳为4类。一是，语言单位概括支撑民俗事象；二是，语言单位具体陈述民俗事象；三是，语言单位旁涉夹带民俗事象；四是，语言单位折射民俗风貌。简言之，语言民俗可以直接或间接反映民俗事象、民俗形态与思想观念。①北京饮食语言作为文化的载体，承载了北京的民俗风情和百姓的生活智慧。以饮食语言为窗口可呈现北京的民俗风貌、文化传统、社会变迁。从生动活泼、京腔京韵的方言、俗语中展现北京饮食文化的语言魅力和活态传承的饮食语言的活力。

---

① 钟敬文：《民俗学概论》，上海文艺出版社2009年版，第296～297页。

第一节 "吃"的口头语

民以食为天，中国人一向重视"吃"。比如在20世纪80年代至90年代，人们打招呼问好的方式是"吃了吗"，相当于"你好"的意思。对于吃的关心胜过其他。北京话有"渴不死东城，饿不死西城"的说法，说的是早期北京人打招呼的方式。东城人见面第一句话是："喝了吗您哪？"老北京人有早上喝茶的习惯，过去老街坊清早见面第一句都是问："您喝茶啦？"以问候喝茶来代替问安、问好。过去北京家家都有茶叶罐子，就像过去家家有水缸一样普遍。可见北京人对"喝茶"的重视。西城人则会说："吃了吗您哪？"

北京人日常对话离不开"吃"，北京城的老爷们儿闹脾气吵架，常说的一句话是："谁也不是吃素的！"潜台词儿是说："爷们儿我可是吃肉的，所以，爷们儿我可不是好欺负的！"如激励自我或为他人打气时常说："不蒸馒头争口气。"形容一个人办事不利索，办点事拖拖拉拉办不好，没个痛快劲儿，或者因为技术和胆量的问题踟蹰不前，会说："怎么这么肉啊?!""肉了吧唧。""太面了。"，北京人还有说俏皮话的传统，如若两口子吵架，劝架的来一句："呦，这怎么话儿说的，您这可真是饭馆的菜，老炒（吵）着呀！"就这一句俏皮话就能把两位吵架的逗乐了。

北京儿化音是京腔特有的语音，在饮食中也有很多的表现，如：馅儿、皮儿、小鸡子儿、烫面饺儿、麻楞面儿、卤鸡冻儿、棒子苗儿、螺丝卷儿、芥末墩儿、豆汁儿、驴打滚儿、豌豆黄儿等，不胜枚举。

还有一些以食物为原型的形象化、口语化表达，如麦芽糖叫"糖瓜儿"，反感叫"腻味"，口渴叫"叫水"，不消化叫"存食"，西葫芦鸡蛋摊饼叫"糊塌子"，油腻叫"腻了姑拽"，结束了但结果不好叫"死菜了"，错误地受到牵连叫"吃瓜落儿"，形容一个人消瘦、憔悴，会说他"面露菜色"，不花钱的享受叫"蹭饭、蹭吃蹭喝"，吃些零碎食品叫"点补"。"姜是老的辣""我吃的盐比你吃的饭还多""清锅冷灶""爆炒豆儿似的""充大头蒜""把自己当根儿葱"等，既俗又白、既朴实又活泼的口语化的语言，形象地表达出百姓的生活状态，展现了千姿百态的生活场景。

第二节　吆喝声和幌子符号

一、吆喝声

吆喝声和幌子与商品贸易活动相伴而生，古已有之。北京作为北方政治、经济、文化的中心，城内商贾云集，店铺、小贩遍布街巷。市场的繁荣和商业的兴旺，为行商走贩们带来无限商机，也使得千百年来叫卖文化和幌子符号得以延续发展。众多的吆喝、响器和幌子，构成了多姿多彩的商业世界。

其中吆喝叫卖属于声音指称所卖货物的民俗形态，称"货声"或"市声"。过去街头商贩做生意时的叫卖之声，也就是老百姓常说的"吆喝"，俗语说卖什么吆喝什么。从一些古籍资料中可追溯到北京早期历史上的叫卖声。明代的《旧京遗事》云："京城五月，辐辏佳蔬名果，随声唱卖，听唱一声而辨其何物品者、何人担市也。"《燕市货声》刊印于清光绪丙午年（1906年），序中言："天籁亦未尝无也，而观夫以其所蕴，陡然而发，自成音节，不及其他而犹能少存乎古意者，其一岁之货声乎，可以辨乡味，知勤苦，纪风土，存节令，自食乎其力，而益人于常行日用间者，固非浅鲜也。"专门介绍了当时北京城里的叫卖之声。清末《燕京岁时记》："七月中旬，则菱芡已登，沿街吆卖，曰：'老鸡头才上河。'盖皆御河中物也。"这些史料对我们了解历史上北京商贩的叫卖提供了宝贵的资料。

梁实秋先生在《北平的零食小贩》一文中写道："北平小贩的吆喝声是很特殊的。我不知道这与平剧（即京剧）有无关系，其抑扬顿挫，变化颇多，有的豪放如唱大花脸，有的沉闷如黑头，又有的清脆如生旦，在白昼给浩浩欲沸的市声平添不少情趣，在夜晚又给寂静的夜带来一些凄凉。细听小贩的呼声，则有直譬，有隐喻，有时竟像谜语一般耐人寻味。而且他们的吆喝声，数十年如一日，不曾有过改变。"一直到新中国成立初期，北京的叫卖文化都一直较为盛行。

过去北京城里走街串胡同的叫卖、季节性的货物吆喝兜售等颇具特色，叫卖不仅是吆喝，还有简单的曲调，有些甚至伴响器以协奏。响器就是敲打简单的乐器，击奏或吹弹出富有节律的声响，俗称"报君知"。特有的曲调和响器作用不小，顾客即使听不清小贩们所吆喝的内容，但根据售卖各种商品特有的曲调就能辨别卖的是什么货物。小贩的响器大都按行业特色有自身特有的器具，各种响器奏出不同的曲调，顾客一听便能辨认出售卖的是何种商品，比如一听到打冰盏的声音就知道有冷饮可吃了。

过去北京胡同街巷中总充斥着各种货物的吆喝声，不管什么季节，不分昼夜，无论晴雨，货声总是不绝于耳。"吃得香，嚼得脆，茶果哟！"坊间，应季的果蔬时鲜货声不断。

每当春节豌豆黄开始上市，一直卖到夏末。小贩推独轮车，上面放有大木板，板上搁着许多砂锅，锅底朝上扣着，里面盛着豌豆黄。出售时将豌豆黄磕出来，用刀切成三角形的块，论块出售。"好大块的豌豆黄！"过去农历二月初一，家家祭祀太阳神，供太阳糕，糕上捏一个红公鸡，象征"日中有金鸡"。拂晓时分便听到小贩吆喝着："太阳糕咪，小鸡的太阳糕啊。"进入四月，微风拂面时，胡同里就能听到挑担子的小贩叫卖："江米小枣儿粽子！""卖粽子的挑子，一头是个木桶，另一头是方木盘子上摆个木盆。整整齐齐码着煮熟了的粽子。到了大热天，粽子要用冰镇着。吃冰粽子又凉又滑，但是大人说：小孩不能多吃，多吃不消化！"[1]卖玉米的吆喝声也是回味悠长，"五月鲜儿来——嫩的嘞哎！""活秧儿的——老玉米嘞哎"。五月，桑葚、樱桃、香瓜上市，小贩吆喝着："桑葚儿大樱桃，赛过李子，甜樱桃！""寒香味儿的，买好吃的咪，竹叶儿青的旱甜瓜咪。"

入夏，青杏儿上市。"清水嘞，杏儿嘞，不酸嘞，蘸了蜜嘞！里头还有个小鸡儿嘞！""好大的杏儿咪——八达吆！"一听就知道

---

① 小民、喜乐：《故都乡情》，中国友谊出版公司1984年版，第27页。

卖八达杏的。另外还有："杏儿熟咪，哎！十三陵的杏儿噢！杏儿咪，仁大子儿的，半斤咪！"六月连阴天，出门买菜不便的时候，小贩们挎个篮子出现在胡同口吆喝着："臭豆腐，酱豆腐，卤虾小菜酱黄瓜。"夏季到来，老北京卖虾米的小贩们一大清早就去护城河或城外河，用网捞虾，挑担推车："卖活虾米咧！"盛夏，老北京街头有很多卖冷饮的商家小贩。卖雪花酪是老北京一大特色。过去北京城冰窖多，冰窖的藏冰多用于夏天纳凉。据民俗专家、老北京人翟鸿起先生讲：1945年，北京的街头出现了卖"雪花儿酪"的小贩，叫卖者用铁勺将其盛在小碗之中，买者用小勺食之，这就是最原始的冰激凌。卖者一边叩打着冰盏（两个铜盏，形状像碗，叮叮当当地撞击，声音清脆）一边吆喝着："哎——雪花酪，好吃不贵嘞哎——尝尝口道！""给得就是多嘞，盛得就是多哎——又凉又甜——又好喝！""冰激凌，雪花儿酪，贱卖多盛拉主道！"[1]打冰盏这一商业民俗行为延续多年，直到新中国成立后还有。昔日里一听到清脆悦耳的冰盏声就知道有消暑解渴的冷饮卖了，什么酸梅汤、冰激凌、冰镇西瓜、汽水等。还有卖冰核儿[2]的，小贩边推着车边吆喝着："冰核儿多给！""冰核儿买喽！冰核儿买喽！凉快！"还有卖冰棍的吆喝："买冰棍儿噢败火的噢，败火的噢冰棍儿噢！""熟水的冰棍儿噢，卫生的冰棍儿噢！冰棍儿……"夏天最常听到的是卖西瓜的叫卖声，卖主一边手持着大蒲扇轰赶着苍蝇一边吆喝着："吃来哎——闹块儿尝咳——沙着您的口儿甜——这依个大嘞哎……""大西瓜咳，脆沙瓤儿嘞——斗大的西瓜船大的块儿嘞哎……"[3]"大块西瓜赛了糖咧！"还有卖桃子的"山背子"即果挑，身背荆筐，沿街叫卖："大叶白的蜜桃啊！""玛瑙红的大蜜桃啊！"故都夏日雨后，有许多贫家孩儿

---

① 陈树林：《老北京的叫卖调》，人民音乐出版社2010年版，第14页。

② 冰核儿：即天然冰块儿。冬季，将北京护城河里的天然冰凿成大块拉上岸，储存在大窖里。夏天开窖后，将冰块放在小车上，推着下胡同，凿成小块出售。核读hú。

③ 李维基：《我们的老北京》，中国轻工业出版社2015年版，第239页。

提筐叫售豌豆，童音高叫："豌豆咪——干的香——啊。"①

北京渠塘交错，秋季河鲜上市时就有商贩挑着担子，走街串巷地吆喝："鲜菱角来买——老菱角嗷……""哟老菱角咪，鸡头米啊，还有白花江米藕喔！""哎咳，买白花藕哎，好鲜的菱角、鸡头的米嘞哎……""炒栗子……香喷喷、黏糊糊的炒栗子！""哎！好大荸荠喽嗨！哟白花儿的藕哇哎，哎！哟大慈姑来嗨！"北京的西部、北部地区盛产柿子，一到柿子上市时就可以听到："赛倭瓜的大柿子——涩了换啦。""喝了蜜——大柿子。"秋冬时节，烤白薯的小贩一边从锅里拿出冒着热气的烤白薯一边吆喝着："又熟了哎！""栗子味的，白薯哎！"……过去北京有俗语道："不怕三黄，就怕一黑。"三黄，栗子、柿子、白薯，一黑，指的是黑枣。"挂拉枣儿酥，焦、脆哎！""代卖黑枣哎！"小贩们吆喝着卖"三黄"的时候就是秋冬交替之际了，天气已凉而未寒之时，等吆喝着卖"一黑"的时候，就是隆冬时节了。小贩们顺着四季更替变换着货物，吆喝声也成为人们辨别季节冷暖的风向标。

图8-1 老北京冬日后海卖冰糖葫芦的小贩

冬日还有常见的冰糖葫芦。糖葫芦的原料除山楂外，还有海棠、橘子、核桃仁、山药等，其中以山里红为最佳。秋末冬初开始，如音乐般的冰糖葫芦的叫卖声便不绝于耳，大街小巷响起了清脆的吆喝声："葫芦……冰糖的！""蜜嘞哎嗨哎，冰糖葫芦嘞！""冰糖多哎……葫芦来嗷。""还有两挂啦哎，大山里红啦！"小贩手持一把插满冰糖葫芦的类似鸡

---

① 金受申、李滨声：《老北京的生活》，北京出版社2016年版，第495页。

毛掸子的稻草靶子，一边用手掩住耳朵喊："刚蘸得的冰糖葫芦，开胃呀甜酸冰糖葫芦！"临近岁末，卖关东糖的吆喝着："赛白玉的关东糖，松木枝，芝麻秸。""哎！糖瓜儿啊、祭灶去，哎！糖瓜儿这大个儿吠！糖瓜儿这祭灶！"还有隆冬深夜里卖红心水萝卜的吆喝："赛梨咧——萝卜——辣了换……"梁实秋先生在《北平的零食小贩》一文中写道："北地苦寒，冬夜特别寂静，令人难忘的是那卖'水萝卜'的声音：'萝卜——赛梨——辣了换！'那红绿萝卜，多汁而甘脆，切得又好，对于北方煨在火炉旁边的人特别有沁人心脾之效。这等萝卜，别处没有。"民国时期蒋瘦叟先生有一首咏萝卜挑儿的诗写道："隔巷声声唤赛梨，北风深夜一灯低。购来恰值微醺后，薄刃新剖妙莫题。"这两位先生的描述将卖萝卜的小贩在寒风凛冽的隆冬深夜吆喝着卖萝卜的场景，刻画得入木三分。冬日里还有一个北京的特色饮食，就是冻柿子。北京入冬后，冻柿子就上市了。三九天的冻柿子，吃起来带冰碴儿，咬一口吸溜着吃，味甜如蜜，透心凉。小贩推着独轮车，吆喝着："大柿子咧，喝了蜜，涩了管换！""柿子呀，赛倭瓜喽，哎！喝了蜜来大柿子……柿子就赛倭瓜啦！"陈穆卿先生《咏柿子诗》云："督师惭败柿园中，秋老忠魂到处逢。涩了换来涩了换，卖时天气近初冬。"直接将吆喝声入诗，可见人们对于冻柿子的喜爱。临近过年，卖小金鱼的渐渐多起来："大小的金鱼儿来！"正月里有很多卖金鱼的小贩，北京人通常愿意买些金鱼儿回家，取"吉庆有余"之意。正月还有卖鲤鱼的："哎！活鲤鱼呀！"初二祭财神时，要祭祀活鲤鱼，一些人家会用纸糊上鱼的眼睛，等祭祀完毕，再将鱼放生。

游走在胡同中的卖小吃的吆喝是北京叫卖文化的特色之一，卖主无论是担着挑子，还是推小轮车，大多现做现卖。如卖羊肉熟杂面的随买随做，巷子深处常常传来叫卖声："羊肉来——杂面哪。""酸酸的、辣辣的、羊肉的热面哪。"这种面味佳汤肥，颇受欢迎。游走在胡同里的还有卖烫面饺的："烫面的饺儿——热来哎……"旧京时也有不少推着排子车或肩挑着担子串胡同卖豆汁儿的，吆喝着："汁儿……粥哟。""豆汁儿开锅。""甜酸的豆汁儿哟。"有的是将担子固定停放在胡同口或道边上。除坐下喝豆汁儿的，还有附近人家拿着小盆、大碗和盛咸菜的小碟，"打"回家喝。小贩吆喝着："开了锅的豆汁儿粥！""粥喂，豆汁儿粥喂！"有的挑着担子走街串巷，吆喝着："甜酸嘞，豆汁儿嘞！甜酸嘞，豆汁儿哎！"卖烧饼和油炸鬼（即油炸馃子）的一般挎着个大笊篱走街串巷地叫卖："烧饼油炸鬼，油又香，面又白，扔到锅里漂起来！"卖者还自带一把小刀用来切烧饼，用刀切开烧饼，夹上油条"做一套"。过去百姓日子清苦，北京人的早点以烧饼、油炸鬼和稀粥为主。深秋和冬季的北京胡同街巷里卖粥的担子随处可见。卖粥的小贩们把担子放在街边，粥锅里冒着热气。粥的种类多，玉米粥、大麦米粥、粳米粥都有。"甜玉米粥"，是以玉米面熬制，加白菜叶、海带丝、粉条和一些作料。小贩吆喝着："甜米的，胡椒姜丝的！"卖大麦米粥的小贩吆喝："粥咧，大米粥咧！"粥中掺兑高粱米，熬得极软、极烂，多就咸菜丝吃。卖粳米粥的小贩挑担，一头是热气腾腾的粥锅，一头是圆笼。圆笼内有烧饼、麻花、油炸鬼、焦圈儿、咸菜、白糖。可谓干稀搭配，咸甜随意。

熏鱼儿肉、炸面筋也是北京特有的，汉民过去卖肉食类小吃，以熏鱼儿或猪头肉居多。傍晚，卖猪头肉的小贩背着小红木柜，上盖长方形木板做切案，吆喝着"熏鱼儿肉、炸面筋"。过去北京把这行买卖叫作"红柜子"。一般4月底5月初北方黄鱼上市的时候，"红柜子"小贩们才熏几条黄鱼卖。熏鱼一旦过了季节，小贩们的红柜子只剩下和猪有关的零食，卤猪肝、猪头肉、猪肺、猪耳朵、熏小肠、蹄筋等，除此以外还有粉肠、口条、鸡什件、熏鸡蛋、白面火烧等。很多人爱买"红柜子"的猪头肉做下酒菜。而大多数"红柜子"小贩都是卖与猪头肉有关的熟食，不曾卖过真正的熏鱼。他们走街串巷地吆喝着"熏鱼儿肉、炸面筋"。一听到"卖熏鱼"的吆喝声就知道有猪头肉可买了，长此以往形成了一种默契。北京城街道纵横，各民族杂居，为了尊重少数民族风俗习惯，卖熏鱼这种"暗语"成为大家约定俗成的暗号，形成了这样特殊的吆喝声。

老北京"卖熏鱼"的并不常卖熏鱼，主要是卖猪头肉的，过去北京还有一种特有的"卖酥糖"的。"卖酥糖"的与"卖熏鱼"的类似，他们不以卖酥糖为主，而是卖各式的点心和零食。"桂花缸炉、糖薄脆、白糖面包！"一般"卖酥糖"的挑担小贩这样吆喝着。"桂花缸炉"是一种圆形面饼，颜色微微泛黄，带着桂花香味儿。"糖薄脆"是一种圆形的薄脆饼，像芝麻饼干一样，酥脆可口。"白糖面包"类似现在的小方面包。还有其他的零食，如鸡蛋卷儿、肉松、牛肉干儿、果子酱、果丹皮、山楂糕、酥糖等。过去"卖酥糖"的小贩的担子也是以前比较新式的，用玻璃盒子装这些零食和点心。往往玻璃擦得锃亮、木架子漆得雪白，各种零食点心一一排列，让人目不暇接。这些"卖酥糖"的小贩很多时候在中小学的学校门口叫卖，有时候还售卖"毽子""赤包"（沙包）等学生爱玩的运动物品。所以过去在学生上下学的时间段，只要是"卖酥糖"的担子一出现，学生们就会一窝蜂地围上，把他堵得个严严实实，竞相购买。

老北京还有很多常听见的吆喝声，生动无比，语言和腔调中透着食物的新鲜与活力，如："小红的樱桃，快尝鲜！""老豆腐，开锅！""炸丸子，开锅！""开哩锅的炸豆腐，开哩锅的炸丸子。""烂乎嘞哎——蚕豆。""烫手热嘞哎——芸豆饼噢……""香儿多咪，烂得多咪，蒸豌唵……豆哟——来哟。""脆瓤儿的落花生哎，芝麻酱的一个味儿哎！""抓半空儿①的，多给！""咧！新落……屉儿咪！热包子儿，热的咪！发了面儿的包子儿，又热咪！"这些带着特有的婉转腔调的吆喝声，似乎能让人一下就感受到食物刚出锅时的新鲜热烈。

以响器招徕顾客是旧日北京吆喝的一抹亮色。除了前文提到的打冰盏儿，常见的还有：敲梆子（形状似木鱼）的，多是卖油、艾

---

① 北京人把炒熟的不太饱满的花生叫"半空儿"。

窝窝、江米凉糕、甑儿糕的；吹糖人的敲一面大锣；铜锅铜碗的，以家什担子上悬挂的铜盆铜碗摇晃撞击的声音为货声；乡间货郎则以手摇拨浪鼓敲击出声……"磨剪子嘞——抢菜刀"，磨剪刀、磨刀的不但吆喝还要吹喇叭（北京地区俗称喇叭，实则为铜号）或打铁帘儿等。

千变万化的吆喝声以其简短、扼要、鲜明的声调"符号"弥漫于市民日常生活。或悠扬高亢、或低回婉转，凄婉悲凉中蕴含着生机希望，抑扬顿挫，重点突出，京腔京韵的北京城的吆喝以及各种响器奏出了五味杂陈的生活交响乐，展现了鲜活的老北京市井生活。

张恨水先生在他的《市声拾趣》一文中饱含深情地将过去北平小贩的吆喝声描写得惟妙惟肖：

> 我也走过不少的南北码头，所听到的小贩吆唤声，没有任何一地能赛过北平的。北平小贩的吆唤声，复杂而谐和，无论其是昼是夜，是寒是暑，都能给予听者一种深刻的印象。虽然这里面有部分是极简单的，如"羊头肉""肥卤鸡"之类。可是他们能在声调上，助字句之不足。至于字句多的，那一份优美，就举不胜举，有的简直是一首歌谣，例如夏天卖冰酪的，他在胡同的绿槐荫下，歇着红木漆的担子，手扶了扁担，吆唤着道："冰淇淋，雪花酪，桂花糖，搁得多，又甜又凉又解渴。"这就让人听着感到趣味了。又像秋冬卖大花生的，他喊着："落花生，香来个脆啦，芝麻酱的味儿啦。"这就含有一种幽默感了。……在北平住家稍久的人，都有这么一种感觉，卖硬面饽饽的人极为可怜，因为他总是在深夜里出来的。当那万籁俱寂、漫天风雪的时候，屋外的寒气，像尖刀那般割人。这位小贩，却在胡同遥远的深处，发出那漫长的声音："硬面……饽饽哟……"我们在暖温的屋子里，听了这声音，觉得既凄凉，又惨厉，像深夜钟

声那样动人，你不能不对穷苦者给予一个充分的同情。[①]

当然，作者笔下的吆喝声衬以当时的背景看是凄凉和哀婉的，但北京的吆喝声大多是给人欢快、喜悦的感觉。谁听到卖食物的吆喝声能不心痒、心动呢？

总的来说，吆喝是北京商业民俗文化的一部分，京城的吆喝声持续到20世纪50年代。60年代开始，街头的叫卖声越来越少，逐渐销声匿迹。吆喝声虽已渐行渐远，成为一种历史语言民俗，但存在的历史价值是值得我们珍视的，也从侧面展现了老北京市井生活，总能牵扯出魂牵梦萦的老北京历史文化记忆。

二、幌子符号

幌子，《辞源》的解释是帷幔的意思，俗称酒帘。幌子历史悠久，唐代诗人杜牧《江南春绝句》："千里莺啼绿映红，水村山郭酒旗风，南朝四百八十寺，多少楼台烟雨中。"酒旗就是指幌子。幌子，作为一种古老的商业标志，是中国商业民俗的表现形式之一，历史久远。幌，最初特指酒旗，酒家以旗帜为标志。诗经有云："跂予望之。"就是踮起脚跟远看的意思。幌子后取望之的谐音而来。幌子称呼有很多，如望子、招子等。幌子主要用作传统行业店铺的标记，一般悬挂在店铺门外，用来表明店铺经营特点。换句话说，一看幌子就知道这家店铺卖的是什么货品。幌子符号是商品物象的象征。幌子作为店铺的脸面，是商贾经营的主要广告形式。宋人张择端的《清明上河图》中，汴河两岸各行各业招幌飞舞，招揽生意的场面，便是当时商业文化的写照。北京幌子符号历史悠久、荟萃四方。明清时期的北京城商业繁荣，"万方货物列纵横""路窄行人接踵行"的描述指的就是北京商业街区的热闹场景。明《皇都积胜图》、清《乾隆南巡图》及清末成书的《清北京店铺门面》等书，都有记载北京城招幌的内容。

---

① 曾智中、尤德彦：《张恨水说北京》，四川文艺出版社2007年版，第61～62页。

过去店铺的招牌幌子多由民间艺人设计制造，不仅造型独特，让人一目了然，而且颇具艺术特色。正如《竹枝词》所云："幌子高低店铺排，蒲包三两做招牌。"明清时期北京的商铺、字号渐渐形成自己独特的招幌文化。据清末统计，老北京招幌制式多达千余种，成为老北京商业文化的亮点。四面八方会聚京城的商人都十分重视幌子，幌子高悬的景色，在过去的北京商业街头随处可见。比如赫赫有名的大栅栏，是北京过去商业最繁华的街区，站在街口远眺，可以看到各式幌子铺天盖地地映入眼帘，仿佛进入五彩斑斓的幌子世界。如点心铺幌子、面铺幌子、米铺作坊幌子、酒铺幌子、茶庄幌子等，各式商品幌子应有尽有。老北京人多将"招""幌"并称，但"招""幌"还是有区别的，"招"多指店铺的名称、字号，幌子写的大多是店铺出售物品的种类或服务项目，以悬幌居多。

图 8-2　前门鲜鱼口幌子林立

俗语说：卖什么挂什么幌子。老北京幌子主要分为形象幌（模型幌）、实物幌和文字幌三大类。有的幌子兼文字、形象于一身。

形象幌，直观性强，引人遐想。如槟榔幌子，以金黄色槟榔包模型为幌。清代，南北货物交流广泛，槟榔幌子街头可见。点心铺是过去常见的店铺，如点心铺中出售元宵，则店铺门前用竹竿支撑起高挑的元宵模型的幌子。水果模型、节令糕点幌，幌子上分别绘有蝙蝠、艾叶、芭蕉扇等图案，寓意富贵吉祥。有的馒头铺以4个白色木质馒头模型挂于铁架之上，下缀红布，属于形象物幌。蒸锅铺专营蒸食，其幌子用3块木板穿挂在一起组成，上、下正方形木板上绘如意、寿桃，中间的圆形木板上绘小儿头像或米粒小孔，象征子孙满堂。这类幌子表示出售各式蒸食。有的山东人开的蒸锅铺多卖发面（软面）馒头之类的蒸食，称自己为"山东馒首"。这种蒸锅铺有门市，有字号，其招幌多为一大寿桃，或一"斛食楼子"（即一小型酆都城的木制模型）。茶馆的幌子是在房檐下悬挂4块小牌（宽约4寸，上下高1尺2寸），下系一块红布条（清真馆系蓝布条），夏季门外如搭苇席凉棚，则将挂钩吊在前方的棚杆上，另设若干长铁挂钩，以备老茶客悬挂鸟笼。其每一块木牌写两种名茶（正反面），如毛尖、雨前、大方、香片、龙井、雀舌、碧螺、普洱等字样。[①]

实物幌，表里如一，即卖什么商品就悬挂什么物品。用实物做广告，简单直接明了。如，烧饼铺就在门首放上烧饼、油条、糖饼儿的实物；鲜果店，窗前多摆有苹果、橘子、鸭梨、西瓜等应季的水果；肉铺幌子，一般是在案架上挂起成片猪肉，挂肉肠的店铺表示出售熟肉。有的馒头作坊，门前只插上一个大馒头。这种作坊多以做戗面（硬面）馒头为主，主要是批发给一些背篓、推车、走街串巷的小贩去零售。

文字幌，以文字为主。如油盐店幌子，幌子上写有米、面、油、酒、腐乳、小菜等商品名称。文字幌多用木板做幌子，如油盐杂货店门口挂的木牌上写"山西老醋""湖广杂货"之类；酱菜铺是木质招牌写有"酱菜"二字；卖月饼的铺子外挂着红漆圆木牌，上题"中秋月饼"四字。文字、形象兼备的幌子如茶叶铺幌子，北京茶叶铺多采用方形木牌，下缀红布，上书"毛尖""龙井"等茶叶品。有些点

① 北京市政协文史资料委员会编：《北京文史资料》第54辑，北京出版社1996年版，第283页。

图8-3 烤肉季（前门店）"牌匾＋幌子"

心铺子在高高探出店铺房檐的龙头上，挂两个寿桃模型，寿桃模型是较为典型的点心铺幌子的代表。香油铺幌子，圆形木牌上"小磨香油"四字题写一圈，这种幌子形状既像一个小石磨，又如一个大铜钱，甚为别致。饽饽铺，铺面讲究，门面较为奢华，雕花的牌楼式门脸，起码都有两开间，向外伸出的椽头上挂着各式各样二尺长木质的幌子，下系红布条，牌幌上写着"酒皮八件"等。

店家门外挂悬幌的数量也有讲究，有些约定俗成的悬挂方式。如，饭店挂双幌，表明烹饪技术好，可包办酒席；挂单幌，则表明是小吃店，只经营简单饭菜。从幌子的挂出与摘下来的时间还能判断出店铺的营业时间。若灯幌挂出，则标志着夜间营业。

北京是五方杂处之地，为多民族汇聚之所，幌子里也体现少数民族风情。奶茶原为蒙古族食品，传入北京后，街市中出现了奶茶铺。奶茶铺幌子多漆成黄色，上题"奶茶"二字。过去百顺斋奶茶铺门前挂一块云纹形木招作为标志，有别于普通奶茶铺，表明是蒙古人开的。清真饭馆幌子较为典型的是画幌。幌牌上写有"清真古教"四字，绘有茶壶、花瓶等图案，牌的四周绘葫芦形花边。

牌匾也是文字幌的一种延伸。我们习惯统称为牌匾，但牌与匾是有区别的。王芳在《中国牌匾：文明古国的文化仪容》一文中对牌与匾进行了区分：首先，两者的边长比例和悬挂方式不同，牌多为立式悬挂的窄长方形，匾多为横式悬挂的长方形；其次，两者悬挂的位置不同，牌多悬挂在店门的左侧或右侧，匾则是悬挂在店门正上方或者店堂一进门的墙上，因其位置略高于人的额头，故又被称为匾额。

图8-4　天兴居（前门店）的"幌子+牌匾+楹联"

牌匾内涵丰富，集字义、书法、雕刻于一体，具有极高的商业艺术价值。牌匾多用楷体书写，遒劲有力，饱满丰润，有欣赏和保存的双重价值。老字号"都一处"的牌匾就是乾隆御赐的，虽然现在前门大街"都一处"老店挂的牌匾是仿制的，但很多人还是慕名前往只为瞻仰一眼乾隆手书的牌匾。可见一块有史料价值的牌匾影响力是很大的。

过去老北京商铺多是由幌子、牌匾、楹联三者相应构成店铺宣传脸面，有"可移动的文物"之称。幌子符号不仅是店铺的记号，也在商品流通中享有重要地位。幌子的花样繁多，是一种特殊的语言符号。幌子符号传承的是一种商业文化，在百姓的日常生活中不断进化演变。幌子从图像、形状、色彩看起来，给人以美的视觉享受，简明生动，一目了然。

现在北京前门大街附近的鲜鱼口老字号美食街是北京老字号饮食云集的地方。鲜鱼口原是北京非常著名的胡同，历史久远，元朝就已存在。早年间鲜鱼口是贩卖鱼货的市场，因故得名。坊间流传着"先有鲜鱼口，后有大栅栏儿"的说法。现在的鲜鱼口是后来重建的，专营老字号，位于前门大街东侧，东起长巷头条与西兴隆街相接处，西至前门大街与大栅栏儿隔街相望。如今，新修的鲜鱼口步行街上，很多老字号聚集。一进街巷，招幌林立，有时空穿越、恍若隔世之感。红底黄字的鲜鱼口小吃城的幌子挂在街边，红、黄、蓝、绿各色幌子五彩缤纷。信远斋的幌子上写有北京烤鸭、爆肚炒肝、京味烧菜。还有绿色幌子，黄字，上面是傅杰题写的"烤肉季饭庄"。这个老字号美食街上集幌子、招牌、楹联三位一体的广告方式，让人眼花缭乱、目不暇接，又传承了历史风貌，引人无限遐思。虽然现在传统的幌子符号已经渐渐淡出人们视野，但是幌子符号这一有着悠久历史的民俗文化值得大家去了解和探寻并追溯其文化内涵。

第三节　京腔妙语中的"饮食"

北京话充满语言的智慧，许多精彩的京腔妙语与饮食有关。其中以饮食为题材的歇后语、谚语等饮食俗语非常多，涉及食物、制作方法、饮食习惯等与饮食有关的方方面面。

以主食为素材的歇后语，如：

凉锅贴饼子——溜了；

茶壶里煮饺子——有货倒不出；

窝头翻个儿——现眼；

卖烧饼的不带干粮——吃货；

卖年糕的回家——一切一切都完了；

蒸年糕不搁枣——净是逗（豆）儿。

饺子是北方地区普遍的家常吃食，有"舒服不如倒着，好吃不如饺子""饺子就酒，越吃越有"之说，可见人们对饺子的喜爱与重视。饺子还是年节的重要饮食。按照北方习俗，大年三十和正月初一一定要吃饺子，饺子谐音"交子"，"更岁交子"之意，即交子时的意思，象征着春天的到来，是有重要民俗象征意义的吃食。北京流传着很多关于饺子的童谣、谚语："饺子两头尖，吃了便成仙。白面为皮肉做馅，给个神仙也不换。""小小子，是好宝，给他包顿白肉饺，吃一口，香一口，乐得小孩抿挲手，也不淘气也不扭。""小孩听说是好的，姥姥给你包饺子，吃一碗，盛一碗，他做神仙我不管。""灶王爷上天说好的，给你包顿肉饺子，先吃饺子后吃糖，嘻嘻哈哈见玉皇。""银子拿到手，肉煮饽饽不离口。"饺子既是祭天、祭灶、奉神佳品，也是北京饮食生活不可缺少的食物，享有重要地位。总之，饺子就是平日里离不开它，重要节庆日子更是不能没有它的食物。有老北京人说，倘若一年到头没有吃顿饺子，那这一年也白忙活了。

粥是极常见的吃食，在北京人的饮食生活中既普遍又重要，以粥

259

为创作事象的俗语也很多，如："锅边儿上的粥——熬出来的。""潭柘寺的粥锅——添人不加米。""粥锅里煮鸡子儿——浑蛋。"

北京小吃琳琅满目、历史悠久，深受百姓喜爱，与北京小吃有关的俗语很多，从俗语中还能追溯与小吃有关的历史故事。北京有一种著名的小吃——炒肝儿，据说其历史可追溯到宋代。炒肝儿是以猪的肝脏、大肠等为主料，以蒜等为辅料，用淀粉勾芡而成。俗语里有"会仙居的炒肝儿——缺心少肺"。会仙居是做炒肝儿最有名的老字号饭庄，歇后语的后半部分"缺心少肺"，揭示出北京炒肝儿的制作特点。清朝同治年间，京城流传"炒肝不勾芡——熬心熬肺"的歇后语，正是源于会仙居"不勾芡"的做法。北京人根据炒肝儿的制作特点而创作了歇后语。如：

北京的炒肝儿——缺心少肺；

猪八戒吃炒肝——自残骨肉；

炒肝儿兑水——熬肺[1]。

羊头肉是老北京秋冬季节必吃的食品，也是老北京回民喜爱的一道肉食小吃。《燕京小食品杂咏》云："十月燕京冷朔风，羊头上市味无穷。盐花撒得如飞雪，薄薄切成与纸同。"民俗学家金受申先生在《老北京的生活》书中提到："北京的白水羊头肉为京市一绝，切得奇薄如纸，撒以椒盐屑面，用以咀嚼，掺酒，为无上妙品。""卖羊头肉的回家——没有戏言（细盐）。"歇后语后半部分运用"没有细盐"的谐音"没有戏言"来比喻说话算话。

北京特色小吃还有很多，如老北京的传统小吃"炒面"。炒面的制作方法是把干面粉放进油锅里反复炒，炒熟了之后，加入热水或热奶拌食。炒面原是蒙古族的一种主食。相传蒙古骑兵外出打仗，以干炒面作为赶路充饥的干粮，假如遇到大风，干炒面往往就会被风吹得满嘴满脸都是，张不开嘴。后来就有歇后语"迎风吃炒面——张不开

---

① 党静鹏：《北京话俗语与老北京社会风情》，中国人民大学出版社2017年版，第53页。

嘴"，是碍于面子不好意思说出内心的苦衷，或不好意思张嘴求人的意思。

老北京籴籴是一种粗粮饭，以玉米面为主料，做法是将和好的面在案板上擀平，切成一厘米见方的小丁儿，下入开水锅中煮，再拌以酱料等佐料食之，或者将煮好的籴籴儿泡在汤里食之，半干半稀地吃。流传的有关籴籴儿的歇后语有"豌豆面攥籴籴儿——瞧着就不是正色儿"。这句歇后语中，故意将"籴籴儿"的原料说错，而且做法说成攥，而不是刀切，前半句故意说错，就是为了衬托最后点睛的话，在北京话里常用来形容"不正经"，表达了对于做人做事不地道的一种鄙夷态度。

有歇后语云："艾窝窝打钱眼——蔫有准儿。"过去京都庙会上，庙前桥下悬挂直径约为一尺的大铜钱，人们用硬币向钱眼内投掷，若有打中者则一年大吉大利，财源旺盛，谓之打金钱眼，是庙会的一项重要民俗活动。艾窝窝是用江米做的小吃，以其打金钱眼不会有声用来比喻办事情心中有数，不声张，稳妥。

老北京还有许多与食物有关的歇后语，如：

老太太喝豆汁儿——好稀（喜欢）；

甑儿糕的徒弟——一屉儿顶一屉儿；

老太太买柿子——专拣软的捏；

栗子树下打死人——厉害；

八月的石榴——笑咧了嘴；

冻豆腐——难办（拌）；

砂锅砸蒜——一锤子买卖；

卤煮寒鸦儿——肉烂嘴不烂；

卖血豆腐的摔跟头——倒了血霉了。

"六必居的抹布——酸甜苦辣都尝过。"六必居是北京著名的中华老字号酱园，其酱菜酸甜咸辣鲜五味俱全，当年六必居的抹布经常擦拭柜台上的酱痕，歇后语由此而来，借以比喻一个人经历坎坷，饱经忧患，也可形容某人见识广博，经验丰富。

"砂锅居的买卖——过午不候。"砂锅居以白煮肉闻名遐迩。由于砂锅居每天只卖一头猪，每当东方既白，晨曦微露之时，店中就飘出扑鼻的香味。白煮肉肥而不腻，瘦而不柴，以至"缸瓦市中吃白肉，日头才出已云迟"，引得顾客竞相购买。

直接反映饮食习俗并耳熟能详的俗语有很多，如：

头伏饺子二伏面，三伏烙饼摊鸡蛋；

鱼生火、肉生痰，萝卜白菜保平安；

宁吃飞禽四两，不吃走兽半斤。

过去，老北京饭馆有些独特的用语，比如，顾客说："来一碗面二两酒。"跑堂的伙计会用特别多腔调对着灶上喊道："来碗牛头马！""打上二两六七八！"以"牛头马"代替"面"，以"六七八"代替"酒（九）"，这种"借词点尾"的隐语特色在旧日京城餐馆中颇为常见。

与饮食有关的俗语还有很多，在此只是抛砖引玉，提一些有代表性的俗语供大家品味。北京人把"吃"的文化符号运用到极致，食物引申出某些特定的象征含义。比如，北京人赋予某些干鲜果品以吉祥意义，用于岁时年节和婚嫁寿庆，以为礼品，谓之"喜果"。奉送"喜果"时说些吉祥话，如柿子、柿饼，因"柿"与"事"谐音，寓意"事事如意"；橘子，因"橘"与"吉"音近，与柿子同送可说"百事大吉"；送石榴，就说"多子多孙"；送莲蓬，就说"并蒂同心"；将百合说成"和合百年"；将枣儿、栗子说成"早立子"；花生被说成"既生男，也生女，花着生"；桂圆被说成"圆圆满满"。[1]北京人对食物寓意的选择是以"情"为主导的，趋向于价值选择而非真假的判断，着重于人们的心理、情感和行为的协调和融合。因为人们有着共同的饮食需求——感受一种心情。

语言的魅力常常并不取决于描写的繁复，一些简约至极的词句，

---

[1] 刘宁波、常人春：《古都北京的民俗与旅游》，旅游教育出版社1996年版，第136页。

谐音表意的运用就能为我们提供广阔的想象空间。语言是激发文化活力和创造力的重要方面，通过运用谐音、表意等创作手法，惟妙惟肖、生动活泼又不失寓意的语言形态跃然纸上，语言的魅力体现了"京味儿"饮食特色和北京人的生活哲学。

第九章

北京饮食生活中的礼俗

礼仪是我们生活的一部分，人们天天都会接触到，时刻都在践行着。人的衣、食、住、行都讲究"礼"字。礼仪包含着丰富的文化修养。礼仪是对生活经验的总结，是一种行为规范。礼仪几乎与人类社会发展相伴而生，有着十分悠久的历史。中国素有"礼仪之邦"的美誉，几千年的历史文明塑造了中华民族注重礼仪的传统。在中国，礼仪的产生最早源于古代祭祀神灵的活动。《辞海》中对"礼"的解释是：本义为敬神，引申为表示敬意的通称。《礼记》有云："夫礼之初，始诸饮食，其燔黍捭豚，污尊而抔饮，蒉桴而土鼓，犹若可以致其敬于鬼神。"《说文解字》中提到："履也，所以事神致福也。从示从丰。"由此可判断出古人对鬼神的祭祀是最早的"礼"的起源，而且这种祭祀始于人们的饮食活动。

"礼"是儒家学说的重要概念，早在春秋时期，孔子就特别提倡礼仪制度。孔子云："不学礼，无以立。"荀子也说过："人无礼则不生，事无礼则不成，国家无礼则不宁。"在儒家思想浸润下，礼乐文明深深影响着中国社会的发展。礼仪作为一种生活方式和行为规范，已经渗透在人们的日常生活和情感价值观中。礼仪是文明、进步的象征，是尊严和价值所在。礼仪成为做人的根本，治国的根本；成为民族的行为习惯，规范着人们的行为，维持着社会秩序的稳定。"礼多人不怪"的观念已经渗透在社会生活的方方面面，其中礼仪在饮食生活中的体现相当明显。从《礼记》"夫礼之初，始者诸饮食"可以看到礼仪诞生之初就与饮食紧密相连。董仲舒在《春秋繁露·天道施》中说过："好色而无礼则流，饮食而无礼则争，流争则乱。"俗语说："衣食足而知礼节。"中国饮食有一套自己的礼仪传统，以保证上下有礼、贵贱不相逾矩的社会秩序。北京作为六朝古都有着厚重的文化积淀，各民族风俗礼仪在此交融，中西文化在此交流碰撞。作为饮食融合的集大成者，北京形成了独具特色的饮食礼俗。北京人注重"礼数"，讲究"有里有面儿"，言谈举止讲究"礼"，吃喝也要讲"礼"，不仅面子上要做得漂亮，还要将"礼"的内核传承下去。饮食礼俗体现着北京人的礼节与规范，展现着北京的文明与包容。本章将从老北京的餐桌上的礼仪、仪式化的饮食和怎么吃的讲究三方面入手，来探寻礼仪在饮食生活方方面面的渗透和体现，通过吃饭的规矩而悟出生活的门道，体味饮食礼俗中的生活哲学。

第一节　餐桌上的礼仪

餐桌是中国人社交的重要场所，由此衍生出很多的餐桌文化。中国有八仙桌、方桌、圆桌等传统餐桌，各种餐桌的不同，饮食规矩也不尽相同。当代日常饮食以圆桌为主，圆桌大约出现在清代康熙至乾隆年间，《红楼梦》第七十五回写贾母在凸碧山庄开设中秋赏月家宴时，就特意叫人用圆桌来摆酒："上面居中贾母坐下，左垂首贾赦、贾珍、贾琏、贾蓉，右垂首贾政、宝玉、贾环、贾兰……将迎春、探春、惜春三个请出来。"一张圆桌共12个人，这种长幼男女围坐饮酒的家宴形式，在前代的文献中是没有的。推崇圆桌，体现了人们"尚和"的思想理念。圆桌比起长方桌与八仙桌来，更有团圆之意，圆桌较为符合中国重视家庭和人际关系的传统，体现了追求和谐、和睦的传统伦理和人际关系的价值观念，故圆桌出现后备受家庭欢迎。圆桌也是现代居家或者宴请时经常使用的餐桌。从地域差别看，餐桌礼仪的地域差异十分明显，地域文化的不同衍生出各地不同的餐桌礼仪。作为有着深厚历史文化积淀的历史名城，北京的餐桌礼仪可真不少，注重饮食规矩的北京，折射出北京人重视礼、教的餐桌文化。

一、入座、座次的讲究

无论是居家饮食还是宴请宾客，入座、排座都秉持着尊者为先的原则，即以长为先、以师为先、以远为先等。如家中的老人、长者优先入座，师长优先入座，远道而来的亲朋好友优先入座，而且要坐在主要的位置上，其他的人再按年龄、辈分依次入座。老北京的主位指的是坐北朝南正中间的位置，即以南向正中者为首座。以前一直遵循以左为尊的座次礼节，徐珂《清稗类钞·宴会之筵席》中记载明清之交的座次讲究："若有多席，则以在左之席为首席，以次递推。以一席之坐次言之，即在左之最高一位为首座，相对者为二座，首座之下为三座，二座之下为四座。或两座相向陈设，则左席之东向者，一二位为首座二座。右席之西向者，一二位为首座二座。主人例必坐于其下而向西。"除了排座次外，"尊人立莫坐"也是当时京城百姓普遍遵守的餐桌礼仪，即首席的尊者没有入座前，其他人是不能入座的。还有"尊人共席饮，不问莫多言"的规矩，即筵席上，长辈不问话，晚辈就不能多言。

民国时期，西餐礼仪影响渐浓，宴席的座次逐渐以右为尊。现代座次一般以右为尊。如果桌子朝向不对，就以门来当标准，正对着门的那一边，正中间就是主位。再以右为尊，依次排座。以圆桌的座次为例，距离出入口最远的座位是上座，上座的右侧是第二位，左侧是第三位，其他依次排座。

入座了就不要随便挪地方，老北京有"一座到底"之说。在平时吃饭时不能随便换座位，刚开始坐在哪儿，就一直坐在哪儿。过去北京人认为如果端着饭碗一会儿坐这儿，一会儿坐那儿，这是要饭的行为，代表着穷相。因为过去只有乞丐讨饭时才是要了一家又一家，不断变换吃饭的"位置"。所以吃饭时随便换地方是不被允许的。宴请聚餐时也是一样，只要坐下，就不要随便挪地方，并且一直坐到散席。如果乱挪位子，会被认为是无礼的，也搞乱了大家的运势。

二、用筷的礼仪与禁忌

中国传统的饮食器具中，筷子与人们日常饮食生活最为密切。一双轻盈简单的小竹棍，将万千美食送到人们口腹之中。筷子外形看似简单，却承载了丰富多彩的文化内涵。全国各地对于用筷的礼仪有很多讲究，用筷的礼节与禁忌从地域差异看不甚明显，有一定的趋同性。

北京饮食礼节中对于用筷有很多礼仪与禁忌。北京人讲究的"老礼儿"在用筷上有诸多体现。北京流传着关于使用筷子的传统民俗歌谣《持筷八忌歌》："一忌舔筷不雅观，二忌持筷桌边转，三忌持筷鸡啄米，四忌持筷乱指点，五忌插筷如上供，六忌持筷敲桌碗，七忌掏菜不开眼，八忌剔牙代牙签。"小小的筷子承载着大大的规矩。

不能将筷子插在盛着米饭的碗里。将筷子插在盛着米饭的碗里，这可是大忌讳。《持筷八忌歌》提到的"插筷如上供"说的就是这个。以前北京人居住在四合院里，基本上都是大家庭生活在一起。三、四世同堂的情况很多，特别是如果家中有上了年纪的老人的话，若将筷子插到盛着米饭的碗里，是对家中老人的大不敬。作为一种民间习俗，早年间只有家中死了人要摆供品祭奠的时候才将筷子插在盛满米饭的碗里，以供逝去的灵魂吃饱了上路，也就是给死人准备的冥饭，俗称的"倒头饭"。据说，在清朝时，囚犯特别害怕狱头送来插着筷子的饭，因为这是被执行死刑的"暗号"。2003年春节期间，北京西单商场两侧的大街上出现过"倒头饭"的广告，引起了轩然大波。当时有近200支两米多高的金色木筷竖立在碗里，并将碗盘设计成时钟形状一字排开安放在西单大街两侧。这引发了很多人的投诉，被认为是不懂民俗文化的表现。"在老北京，人一死，家人就在棺材前送上一碗'倒头饭'，上面插着一双筷子或者两根棍子，表示有人'过'了。"原北京民协主席、著名民俗学家赵书也称："吃饭时如果有人将筷子插在碗上向着你，你会怎么想，在民间这是一种诅咒。而且筷子上还挂着钟表。大过年的，老北京特忌讳送'钟'。"这种"倒头饭"加钟表的设计确实会引起人们的无限联想。礼俗禁忌于无形之中已成为人们日常生活的价值观念，成为人们生活的一部分。所以还是要多知道点"民俗"，起码对本地的民俗民风有所了解，掌握一些基本的礼俗知识，才是有"文化"的表现，否则一不小心触碰到雷区，将会造成不必要的麻烦和损失。

　　谁先动筷子有讲究。老北京人的餐桌上由谁第一个动筷子还是有讲究的。一般只要有老人在场，肯定是老人先动筷子，其他后辈才能开动。在家中餐桌上只要大人不动筷子，小孩子是不准许先动筷子的。宴会聚餐等场合，通常是由主人提议，客人先动筷子。如果您不经招呼就先动筷子的话会被认为是不礼貌之举。

　　不要用筷子敲饭碗。平时餐桌上，老北京人会告诫晚辈不能用筷子敲桌子或饭碗。到别人家中做客更要注意。因为过去只有沿街乞讨的人才用筷子敲击饭盆，发出响声以求施舍。所以用筷子敲击饭碗的这种做法被视为乞讨的行为，在餐桌上是被禁止的。

忌盘旋筷、挖角筷。盘旋筷指的是拿着筷子悬在空中，不知吃什么好，拿着筷子在菜上乱转，用筷子来回在菜盘里寻找或挑来挑去。还有拿着筷子起身桌边转，也是不礼貌的，有事离席应将筷子放在桌上，不能持筷桌边转，如果有够不到的菜也不能站起身来挑菜，可以向周边人示意帮忙夹菜。挖角筷指的是从菜品下面把自己想吃的东西夹出，或者从别人碗里挑菜，都是不礼貌的。

舔筷不雅观。取筷子或给别人递筷子时，应拿筷子的顶端位置，不要接触到靠下的位置，否则被认为不卫生。筷子要一样长，忌讳使用长短不齐的筷子。

忌把筷子当牙签。用筷子代替牙签来剔牙非常不雅观，用嘴巴将粘在筷子上的米粒"摘"下来的动作也是不文明的行为。

其实用筷子的规矩还有很多，如忌把筷子当刀一样用、插到菜上或馒头上、用一支筷子去插盘子里的菜品、夹菜时抖筷子、用餐时将筷子颠倒使用等，取菜舀汤，应使用公筷、公匙。

餐具的设计和使用是一种文化的表现，如何使用餐具代表着一种礼貌和修养。以上很多用筷礼节是千百年来人们养成的生活习惯，是一种生活哲学。遵循使用筷子的礼俗和禁忌也是珍惜食物，对于食物的敬重之心的一种表达。

三、餐桌上的话题与禁忌

过去北京人餐桌上讲究"食不言""餐不语"，吃饭就是吃饭，吃饭的时候不能随便讲话。特别是过去大户人家坐在一起吃饭时尤其讲究，谁要是吃饭时随便讲话，会受到长辈的训斥，重的还会遭到长辈用筷子打两下。在饭桌上说话要遵循一定规矩。比如吃饱饭了，不能直接说"我吃完了"或者"我吃没了"，而是要说"我吃好了"；比如还想再吃一碗饭，不能说"我还要饭"或者"再要一碗饭"，而要说"麻烦您再帮我添点儿饭"或者说"请帮我加点儿饭"。在餐桌上不能说诸如"完""蛋"等字，从谐音民俗的角度看，"完""蛋"是不吉利的话，容易让人联想到穷光蛋、笨蛋、完蛋等不好的词。也有人说不能提"蛋"字，是因为宫里太监忌讳的讲究被带到了民间。有些菜因为谐音的禁忌，在餐桌上就要换个说法，比如肉丸子换个说法就叫成了"狮子头"，炒鸡蛋说成"摊黄菜"，皮蛋谓之"松花"，鸡蛋炒肉丝木耳谓之"木须肉"，鸡蛋汤说成"甩果汤"等。现在人们吃饭时多是边吃边聊，但是在餐桌上不能谈晦气的话题和讲骂人的话，比如谈论死等话题，如想要如厕等就直接去，不能在餐桌上说。

吃饭时，若是有人不小心失手将饭碗、菜盘子等家伙打碎了，要连忙说一声"碎碎（岁岁）平安"这样的吉利话，用以缓和气氛，平复紧张情绪，使失手的那位不至于难堪。

四、吃有吃相

入座后姿势端正，脚应踏在自己的座位下面，不可任意伸直，手肘不得靠桌沿，或将手放在邻座背上，也不能一只手放在桌子下面。老北京人吃饭时讲究不能一只手放桌下，这个看似"奇怪""严格"的规矩源于老北京人待人接物的原则。老北京人讲究有什么话放到明面上说，忌讳在底下或背后搞小动作。一只手拿筷子吃饭，另一只手也应该放在桌子上。如果这只手放在桌下，会有在桌子底下背着人搞小动作的嫌疑。所以，为了免遭人怀疑，同时也为了表示对同桌吃饭人的礼貌，吃饭时不要把一只手放桌下。还有其他的餐桌礼仪，如在餐桌上不能只顾自己，也要关心别人，尤其要招呼两侧的女宾。自用餐具不可伸入公用餐盘夹取菜肴。吃相要雅观，小口进食，举止文雅。口内有食物，应避免说话。吃饭时不能吧唧嘴，喝汤时用勺一下一下轻轻地喝，不能端起碗大口大口地喝，如果声音过大，被视为对旁边吃饭人的不尊重和没有教养。吃面条的时候也不要呼噜呼噜的，吃饭的时候也不能狼吞虎咽地发出很大的声音。吧唧嘴的声音很容易让人联想到猪吃食的声音，联想到一股穷酸相儿，所以成为北京人的大忌。吃饭发出很大很杂乱的声音会影响别人吃饭的胃口，如同过去喂小猪吃食儿。舔盘子、舔碗的行为也同样被认为不雅，如同猫和狗才有的行为习惯，民间还流传着晚辈舔盘子、舔碗会受穷一辈子的说法，如同过去要饭的才喜欢舔盘子、舔碗。另外，吃完米饭后，碗里要干干净净，不能有剩余的米粒粘在碗上，剩饭会挨骂，讲究吃干净，这是珍惜粮食、不浪费食物、节俭的好习惯。夹菜尽量夹靠近自己位置的菜，菜量要符合自己的食量，吃多少夹多少，将夹来的菜吃完，不要浪费。不要随便将器具拿起，但饭碗、茶碗和调羹例外。上菜、点餐也有礼节，如中餐的点菜顺序一般是：凉菜、肉菜、鱼、蔬菜、汤、主食。而在转盘式餐桌上，按顺时针旋转取菜品，饮料和自己的餐碟不要放在转盘上面。总的来说，用餐时应表现良好的仪态，温和从容，不急不躁，不浪费粮食为佳。

五、叩茶礼

过去北京人餐前餐后都有喝茶的习惯，喝茶的规矩也不少。老北京人喜欢用盖碗喝茶，泡茶时将茶叶直接放入杯中，茶叶不宜放得太多。所谓"七分茶八分酒""浅茶满酒"，即斟茶不能太满，水只能倒七成左右。不论是在家中还是前往饭店请客，要等客人来到以后再奉茶敬烟。奉茶敬烟须用双手捧送给客人，以示尊重。喝茶有喝茶的礼仪，两手分工，一手端着托碟和碗，一手把盖掀开一道缝儿，托举到嘴前小饮，千万不能把碗盖撤出直接喝。主人不宜随意掀开客人的碗盖续水。给客人沏茶续水时，必须侧一下身，一只手拿壶，另一只手扶着壶盖慢慢地续。续完水后茶壶放在桌子上，壶嘴向外，不宜对着客人。若壶嘴对着客人，如同在骂人，表明那人是不受主人欢迎的人，并且是示意赶你走的意思。若主人将茶水泼在地上，也有送客、赶客人走的意思。为了显示接待的热情，应注意给客人续杯，不能让客人的茶水凉了，避免出现"人没走茶已凉"的情况。接受主人续水时，客人要稍欠起身表示谢意。懂礼儿的人就会用食指和中指在桌子上轻轻敲击3下，以示谢意，这叫"金鸡三点头"。

另外，待人接客讲究"酒满敬人，茶满送人"。在北京请客吃饭

"三天为请，两天为叫，当天为提溜"。如果做得不周到，那就可能被人"挑了礼儿"。对于重脸面的北京人来说，被人"挑了礼儿"那可是件很丢面儿的事。可见，北京人餐桌礼节面面俱到，渗透在生活的很多方面，成为人们的行为准则，时时体现重礼的日常。

现在的餐桌形式越来越多元化，餐桌礼仪也没有过去那么讲究、严格。人们吃饭时可以天南海北地聊天、刷手机、录抖音、搞直播，很多流行的活动都加入其中，越来越随意。网上流传着一幅漫画，画中老人准备了一桌子丰盛的年夜饭站在桌边招呼着子女，而子女们都在低头刷手机。无论餐桌礼俗怎么变化，尊重长辈，通过餐桌文化向别人表达敬意与情谊这一核心价值观应该被继承下去。有时候想想，其实人生最大的缘分就是在一起吃的缘分，同桌吃饭不仅是一种缘分、一种情谊，也是交流人际关系与展现修养的一个平台。北京的餐桌礼仪是一门大学问，北京的餐桌老礼儿显示的是生活中谨言慎行的修养。

第二节 仪式化的饮食

饮食是烦琐的人生礼俗和祭祀仪式中不可或缺的一环。仪式化的饮食渗透人生礼仪、节日祭祀等方面。本节将从洗三礼、满月礼、婚礼、寿礼、丧礼等人生礼仪，以及节庆的祭祀仪式等方面展开，从而揭示出饮食仪式化、仪式饮食化的交融互动的关系。

一、人生礼仪的饮食文化

人生礼仪贯穿着人的一生，人从生到死，以致死后，无不充满"礼"字。人离不开婚丧嫁娶这些人生过程，在人生礼俗中，形成完整的生命礼仪体系。人们通过人生礼仪实现了个人伦理道德的自我完善，建构了丰富的礼俗文化，彰显出生命最生动、最富感染力的重要节点。在多姿多彩的人生礼仪中我们总能感受到饮食的寓意。充满生机希望的出生礼、满月礼，喜庆吉祥的婚礼，饱含祝福的寿礼，视死如生、哀而不伤的丧礼，饮食礼俗无不渗入其中，成为一种礼俗文化的象征符号。饮食礼俗无不展现着鲜活的人生形态和生动的文化价值。

（一）"洗三"礼

繁衍后代是家中大事，人们对于刚出生的婴儿格外重视。"洗三"被老北京人认为是出生后第一个重要的人生礼仪。旧时老北京人家中大多供奉着"子孙娘娘"，又称"佛托妈妈"。"佛托妈妈"是满族信仰中婴儿的保护神。老北京的"洗三"礼俗融合了满族的信仰与汉族的"添盆"礼俗，孩子出生满三天必须遵从子孙娘娘的指示进行"洗三"。"洗三"就是给刚出生三天的小孩儿洗澡，并宴请宾客以庆贺新生命的到来，为新生儿祈福，望神灵庇佑其平安顺利，一般由"收生姥姥"主持。

还有一种说法是"洗三"这一礼俗源于佛教，按照佛教轮回的说法，"洗三"就是把上一世的罪孽全部洗掉，使得这一生平安顺利。其实"洗三"的风俗古已有之，古代称为"三朝礼""三朝洗儿"。据说，唐玄宗就看过其孙代宗"洗三"。

无论"洗三"历史源头如何，在过去，"洗三"这一人生礼俗在北京十分盛行。老北京人认为，"洗三"是新生儿的头等大事。"洗三"这一天，近亲会带着礼物前来道贺，主家设宴款待并赠送鸡蛋、红糖等，因"蛋"与"诞"谐音，象征着新生与希望。将鸡蛋染成红色，称为"红蛋"或"喜蛋"，以此向亲友报喜。酒席根据自家情况，丰俭由人，但主食必须是面条。一般是打卤面，俗称"洗三面"。"洗三"最重要的仪式环节是"添盆"，主家煮上一盆香味四溢的洗澡水，将桂圆、荔枝、红枣、花生、栗子之类的喜果，还有彩线、艾叶、花椒、葱姜蒜等放在盆内，谓之"添盆"。参加"洗三"仪式的亲友都要添盆，将金银锞子、硬币等撒在水中，以此祝福婴儿平安吉祥。王铭珍在《从石老娘胡同谈旧式接生礼俗》一文中回忆民国时期的"洗三"礼俗时写道：

> 旧京民俗，还有收生婆为新生儿"洗三"的风俗。何谓"洗三"？就是在婴儿出生后的第三天，由收生婆给孩子洗身。这有其一套特定的礼俗。通常由主人在浴盆中放进预先洗净的百文铜钱和艾叶、姜片等，经煮沸后凉温，再给孩子洗浴。洗毕擦干，再轻轻地按摩孩子的关节和脊骨，能祛百病。然后以染红的鸡蛋在小孩的脸上滚一滚，边滚边念道："鸡蛋滚脸溜溜光，不长虱子不长疮。"随后，还要拿一根洗净的包好的大葱，象征性地打三下小孩的头部，边打边念"打打小儿头，长大做王侯"，寓意孩子聪明。再取四条红布条，系于孩子手足，说是可以使小孩一生老实，安分做人，长大以后不去胡作非为。再取一条红布条，拴在门外钹上，寓意此家有新生婴儿，谢绝客人进入，预防四六惊风。最后一道程序是由主人把洗三盆里的铜钱取出来，递给收生婆，

以示酬谢。如果还有姑姨在场，还要在此时添加若干铜钱，酬谢收生婆，谓之"洗儿百岁钱"，寓意祝孩子长命百岁。接下来，由主人家设宴，请收生婆坐于上座，主人和前来祝贺的亲友一起吃顿洗三面，并展示来客送来的喜鸡子（蛋）、喜糖、喜面、芝麻等，谓之四喜之物，以为产妇补养身体。今非昔比。如今生育模式发生了根本变化，在城市里，除了设有专门的妇产科医院、妇幼保健院外，各大医院均有妇产科，产妇从受孕检查到生产，一切均由妇产科医生和助产士帮助照理，因此，收生婆也就消失了。[①]

随着卫生医疗水平的提高，妇女多到医院生产，20世纪40年代之后，"洗三"仪式也就渐渐消失了。

（二）满月礼

满月的习俗由来已久，满月礼意在祛除婴孩的病痛，求吉避凶。北京有句歇后语说道："养活孩子办满月——没事儿找事儿。"满月礼的礼俗也较为烦琐。办满月酒这一天，门前搭上红、黄两色的彩牌楼或挂红、黄彩球，设火壶茶会，搭酒棚、摆茶座，正厅做礼堂，八仙桌供上"满月全神"[②]。燃起红烛，左右设案并将亲友所赠礼品放在案上。这一天除了送虎头帽、虎头鞋等衣物外，亲友会送给产妇一些糕点，如油糕、桂花缸炉、破边缸炉等，还有送用胭脂染成红皮的鸡蛋和红糖等补品。

（三）婚礼

婚礼在人生礼仪之中属嘉礼，是很重要的一个人生礼仪，自古

---

① 北京市政协文史资料委员会编：《北京文史资料精选·西城卷》，北京出版社2006年版，第303～304页。

② "满月全神"指的是碧霞元君等13位娘娘和本命寿星、门神、灶王、土地公、炕公、炕母等家宅六神。

皆然。《礼记·昏义》中说："昏礼者，将合二姓之好，上以事宗庙，而下以继后世也，故君子重之。是以昏礼纳采、问名、纳吉、纳征、请期，皆主人筵几于庙，而拜迎于门外。人，揖让而升，听命于庙，所以敬慎、重正昏礼也。""六礼"①婚制从此成为中华传统婚礼的模板，流传至今。婚姻被认为是人生伦常、繁衍后代的根基。

过去北京婚俗十分热闹讲究，从订婚到礼成中间经过很多礼仪程序，持续时间也较长。婚礼基本遵循"六礼"的固定程序。古代有"六礼已成，尚未合卺"之说。食物贯穿婚礼的始终，有着十分强烈的象征意义。过去都是父母之命、媒妁之言，婚姻由父母做主、媒人张罗。一旦婚姻确定下来，就要放定，即订婚。定礼指的是"六礼"中的纳采。过去，满族人宅门府第讲究"男家主妇至女家问名，相女年貌，意既洽，赠如意或钗、钏诸物以为定礼，名曰小定"。放小定男方除了首饰，还要送些"大八件""小八件"之类的京味糕点。这些京味糕点要用精致的匣子装起，不能用常用的蒲包来装，因为大家认为婚礼中用蒲包是不吉利的做法。大定时，男方必于迎娶之前，举行一个"通信"仪式，也就是"通信过礼"。过礼的礼品循例呈上"龙凤通书"，有报喜之意，"过礼大帖"等于迎娶通知书、礼单、如意等，还有鹅笼，鹅笼是指用胭脂将一只或一对活鹅染红，装在一个六角形的筒子里，上面盖以圆锥形的笼盖。据说，这是代替古礼用的大雁。《仪礼·士昏礼》："昏礼下达，纳采用雁。"雁象征着忠贞。在过去如果听见谁家有鹅叫，就证明要嫁女儿了。"酒海"即酒坛，此与鹅笼并列，内装一坛酒。茶食点心喜饼类的聘礼，过去北京的汉族人一般用饽饽铺所制的大块酥皮"龙凤喜饼"，而满族人则用蒸锅铺蒸的大喜字馒头。这种特制的馒头每个重半斤，上面印上红喜字，富裕的主家大约要用200个，共计100斤。至少也要用100个，共计50斤。分作两抬，随同上述礼物一并送往女方家。干果如：桂圆、

_____

① 六礼指从议婚到完婚过程中的6种礼节，即纳采、问名、纳吉、纳征、请期、亲迎。

荔枝、生花生、生栗子、红枣等，均用胭脂染红，表示早立子、早生贵子。鲜果有柿子、苹果、藕等。柿子表示事事如意；苹果表示平平安安；藕表示夫妻情意连绵，取藕断丝连之意。此外，还有用胭脂染红鸡蛋、鸭蛋若干。茶叶，视季节而定，夏天送龙井或碧螺春等。还有送给媒人的羊腿或猪腿（肘子），此礼要经过女家送给媒人。坊间有"媒人跑断腿、赔他猪羊腿"之说，通过送羊腿或猪腿以答谢媒人。女家收到男家的定礼之后，把龙凤喜饼、茶食点心等分成多份，分给亲朋好友、左邻右舍，以示婚期将近。过去过礼间隔时间较长，小定与大定有间隔两三年的，以备男女双方各自准备彩礼嫁妆。后来时间逐渐缩短。总的来说，过礼仪式是集"行聘"（下茶、过礼）、"纳采"、"纳吉"、"纳征"、"纳币"为一体的综合形式。过礼数量不一，主要用食盒装，食盒是红漆描金边的。一般要双数，如十二抬、十六抬、二十四抬、三十二抬或更多。每一抬四层食盒，每层放两样东西。食盒宽约一尺半，长三尺，每层厚六寸。两个抬夫一个食盒。食盒和抬夫均向轿子铺赁雇。

　　迎娶是老北京婚礼中最重要、最浪漫的一环。在娶亲轿子中撒上喜果，包括枣、花生、栗子、桂圆、苹果等。喜轿出发以后，新郎家已经提前派了8位或16位男性客人到女家，这些人叫作娶亲老爷。娶亲老爷到新娘家中，进门的喜棚或屋里已经摆好了喜桌，桌面上摆满了用高脚果碟盛着的干鲜果，一般20碟左右。娶亲的人一般对桌上的干果不吃也不动，其中一人专门负责收拾女方家中喜桌上用红绳捆在一起的红漆碗和饭碗，主家献上盖碗茶，娶亲的人与陪客闲谈，喜轿一到就撤退。新郎到了女方家，在上房中连磕三个头，意为谢亲。待将新娘迎娶回家中，新郎手持弓箭朝轿子连射三箭，新娘方可下轿，意为辟邪。新娘下轿后，有人将内装五谷杂粮、绑着红绸的花瓶放到新娘手中。新郎、新娘要先到喜房中坐帐，然后喝交杯酒，吃子孙饽饽，这时有人会在一旁问："生不生？"新娘子一定回答"生"才可以，含生子之意。另一个较为重要的食俗是吃长寿面，长寿面寓意长长久久。这里盛"子孙饽饽"和"长寿面"的碗筷就是上文提到的娶亲的人从女方家里拿回来的那套。接下来举行拜天地的仪式，即拜天地、祖宗、神佛，行三跪九叩之礼。礼堂上供着天地爷的神位，还供着祖宗喜包袱①，桌上摆着月饼、水果之类的供品。至此迎娶环节才告结束。

婚宴开始，婚宴的酒席一般先上熘炒之类的菜，然后再上鸡、鸭、鱼、肘子等大件菜。整个肘子上来之后，宾客招呼茶房端下去"改刀"拆碎。菜凉了，茶房还要负责回勺。席间，主家要桌桌谢席，新郎、新娘亲自来敬酒、布菜。每谢完一席茶房会大声喊道："话到礼到哇，本家道谢啦您哪！"此外，"炒菜面"是老北京红白喜事中较为常见的一种酒席，即打卤面加炒菜。"炒菜面"的席面由面码和打卤面、炸酱、冷荤、炒菜组成。面码与平常家中吃面的面码完全相同，可视季节而定，如豆芽菜（掐菜）、黄瓜丝儿、水萝卜丝儿、胡萝卜丝儿、青豆嘴儿等，四盘一组的面码即可。"炒菜面"的席面分为若干个档次。席面档次的高低由"压桌"的冷荤和"炒菜"的品种、质量来决定，其中比较特殊的是桌上摆出酱咸菜来"压桌"，这是北京特有的。主食方面也要预备一种由蒸锅铺特制的扁馒头或酒糟馒头、普通馒头。炸酱是用里脊、黄酱做的"小碗干炸"。吃打卤面带炸酱和馒头，也是北京特有的。一般是扁馒头上面有凸起的双喜字花纹。

最后一道菜是海菜汤，茶房伙计喊着："上汤了您哪！海菜汤。"主家贵宾准备好的现金红包放在茶盘上作礼，给茶房的赏钱"汤封儿"。再上来豆蔻仁、槟榔等解酒、助消化的食物。

过去北京婚礼当天的喜宴一般安排在家里，在自家院子里搭建席棚办酒席。"礼"字当先，场面既要喜庆又要庄重。若居住条件不允许，就到外面饭庄办酒席。旧时，京城有"有房子借人停丧，不借人成双"之说，办喜事是不能向亲友借房的。过去京城里办喜庆宴会的饭庄很多，较有名的有：地安门外大街的庆和堂、北城什刹海的会贤

---

① 喜包袱指的是红纸包袱里面装着金银锭，外面写着某某祖先之位。

堂、东城金鱼胡同的福寿堂、钱粮胡同的聚寿堂、西城阜成门内大街的万寿堂、锦什坊街的富庆堂、南城前门外观音寺的惠丰堂、五老胡同的颐寿堂、取灯胡同的同兴堂等。旧式婚礼直到新中国成立前夕还较为盛行，后婚礼日趋简化，喜宴逐渐改在饭庄、酒店举办。

现代婚礼没有以前那样烦琐，但男方到女方家中迎亲，算是对六礼中"亲迎"这一礼俗的延续。迎娶过程中，子孙饽饽和长寿面是新郎、新娘必吃的食物，寓意早生贵子、长长久久。现在喜宴大多是酒店负责承办，婚礼筹办也由婚庆公司负责到底，婚礼的形式发生很大变化，日趋多元化。但现在北京的喜宴之中还是讲究鸡鸭鱼肉必须齐全。虽然婚礼的礼俗发生了很大的变化，但是祈盼幸福美满、长长久久的内核并没有改变。

（四）寿礼

老北京人给老人办寿，都讲究设个寿堂（礼堂），男的办寿要供上老寿星，女的办寿则要供上麻姑。供案摆上寿桃、寿面等供品。寿桃、寿面要专门到蒸锅铺里去定做。有的则是由前来祝贺拜寿的亲友们赠送，多的能有十几堂，甚至几十堂（供案上一般只能摆出三至五堂，余者都在账房登上礼账后送交厨房，当作筵席上的主食）。所谓寿桃，是由蒸锅铺用发面蒸出来的桃形

图9-1　护国寺的寿桃

大馒头，每个为半斤重，每10个（5斤）为一盘（堂），寿桃尖儿上染成粉红色，馒头上涂上红点以示喜庆。办寿宴所用的主食也要用蒸锅铺蒸出来的扁馒头，长不过二三寸，厚约五六分，不大不小，厚薄合适，扁馒头是用木质桃形模具扣出来的蒸食，上面凸起的图案多为

5只蝙蝠围绕一圆"寿"字，意为"五福（蝠）捧寿""阳寿圆满"之意。

（五）丧礼

丧礼是一个人最后的人生礼仪，老百姓称为"白喜事"。人刚刚断气时称为"初终"，旧时北京称为"倒头"。人"倒头"后，亲属要在灵床前设供桌，供桌上要点上一盏油棉芯灯，即"长明灯"，是为了给亡者在阴间照亮。同时，供上一碗倒头饭。《孔子家语·问礼》："及其死也，升屋而号，告曰：'皋某复。'然后饮腥苴熟。"倒头饭要插上3根秫秸棍，叫打狗棒，目的是让死者去阴间的路上免遭恶狗的阻拦。"接三、送三"是丧礼中较为重要的一个环节。据说，人死后第三天，亡灵已登上西天的路，到达了望乡台，可以看见家，家人于第三日晚上祭祀亡人，希望亡人尚飨，故曰"接三"。"送三"是指给亡人送去楼库、金银箱和纸质车马等，供其阴间享用。接三、送三这天亲友前来吊唁，有的人家请来僧道诵经，超度亡灵。接三、送三祭奠礼仪烦琐，这一天正式丧礼才真正开始。

"接三、送三"当日，主家对于前来祭吊的亲友，例备"炒菜面"款待。富裕人家设置的座席可能会丰盛些，炒菜面的出入较大，依主事人家的情况自定，但一般情况都是从简为宜。座席用圆桌，每桌摆4个凉菜，冷荤都有，谓之"压桌"，宾客坐好后，再上4/8/12个炒菜不等。炒菜上完之后，最后是面、卤汁、一小碗炸酱、四碟面码一组，最后上小碗面条。孝子要前来"谢席"，宾客起立，以示答谢，客人吃完，才能离席。主家循例还要准备扁馒头。

当日还要举行"开咽喉"又叫"开烟火"的祭祀仪式。一般由已出嫁的女儿出头摆一桌祭席或摆一张"饽饽桌子"，桌子上放满大小京八件的点心，排成塔状。还要摆一个有肘花酱肉、香肠、小肚之类的熟食盒子。据说，亡者吃了女儿的祭食可把咽喉打开，不至于成为饿死鬼。"开咽喉"后家祭正式开始。过去，无论停灵天数多寡，每天都设早、中、晚三祭。早祭和晚祭一般是祭席一桌，墩子四个。

午祭一般是盛有干鲜果碟的祭果一桌。早、晚祭需举哀，午祭奠酒后不举哀。

当晚僧众"放焰口"[①]，即僧众做法事"放焰口"时，向饿鬼施食时抛撒一种特质的蒸食，这种蒸食是由亡者的亲属去蒸锅铺里特别定制的饽饽，叫作斛食饽饽也叫施食饽饽，意在散鬼食，让众鬼不向亡者争夺食物。吊祭礼仪一般是在"接三、送三"那天举办，但也由各主家视情况而定。前来吊唁的亲友大多送礼金、挽联、冥纸、香烛等，还有的送祭席和饽饽桌子。祭席是最丰盛的奠礼，祭席只能看不能吃，一般是用冬瓜瓢子和萝卜做成的"样菜"。有整鸡、整鸭、整鱼、整肘子等十大碗，称为"水供"。祭席种类不一，有的送全素真席，满蒙八旗世家多以送"饽饽桌子"为最隆重。饽饽桌子多以关系远近排列区分。

（六）介入人生礼俗的口子

口子营业在厨行最为人称道。口子厨行由厨师组成，师徒相传，专门承办民间婚丧之事，备办宴席招待宾客。过去北京居民如有红白寿事，都在家中办事，宴请宾客。普通人家全用口子厨行，通称"跑大棚厨子"。

北京人办婚丧事，称为"搭棚办事"，一是请棚匠搭棚，二是请口子备席。口子备席一般由口子厨行的"承头人"承办。承头人家门前有小木牌或红纸书写"某某堂某"，最后的"某"字为姓。一般口子厨行接生意多是有人介绍或多年老顾客，主家很少自行到口子拍门寻找。承头人需要准备四季席面家具及厨房所用厨具。承头人承办买卖后，在办事前两三天，派一两个伙计前来搭炉灶。搭炉灶之日，厨行所用厨具一并带到主家。

所做的席面分为"散作"和"包席"。散作是由本家购买材料，

---

① 焰口者，鬼名也。此饿鬼因喉细如果不能纳食而须由法师变化法食方得饱满，故名。

一般由承头人代办。包席是事先言明每桌价钱,事后连同工钱一起算。但酒饭必须由主人自备,厨房概不经手。口子行有不少为人称道的美德,做的菜品讲究"得吃""好看",做出的菜肯定比原定的菜码样式丰富,不偷工减料。若主人是贫俭之人,事先可说明,说定价格,开出桌来,绝不会使主家难堪。承头人以朋友身份对待用户,主家办事多会出份金,再者厨行所用多半是本门徒弟及老搭档,本来就要折算一二人的工钱,算是行人情。承头人在场帮忙照料也绝不收第二份工钱。所以口子行的声誉较好,往往能拉住主顾。

口子在北京是历史悠久的一个特殊行业。口子的行规甚严,根据祖师爷的律令,凡是拜入师门的人必须磕头拜祖师爷,读律令,第一条是永不离口子;第二条是坚守行规,永不在菜馆耍手艺,不在宅门府第做厨师;第三条是永不开菜馆。至20世纪40年代末期,北京人渐不搭棚办事了,所以搭棚扎菜行连同口子行同时绝迹了。

二、填仓礼俗

老北京过去流行"填仓"的习俗。"填仓"就是把谷仓填满的意思。北京农村流行"填仓、填仓,小米干饭杂面汤"的谚语。清代,京师的粮商米贩都要祭祀仓神,市民要买些米面、煤炭充实自家生活。清朝潘荣陛《帝京岁时纪胜》有记载:"京师之民不事耕凿,素少盖藏,日用之需,恒出市易。当此新正节过,仓廪为虚,应复置而实之,故名其曰为填仓。"

按照民间说法,正月二十五填仓。北京农村地区这一天清晨,家家户户都在自己的院子里或打谷场上,用筛过的炊灰,撒出很多大小不等的粮囤形状,并在里面放一些五谷杂粮,象征五谷丰登。正月二十三为"小填仓",正月二十五为"大填仓"。填仓节是我国北方较为流行的节日。据说,填仓节这一天要吃饱喝足,这样一年都不会挨饿,以酒食饱腹为填仓。还有说法是填仓这一天要屯米积薪,收贮煤炭。京郊地区还流行点灯祀仓神的习俗,俗语说:"点遍灯、烧遍香,家家粮食填满仓。"祀仓神所点的灯是用面捏成的,按照家庭人口数，捏成各自属相的本命灯。这些面灯注油点燃，凡是家中与饮食有关的地方都放上一盏灯，放灯时嘴里还要说些吉祥话。此外还要捏些狗、鸡、鱼以及仓官老爷、酒盅、酒壶、元宝等物一并放置。过填仓节是提醒人们生活不易，平时应注意积攒过日子的必需之物，提倡勤俭节约的美德，同时也有祈盼五谷丰登之意。

三、二月初一：太阳糕

俗传二月初一为太阳生日，也叫中和节。《京都风俗志》上记载："二月朔日，唐后为中和节，今废而不举，相传为太阳真君生辰，太阳宫等处修崇醮事，人家向日焚香叩拜，供夹糖糕，如糕干状，上签面作小鸡，或戳鸡形于糕上，谓之太阳糕，亦有持斋诵太阳经者。"《帝京岁时纪胜》中详细记载了北京过中和节时的情景："京师于是日以江米为糕，上印金乌圆光，用以祀日，绕街偏巷，叫而卖之，曰太阳鸡糕。其祭神云马，题曰太阳星君。焚帛时，将新正各门户张贴之五色挂钱，摘而焚之，曰太阳钱粮。左安门内有太阳宫，都人结侣携觞往游竟日。"《燕京岁时记》记载："二月初一日，市人以米面团成小饼，五枚一层，上贯以寸余小鸡，谓之'太阳糕'，都人祭日者买而供之，三五具不等。"

二月初一，太阳出来后，家家在院内面向东方设香案或挂太阳星君神码，供太阳糕，由男性家长率领男性家眷焚香祭拜。女性不许参加，民间有"男不拜月，女不祭日"之说。

过去一般早晨祭祀太阳真君，其供品必用所谓"太阳糕"。因此早年蒸锅铺必于是日一早供应太阳糕，此糕通常是用江米面加糖制成，上面用红曲水印上昴日星君（金鸡）法像，或在上面用模具压出"金乌圆光"，每五块叠在一起为一碗，顶端还插上一只寸余高的面捏小鸡，以象征昴日星君。此是取神话月中有玉兔、日中有三足鸡（金鸡）的寓意。糕中所印的"金乌"，实为太阳神的象征。二月初一天不亮，街巷里就传来了"供佛的太阳糕咪"的吆喝声，人们会竞相购买。正午时分，烧纸祭拜太阳神，祭祀完毕，全家共同分享太阳糕。

四、七夕拜银河

据《京都风俗志》载："七月七夕，人家多谈牛女渡河事。或云是夜三更，于葡萄架下静听，能闻牛女隐隐哭声。"牛郎织女的传说家喻户晓，七夕节又叫"乞巧节"或"女儿节"。妇女们有拜银河、丢针的活动。七月初七当夜，在自己家院子里，设置供案，摆上用西瓜雕好的"花瓜"，外加蜜桃、闻香果等时令鲜果。花瓶中插上鲜花，有的把胭脂之类的化妆品摆上，以奉织女。少妇少女们对着星空祈愿，求赐美满婚姻，生活幸福。这就是所谓的拜银河也叫拜双星的活动。

五、吃"祭肉"

满族人颇喜食猪肉，清代，满族很多的祭礼与仪式庆典都有猪肉的身影，以至于"白煮肉"这一满族风味的菜肴至今盛行。

满族喜食猪肉与地域生态和传统生产方式分不开。满族先人多饲养猪，《三国志·乌丸鲜卑东夷传》里记载："挹娄在夫余东北千余里，东滨大海，南与北沃沮接，未知其北所极。其土地多山险。其人形似夫余，言语不与夫余、句丽同。有五谷、牛、马、麻布。人多勇力。无大君长，邑落各有大人。处山林之间，常穴居，大家深九梯，以多为好。土气寒，剧于夫余。其俗好养猪，食其肉，衣其皮。冬以猪膏涂身，厚数分，以御风寒。夏则裸袒，以尺布隐其前后，以遮蔽形体。"从1000多年前的史料中，我们可以看到满族先人养猪、食猪肉、穿其皮，猪肉在满族的生活中发挥了很大的作用。在清军入关前，满族就盛行"食肉之会"。清代史料《清朝野史大观·卷二》的"满人吃肉大典"多有描述："凡满洲贵族家有大祭祀，或喜庆，则设食肉之会。无论识与不识，若明其礼节者即可往。初不发柬宴延请也，至期，院中建芦苇棚，高过于屋。如人家喜棚然，遍地铺席，席上又铺红毯，毯上又设坐垫无数。客至席地盘膝坐垫上，或十人一围，或八九人一围。坐定，庖人则以肉一方约十斤，置二尺径铜盘中献之。更一大铜碗，满盛肉汁，碗中一大铜勺；每人座前又人各一小铜盘，径八九寸者，亦无醯酱之属。酒则高粱倾于大瓷碗中，个人捧碗呷之，以次轮饮。客亦备酱煮、高丽纸、解手刀等，自片自食，食愈多则主人愈乐，若连声高呼'添肉'，则主人必再三致敬，称谢不已。若并一盘不能竟，则主人不顾也。肉皆白煮，例不准加盐酱，甚嫩美。善片者，能以小刀割如掌如纸之大片，兼肥瘦而有之。满人之量大者，人能至十斤也。主人并不陪食，但巡视各座所食之多寡而已。其仪注则主客皆须衣冠，客入门，则向主人半跪道喜毕，即转身随意入座。主人不安座也，食毕即行，不准谢，不准拭口，谓此乃享神馂余，不谢也，拭口则不敬神矣。"

"食肉之会"是满族特有的食礼，是颇为隆重的祭祀典礼上必备的食俗。后清军入关，满族入主中原，将"食肉之会"带进了北京。满族每逢祭祀先祖、神灵等重大节日都有祭祀猪肉的习俗，并且还将祭祀之后的猪肉分而食之，并且不能剩，才表示吃到了福气，正如上文史料中记载的那般。后来人们逐渐将"食肉之会"这一食俗称为"吃祭肉"或"吃福肉"。

清朝末代皇帝爱新觉罗·溥仪的弟弟傅杰在《清宫的风俗习惯》一文中写到清朝宫廷祭祀祖先、神灵的习俗：

　　满族举行大祭的一般概况。每当祭神之前，先要用黍米糖面自己酿酒。在祭祀的前三天，每天早上、晚间都要以两口猪来上祭。在致祭的前一天，要把黄黍米锤碎，置蒸笼内蒸成米糕，叫作"打糕"。在上祭的那一天，在每位神位——如来佛、观世音菩萨、七仙女（即满族神话中的所谓七个仙女）、长白山神、远代祖先和始祖——之前，各供上九盘打糕，时间是在晓色朦胧中开始"献糕"之礼。这时祭主须穿上吉服向西而跪，面对着向东的"神幄"供糕、献酒以及上素供。这时是专门先向如来和观音的神龛上供的，同时女巫（叫作萨满太太）则身穿吉服手舞腰刀，在口中念念有词（满族语言）地祈祝说："敬献糕饵，以祈丰年。"这时主人跪击神板，跟着随侍在旁的护卫官员也群击神板和弹弦子、弹筝以及月琴。在女巫唱歌、念祝词之后，主人向神位叩头，这时"司香妇"（掌管烧香的女仆）把如来、观音神位请出户外……其目的是因为佛不吃荤的缘故。然后"司俎者"高呼一声"进牲"，于是便将作为上祭牺牲的活猪牵了进来。这时主人以及参加祭典的全员一齐跪下，女巫走过来致词后"司俎者"高呼"神已领牲"，主人再向神叩首后，"司俎者"唤入厨师，用刀切割牲肉，放入排列在北墙的几口大铁锅内煮熟，选出最精美的部分剁成肉酱供在神位前，这时主人再叩一次头。同时女巫再度致词。等主人磕完头后，女巫拿过一块布（为系马之用）来又念一次祝词，主人则接过这块布交给管理马厩的人领去。在掌厩人叩头之后，才聚集全家大小分吃祭肉。在吃肉时，每个人都用随身携带的刀和筷箸用手自割自吃，吃时不得蘸酱油而只能蘸着细盐来吃，不得拿出屋外食用。特别是在吃肉时，绝对不准谈死丧等不吉利的话。还有，如有外客来参加时，主人迎送只能限在房内而不得走出门外。

溥杰将满族举行大祭的过程描述得很详细，清朝宫廷每月初一、十五都要举行祭祀，溥仪被赶出紫禁城之前每月朔望祭祀还照例进行，一般王公贵族家中每月一祭，直到民国改为年祭。

文中提到的吃祭肉，就是满族"食肉之会"的延续。清朝旧俗，皇室王府每年的祭神、祭祖典礼，总要以白煮全猪作为祭品，祭罢则上下同吃"祭余"。于是，吃白煮肉，便由祭祀而成为满族的一种食俗。据柴萼《梵天庐丛录》记载："清代新年朝贺，每赐廷臣吃肉。其肉不杂他味，煮极烂，切为大脔，臣下拜受，礼至重也。乃满洲皆尚此俗。"在元旦、春节这样的大日子里，王公重臣按例入宫祭祀，以分到"福肉"为荣，但是这"福肉"如文中所说，不让用调料，这可苦了这些王公大臣，大块没有咸味的白煮肉难以入口，有的直接囫囵吞枣似的闭眼咽下，有的暗中从家中带上酱油油纸，这油纸是用极纯净的酱油提炼而成的，等分到"福肉"后，从袖子里拿出油纸，用其拭刀揩碗，再经过热汤一嘘，油纸马上化作精品的酱油，与汤汁相融，这才使得这一"享福"的行为有了滋味，得以下咽。后来吃福肉这一食俗流入民间。因为王公贵族把每次

图 9-2　砂锅居的砂锅白肉

祭祀后所余"供品"赏给看街的更夫们吃，更夫们吃不完便将"祭肉"摆摊销售，之后"祭肉"逐渐流入民间市场。后来，更夫们与御膳房出来的厨师合作，在缸瓦市附近开店经营起砂锅煮白肉，以猪肉、内脏为原料，采用烧、燎、白煮等方式制成。开店初期称为"和顺居"，因店里使用一口直径1.3米的特大砂锅煮肉，久而久之人们习惯称为"砂锅居"。现在砂锅居依然是北京有名的老字号，有"名震京都三百载，味压华北白肉香"的美誉，其招牌主打菜——砂锅白肉就是源于满族的旧俗"吃祭肉"。

六、现代北京人生礼仪食俗

现代北京人生礼仪食俗的发展可分为两个阶段，以改革开放作为分界。改革开放前，由于人们生活水平普遍偏低，也不太彰显个性，使得人们的婚丧嫁娶等人生礼仪都处在一个极为低调和节俭的状态。结婚时，社会提倡举行"革命化的婚礼"，并不大操大办。家里有人去世，也只是简单地通知一下亲属，然后就送到火葬场了。很少有人家为孩子办满月酒或为老人庆寿。改革开放之后，人们生活水平提高，物质丰富，人生礼仪受到重视，各种仪式兴盛起来，特别是家境比较富裕的人家，婚嫁和丧葬的规模都比较大。城市办婚礼的主家，早早在酒店预订好婚宴，向亲戚朋友广发邀请函，请专门的婚庆公司

主持操办婚礼。而农村还有一些人家请专门的红白喜事的班子在家里做酒席款待亲朋好友。农村的白事要比城市隆重一些，要在家停灵两三日，接受亲朋好友的吊唁，酒席的置办跟婚嫁差不多，也是请专门的红白喜事班子来做。为小孩子庆生成为潮流，为孩子办生日派对，请来一大堆同学、朋友在家里或者到饭馆里吃生日蛋糕、唱生日歌。而老年人过生日则是年龄越大场面越隆重，一般都要吃长寿面。现在北京还流行着给老人贺寿送寿桃的习惯。一般到老字号小吃店里定做，比如护国寺小吃连锁店就承接做寿桃的生意。寿桃提前5～10天预订，按礼盒装，寿桃是带馅儿的面食，一般的馅料包含芝麻、糖、莲蓉、香芋等，有10种馅儿和5种馅儿不同类型的寿桃，还分为有糖和无糖（豆沙）馅儿的不同的礼盒套装。

人生礼仪食俗充满对生命的敬畏。结婚有婚礼，人死了有丧礼和祭礼，每一个人生礼仪都标志着人生的一个关口，烦琐的人生礼仪是敬仰生命的一种表达方式。祭礼与节庆内敛着一个民族的生命之气，承接着民族的文化气脉。教育隐含在礼仪的形式中，礼乐教化，寓教于礼。人们通过祭祀食俗祈福国泰民安、五谷丰登。吃可以来调和人际关系。人们用吃来敦睦亲友、邻里，通过餐桌礼仪调和亲友关系并进而推行教化。饮食的规范与礼节作为一种社会的规范，值得我们很好地传承下去。

第三节　怎么吃的讲究

　　"怎么吃的讲究"这一小节，将目光投向清末民初北京八旗子弟这一人群，为何是他们呢？长期以来，满、蒙古八旗子弟承祖隆恩，享受着吃"铁杆庄稼"的特权，晚清没落的八旗子弟，既不从事生产劳作，也不做其他糊口营生，游手好闲的居多，有闲情去效仿贵胄，因此很多八旗子弟比汉族人更讲究礼仪、排场。老舍先生曾在《正红旗下》一书中写道："咱们旗人，别的不行，要讲吃喝玩乐，你记住吧，天下第一！"[①]本节由"八旗子弟"这一特殊历史情境下造就的人群入手去体察老北京"吃的讲究"，从而延伸出老北京人对"吃"的精致追求。

　　八旗由满洲（女真）人的狩猎组织而来，是清代旗人的社会生活军事组织形式，也是清代的根本制度。旗人分为满洲八旗、蒙古八旗、汉军八旗，统称为八旗。满、蒙古八旗子弟承祖隆恩，享受着吃"铁杆庄稼"的特权。清朝为了巩固皇权，规定八旗子弟一律不能自谋生路，只能承接清廷俸禄，以至于八旗子弟只能"不士不工不农不商"，即满族男儿的"五不准"：不准经商、从文、从艺、务工、务农，一律从军，以至于几代男丁知识狭窄，这为以后八旗子弟的没落埋下伏笔。清顺治十年（1653年），北京城共有八旗子弟近40万人，加上奴仆共48万人，占当时京城人口的2/3；咸丰以后，由于财政危机，八旗子弟生活待遇日益恶化，"惟赖俸饷养赡"。八旗制度日渐崩溃。光绪三十三年（1907年），清廷下令裁撤旗饷，驻防八旗兵丁自谋生计，但是未实行。

　　1924年，冯玉祥将末代皇帝溥仪赶出紫禁城，北京和各省驻防旗饷停止发放，旗人生活陷入绝境，数十万旗民沦为饥民。

　　清朝统治中国近300年，清朝由盛转衰的局面决定了北京八旗子

---

　　① 老舍：《正红旗下》，人民文学出版社1986年版，第64页。

弟由富裕走向败落的时代命运。俗语说得好："富不过三代，君子之泽五世而斩。"因为"躺在天子脚下吃皇粮""大锅饭"的历史原因，晚清没落的八旗子弟既不从事生产劳作，也不做其他糊口营生，不学无术，整日提笼架鸟，吃喝玩乐。另外由于清帝定都北京以来，很大程度上承袭了明代的礼俗。满、蒙古八旗除了保持某些入关以前的原始风俗之外，更多的是吸收明代汉族的礼俗文明。经过民族融合，许多汉化了的八旗子弟更加遵守汉族的礼仪规矩，无论是年节大典还是婚丧嫁娶各种礼仪场合都十分注重面子、排场，有"耗财买脸，傲里夺尊，誉满九城"之说。而这种过分强调面子、排场的情况使得他们经常是寅吃卯粮，负债累累。用俗语说就是"有钱的真讲究，没钱的穷讲究"。

八旗子弟穷讲究是出了名的。晚清很多没落的贵族家里都穷得揭不开锅，但讲究派头儿一点也不减。北京老话儿说得好：倒驴不倒架！旗人不工作，在清朝吃的是皇粮，但发的粮食也不多。许多人不够吃的，穷困潦倒，却又游手好闲，纨绔子弟提笼架鸟逛茶馆成为很多文学创作的题材。清亡，昔日王公贵族一下子失去了固定的经济收入，陷入坐吃山空的境地。没有固定的俸禄却依然讲究排场、比阔气，只能变卖家产打发日子。不少旗人家庭为了维持生计，不得不将有限的家产拿去变卖，除了典当自家的衣服、器具之外，就是典卖旗地。全家待饷以活，卖儿卖女，"穷到尽头，相对自缢"。缺乏一技之长，没有任何谋生的手段，有的从事体力劳动，拾破烂维持生活，生活极其悲惨，陷入绝境。京城里各大王府在短短二三十年间迅速败落。

中国台湾作家唐鲁孙是土生土长的北京人，出身贵胄，原姓他他拉氏，是隶属镶红旗的八旗子弟。他是珍妃和瑾妃的侄孙。自幼出入宫廷，知道很多宫廷内帏之事，早年游走大江南北，见多识广。作为地道的北京人，可谓熟悉北京城的角角落落。官宦世家出身的他，在饮食服制方面皆有定规，要求严格，不能随便，这也养成了他"嘴馋的毛病"。他对北京的"吃""怎么吃"了如指掌，写了很多回忆性的散文随笔，大多与吃有关，如老北京各色的饭馆、各阶层的饮食风俗、名人关于吃的逸事等。他是北京通，也是美食家。从他的作品中，我们能追忆出很多老北京人特别是八旗子弟在吃的方面的讲究。

据唐鲁孙回忆，有一年数九寒天下大雪的时候，清贝勒载涛去东安市场东来顺，要吃羊肉白菜饺子，并且指明要用羊的后腿肉。等到饺子上桌，他尝了一口，立刻大发雷霆，指责跑堂的不照着吩咐去做，原来内厨看见灶上有一块羊里脊又细又嫩，就用这里脊做了肉馅，谁知道涛贝勒的味蕾如此灵光，一尝就尝出了不对劲。

唐鲁孙在《故园情》一书中回忆道：他家以蛋炒饭与青椒炒牛肉丝试家厨，合则录用，且各有所司。小至家常吃的打卤面也不能马虎，要卤不澥汤，才算及格；吃面必须面一挑起就往嘴里送，筷子不翻动，一翻卤就澥了。[1]跟家里长辈一块吃打卤面一定要斯斯文文，不准用筷子在碗里胡翻乱挑，吃完面剩下的卤底应当不澥，否则就要挨训啦。所以虽然勾芡好吃点，可是小孩宁愿吃川卤免得挨训。吃春饼的讲究：炒个合菜，一盘摊鸡蛋，还有配食春饼的主菜——盒子菜。盒子菜品质不一，种类有别。有的合子礼最少7样，最多15样菜。过去老北京一般的酱肘子铺，如西城的天福号、东城的宝华斋、北城的便宜坊，都代卖盒子菜。

过去，满族的年菜做得很丰盛、很讲究，除了荤年菜、素年菜、蒸食，还有奶食，带有民族特色。金世宗后裔完颜佐贤在《康乾遗俗轶事饰物考》中列举满族之年菜：

荤年菜，卤煮野鸭、酥鸭条、酥山鸡、酥里脊、酥海带、酥猪肝、酥羊肝、酥牛肝、炝大虾片、酥猪肺、酥猪心、酥洋龙须菜、酥牛肉胡萝卜、肉皮豆酱、山鸡丝炒酱黄瓜丝、炖小核桃肉、坛子肉、米粉肉、红糟苏造肉、松

---

① 逯耀东：《馋人说馋》，见唐鲁孙《大杂烩·序》，广西师范大学出版社2004年版，第3页。

肉、回锅肉、小炖肉炝胡萝卜酱、扣肉、麻辣兔脯、麻辣里脊、麻辣牛肉、雁油炸咯吱、炖吊子（猪下水，即心肝肺肠肚）等。

素年菜，辣甜芥末墩儿（大白菜）、泼菜、泡菜、炝芹菜、糖醋芹菜、糖醋蓑衣萝卜、炝干黄瓜条、炝干笋片、炝腐竹、炝莴笋、素炒咸食、清酱茄、卤煮黄豆、卤煮花生仁、卤煮蚕豆、硬饹馇盒、软饹馇盒、素炸小丸子、炸元宵、炸饹馇、炸年糕条、炸馒首块、腌韭菜花、腌芥菜疙瘩、腌胡萝卜、腌香菜。

蒸食，蒸苹果包、蒸喜、寿字馒首、蒸花卷、蒸枣泥方圆、蒸豆沙圆包、蒸子孙馒首、蒸如意卷、烙酥烧饼、酥盒子（各种甜卤馅）、蒸烙奶油小饼等。

奶食，奶乌他、奶饽饽、奶截子、奶饼子、奶茶、奶酪、酪干、酸奶等。[①]

清代王公遗老饮食方面十分讲究，载涛、恽宝惠《清末贵族之生活》中谈满族节令的饮食时写道：

贵族的居家饮食，除尚守满洲旧俗，喜食牛奶制品外……其他食品嗜好，与汉族颇多相同。其按节令所食之物，名曰"应节"，如正月之元宵，端午之五毒饼（其制法有模子，与从前点心铺所售之大八件之饽饽同）、粽子，中秋之月饼（分翻毛、酥皮，及自来红、自来白数种）、重阳之花糕。又按花期盛开采撷制成之藤萝饼、玫瑰饼。[②]

还有其他的旗人家庭四季的家常饮食，如"打春的抻面，夏至的

① 完颜佐贤编著，丁岱岩校订：《康乾遗俗轶事饰物考》，内蒙古大学出版社1990年版，第50页。

② 载涛、恽宝惠：《清末贵族之生活》，《晚清宫廷生活见闻》，文史资料出版社1982年版，第344页。

凉面，秋天的炸酱，冬天的打卤""打春的春饼，夏天的井拔凉，立秋的肉包，冬天的馄饨"，这是旗人家中一年四季大致的面食讲究。

本节的着眼点是北京八旗子弟这一特殊人群，因为这一人群在过去的北京颇有代表性。关注他们对饮食的讲究，可体察出老北京讲究吃的群体是顽固而强大的。由此可以看出北京人对吃的讲究由来已久，对吃有一种执着的精致追求。

综观北京饮食生活中的礼俗，我们看到北京饮食文化的魅力不仅在于食物本身，还表现为饮食礼俗背后展现的无穷的文化和精神辐射力。人们以食敬天，以食祭祖，以食孝老，以食敬师，以食贺寿，以食庆婚，以食贺礼，以食为友，以食求和，以食致歉……正所谓"民以食为天"，在百姓心中没有比饮食更大的事了，也没有饮食不能解决的事情。利玛窦在他晚年写的《中国札记》一书中感叹道：他们的饮食礼仪那么多，实在浪费了他们的大部分时间。这种把吃推及到几乎所有的人际关系领域，饮食文化的功能被发挥到极致，正是一直以来为世人所感叹的中国文化的一大特质。饮食礼俗是一种自尊与尊重的表达，北京饮食的礼俗规矩与讲究，展现着北京的多元、文明与包容。

结　语

　　"民以食为天。"无论是刀耕火种的农业文明时代还是技术、科技迅速发展的工业信息时代，饮食都是人类生活最重要的议题。中国文化离不开"吃"。中国饮食文化是中华文化的重要一支，它博大精深，海纳百川，异彩纷呈。饮食打通了社会、经济、地理、历史、文化的界限并融合各种相关因素，自然而然地呈现出民众生产生活的精彩画卷。北京长期以来作为全国的政治、文化、国际交往、科技创新的中心，是中国人最向往、最熟悉、最亲切的历史文化名城。北京特定的地域、历史文化塑造了北京独特的饮食文化。中国饮食几个重要的发展阶段都在北京，北京饮食文化是中国饮食文化的一个缩影。北京饮食经过了由微到著、由低到高的发展过程，集中国饮食文化之精华，吸收全国，又辐射全国。北京以其开阔的胸襟接纳全国各地包括饮食在内的文化传统，使得北京饮食文化具有博大精深的文化气魄和魅力。北京饮食兼收并蓄而不独沽一味，它将发达的烹饪技术和群英荟萃的美食辐射全国，形成全国乃至世界共享的饮食文化盛宴。

　　饮食并不是孤立存在的产物，饮食必然连接着政治、经济、民族、宗教等方方面面的因素，表达出族群、阶层、历史、地理、文化、经济发展水平等社会万象。饮食早已超越了食物本身，进入其他领域，付诸生活实践，形成了多彩而又深邃的饮食文化内涵。

　　北京饮食文化的发展同样受到政治、民族、宗教、经济发展水平等多方面因素的影响。老子"治大国若烹小鲜"，周朝"以饮食之礼，亲宗族兄弟"，"以飨燕之礼，亲四方之宾客"，可见饮食宴飨是政治活动中的重要手段。北京作为全国的政治中心，历代的统治者通过宴飨活动密切与全国各方势力的联系。无论新帝登基，册立皇后、储君以及新岁正月、皇帝寿诞、祭祀等都要在宫中大摆筵席，招待皇室宗亲、大臣近侍、友邻使臣等。清朝更有千叟宴，与宴者包括年逾花甲的大臣、官吏、军人、民人、匠役等5000余人，筵开800余桌。正所谓"恩龙礼洽，为万古未有之举"。统治者通过宴飨的政治活动巩固其统治。"国之大事，在祀与戎"，祭祀与政治活动紧密相关。食物自古就是祭神、祭祖、人神沟通的重要媒介。历代统治者在重要的节日、庆典举行祭祀，通过祭祀巩固统治者的地位，彰显地位的合法性。而食物是不可或缺的主角。饮食渗入政治生活，主导调和观念。《诗经》曰"亦有和羹，既戒既平"，平就是酸碱适度。"致中和"是中国饮食中主导的理念。有人说过，"五味神"在北京。"酸甜苦辣咸"的五味，对应纷繁复杂的政局，将五味调和于"一"，"君子和而不同"的理念将治理国家的行为始终调和在适度的范围内。所谓的"致中和"应是顺天生民、美善合一的政治境界。

北京是多民族居住与交往的中心，汉族、契丹族、女真族、蒙古族、满族、回族等各民族会聚于此，多民族在北京相邻、杂处，在中国甚至世界都属罕见。各兄弟民族在北京经过长期的融合，使得北京饮食汇合了各民族饮食文化之优长。从辽代胡食之风盛行到元朝蒙古族饮食的强势渗入，直到以满族为中心的多民族饮食格局的形成，北京的饮食结构、饮食方法、饮食习惯都发生了变革。北方少数民族南下，使得北京地区实现了游牧生产方式和农耕生产方式的交融，这一交融就体现在饮食结构的变化，两种完全不同的饮食风格的交会融合，形成了你中有我、我中有你的饮食结构。

同样，随着各民族的交流交融，各民族信仰在此碰撞，基督教的传入带来西餐的普及，中西饮食文化在此会合，穆斯林清真饮食风味充实和完善了北京的饮食结构，对北京乃至中国的饮食文化做出了巨大贡献。佛教、道教主张"不杀生、慈悲心""饮食自然"的理念，投射到北京饮食文化中，促进了北京全素菜肴的发展。人们通过

"吃"践行着民族习惯、宗教信仰以及生产生活方式。

北京得到了全国的经济和物资的供给，历史上以京杭大运河为主的漕运支撑北京的粮食供应，北京人文荟萃，各地区、各阶层的人聚集于此，北京成为中国人口流动最频繁的城市。北京饮食文化实际也是各地、各民族文化的综合体，由此北京饮食形成了多种风味组合而成的综合性菜系。北京饮食有着深厚的历史文化积淀，中国饮食文化精粹在北京，所谓的"京味儿"实际上就是外来饮食文化北京化的结果，多少代中国人共同营造出的"京味"。北京饮食文化具有极大的包容性和多样性。

法国史学家布罗代尔提到社会世界是由许多时间性和许多历史性构成的。特定的空间下，历史总是不可绕过的维度，是历史的积淀支撑了北京饮食文化的大厦。光阴流转，物换星移，现在的北京日趋平静、开放与繁荣。我们更关注各时代背景下"小人物"的故事，以"为人民立言"的原则，关注古今普通北京人的生活及社会历史变迁。

《北京人的饮食生活》一书以饮食为写作的缘起，以时间为经，以饮食现象为纬。分设纲目，横向叙述。上下时限长，涵盖范围广。涉及北京人的婚丧嫁娶、礼仪习俗、岁时节令、节气物候、宗教祭祀、娱乐生活等，展现了不同时期北京人的饮食生活风貌。本书从历时与共时的维度出发，既追根溯源，探究北京饮食的历史渊源及流变，又立足当代北京饮食生活，捕捉当代北京饮食文化的新风尚。经纬交织，纵横交错，通过北京人的饮食生活反观北京的历史文化和生活形态，呈现出北京饮食特有的个性与魅力特征。

写到这里也许有人会疑惑，北京人、北京饮食文化的独特魅力到底是什么呢？有学者给出了答案："老北京人，由于过了几百年'皇城子民'的特殊日子，养成了有别于其他地方人士的特殊品性。在北京人身上，既可以感受到北方民族的粗犷，又能体会出宫廷文化的细腻，既蕴含宅门儿里的闲散，又渗透着官府式的规矩。而这些，无不生动地体现在每天都离不开的'吃'上。"①北京饮食文化具有草原文化的粗犷豪放、宫廷文化的典雅华贵、官府文化的规矩细腻、市井文化的潇洒大气,饮食品质的多样性直接影响了北京人的多重性格。

虽然我们想透过饮食展现北京人生活的方方面面,但是北京的饮食文化太丰富了,它的千种典故、万般风情是挖掘不尽的。我们只能勾勒出粗略的轮廓,只能在某些方面浅尝辄止。使读者一方面在阅读饮食文字的同时领略广博的文化视角,另一方面在感到意犹未尽的同时保持探索的猎奇心理。希望以"生活"为载体的《北京人的饮食生活》,可以给您带来领略北京饮食文化的新观点、新材料、新视角。

---

① 崔岱远:《京味儿》,生活·读书·新知三联书店2009年版,第6页。

参考文献

一、古籍文献

［1］李家瑞：《北平风俗类征》，上海：商务印书馆，1937年版。

［2］沈榜：《宛署杂记》，北京：北京古籍出版社，1980年版。

［3］徐珂：《清稗类钞》，北京：中华书局，1980年版。

［4］吕毖：《明宫史》，北京：北京古籍出版社，1980年版。

［5］富察敦崇：《燕京岁时记》，北京：北京古籍出版社，1981年版。

［6］震钧：《天咫偶闻》，北京：北京古籍出版社，1982年版。

［7］孙承泽：《天府广记》，北京：北京古籍出版社，1982年版。

［8］杨静亭：《都门杂咏》，北京：北京古籍出版社，1982年版。

［9］熊梦祥：《析津志辑佚》，北京：北京古籍出版社，1983年版。

［10］刘若愚：《酌中志》，北京：中华书局，1985年版。

［11］柴桑：《燕京杂记》，北京：北京古籍出版社，1986年版。

［12］陈元靓：《岁时广记》，上海：上海古籍出版社，1993年版。

［13］北京市档案局编：《北京会馆档案史料》，北京：北京出版社，1997年版。

［14］吴廷燮：《北京市志稿·礼俗志》，北京：北京燕山出版社，1998年版。

［15］马可·波罗：《马可·波罗行纪》，冯承钧译，上海：上海书店出版社，1999年版。

［16］北京市东城区园林局主编：《北京庙会史料通考》，北京：

北京燕山出版社，2002年版。

［17］李昉等：《太平御览》，北京：中华书局，2006年版。

二、现当代著作

［1］金受申：《老北京的生活》，北京：北京出版社，1989年版。

［2］孙健主编，刘娟、李建平、毕惠芳选编：《北京经济史资料》，北京：北京燕山出版社，1990年版。

［3］刘东声、刘盛林编：《北京牛街》，北京：北京出版社，1990年版。

［4］曹子西主编：《北京通史》，北京：中国书店出版社，1994年版。

［5］张宝章：《海淀风情录》，北京：机械工业出版社，1996年版。

［6］李艾肖：《旧京人物与风情》，北京：北京燕山出版社，1996年版。

［7］刘叶秋、金云臻：《回忆旧北京》，北京：北京燕山出版社，1996年版。

［8］姜德明编：《北京乎》，北京：生活·读书·新知三联书店，1997年版。

［9］吴建雍等：《北京城市生活史》，北京：开明出版社，1997年版。

［10］丁世良主编：《中国地方志民俗资料汇编》，北京：北京图书馆出版社，1997年版。

［11］郭子升：《市井风情：京城庙会与厂甸》，沈阳：辽海出版社，1997年版。

［12］高有鹏：《民间庙会》，郑州：海燕出版社，1997年版。

［13］常人春：《红白喜事》，北京：北京燕山出版社，1998年版。

［14］爱新觉罗·瀛生、于润琦：《京城旧俗》，北京：北京燕山出版社，1998年版。

〔15〕周家望：《老北京的吃喝》，北京：北京燕山出版社，1999年版。

〔16〕张双林：《老北京的商市》，北京：北京燕山出版社，1999年版。

〔17〕习五一：《北京的庙会民俗》，北京：北京出版社，2000年版。

〔18〕崔国政、王彬编：《燕京风土录》，北京：光明日报出版社，2000年版。

〔19〕常人春、陈燕京：《老北京的年节》，北京：中国城市出版社，2000年版。

〔20〕胡玉远主编：《日下回眸：老北京的史地民俗》，北京：学苑出版社，2001年版。

〔21〕常人春：《老北京的风情》，北京：北京燕山出版社，2001年版。

〔22〕郭庆瑞：《诗画京华老字号》，北京：北京燕山出版社，2001年版。

〔23〕李燕山：《全聚德的故事》，北京：北京燕山出版社，2001年版。

〔24〕刁书仁编著：《满族生活掠影》，沈阳：沈阳出版社，2002年版。

〔25〕赵园：《北京：城与人》，北京：北京大学出版社，2002年版。

〔26〕常人春：《老北京的行业民俗》，北京：学苑出版社，2002年版。

〔27〕王永斌：《老北京的商业街和老字号》，北京：北京燕山出版社，2002年版。

〔28〕邓云乡：《文化古城旧事》，石家庄：河北教育出版社，2004年版。

〔29〕罗哲文等主编：《北京历史文化》，北京：北京大学出版社，

2004年版。

［30］赵鸿明、汪萍:《老北京的风土人情》，北京：当代世界出版社，2004年版。

［31］爱新觉罗·瀛生:《老北京与满族》，北京：学苑出版社，2005年版。

［32］齐如山:《北京三百六十行》，沈阳：辽宁教育出版社，2006年版。

［33］陈平:《燕文化》，北京：文物出版社，2006年版。

［34］王学泰:《中国饮食文化史》，桂林：广西师范大学出版社，2006年版。

［35］李宝臣主编:《北京风俗史》，北京：人民出版社，2008年版。

［36］谢定源编著:《中国饮食文化》，杭州：浙江工业大学出版社，2008年版。

［37］王茹芹:《京商论》，北京：中国经济出版社，2008年版。

［38］晋化编著:《老北京·民风习俗》，北京：北京燕山出版社，2008年版。

［39］邱华栋:《印象北京》，桂林：广西师范大学出版社，2010年版。

［40］万建中:《中国饮食文化》，北京：中央编译出版社，2011年版。

［41］万建中、李明晨:《中国饮食文化史·京津地区卷》，北京：中国轻工业出版社，2013年版。

［42］北京市旅游发展委员会编:《北京故事》，北京：北京联合出版公司，2014年版。

［43］墨菲:《老北京的风味小吃和历史渊源》，北京：中国华侨出版社，2015年版。

［44］韩淑芳主编:《老北京》，北京：中国文史出版社,2017年版。

［45］赵大年:《北京笔记》，北京：北京邮电大学出版社，2017

年版。

[46] 王丹:《北京味道》，北京：中国人民大学出版社，2018年版。

三、期刊论文

[1] 吕伟达.北京饭庄与鲁菜的发展 [J].民俗研究，1993（03）.

[2] 赵荣光."满汉全席"名实考辨 [J].历史研究，1995（03）.

[3] 吕伟达.胶东半岛食俗与胶东菜系 [J].民俗研究，1997（03）.

[4] 李淑兰.京味文化的特征 [J].首都师范大学学报（社会科学版），1999（03）.

[5] 李自然.论满汉全席源流、现状及特点 [J].西北第二民族学院学报（哲学社会科学版），2003（01）.

[6] 刘宗迪.从节日到节气：从历法史的角度看中国节日系统的形成和变迁 [J].江西社会科学，2006（02）.

[7] 傅怡静，谷曙光.论满族作家唐鲁孙的京味散文 [J].民族文学研究，2006（03）.

[8] 张汉.中国区域饮食文化的社会影响与区域自我认同功能 [J].科教文汇（上旬刊），2007（01）.

[9] 单贺，路丽，张来成."副食时代"的北京食尚 [J].数据，2010（05）.

[10] 何庄.北京老字号档案的特点和价值 [J].北京档案，2011（04）.

[11] 顾建平.元代的北京城 [J].北京档案，2011（06）.

[12] 万建中.北京建都以来饮食文化的时代特征 [J].新视野，2012（05）.

[13] 聂赛.现代都市中的农耕体验——京西稻非物质文化遗产的传承与发展 [J].中国农业信息，2012（21）.

[14] 万建中.北京饮食文化的滥觞与定型 [A].第六届"百人工程"学者论坛编委会.全面小康：发展与公平——第六届北京市中青年社科理论人才"百人工程"学者论坛（2012）论文集 [C].第六届"百人工程"学者论坛编委会：北京市社会科学界联合会，2012：9.

［15］万建中.北京饮食文化的基本状态与语汇特点［J］.民间文化论坛，2013（06）.

［16］袁邈桐.老北京商业文化之行商的吆喝与响器［J］.商业文化月刊（上半月），2014（09）.

［17］王岗.北京老字号述略［N］.中国文物报，2015-03-06（006）.

［18］高元杰.20世纪80年代以来漕运史研究综述［J］.中国社会经济史研究，2015（01）.

［19］郭平.略论京杭大运河与通州文化［J］.经济研究导刊，2015（14）.

［20］姚媛.守护京城"稻花香"——北京市海淀区发展"京西稻"纪实［J］.种子科技，2015，33（12）.

［21］邓苗.当代北京饮食文化的传承与发展［J］.民间文化论坛，2016（02）.

［22］李增高，洪立芳，李向龙.清代京西稻的形成与发展［J］.遗产与保护研究，2016，1（03）.

［23］张景云，左一，孙永波.北京老字号"北冰洋"：如何重新唤起消费者的热情?［J］.公关世界，2016（15）.

［24］魏晋茹.活态保护农业文化遗产京西稻［J］.北京观察，2016（12）.

［25］刘宗迪.二十四节气制度的历史及其现代传承［J］.文化遗产，2017（02）.

［26］南铁英.京杭大运河与通州［J］.工会信息，2017（18）.

［27］赵雅丽.京味文化的内涵、特点及传承发展［J］.前线，2018（03）.

［28］付娟.二十四节气研究综述［J］.古今农业，2018（01）.

［29］申爱萍.京杭大运河通州溯源［J］.人民交通，2018（07）.

［30］何艳，张宁.北京老字号的文化传承与创新——北京稻香村个案分析［J］.品牌研究，2018（06）.